上海中心大厦2楼宴会厅吊顶

上海中心大厦B2层波浪板吊顶

上海中心大厦5楼宴会厅吊顶

上海中心大厦5楼宴会厅波浪板墙面

上海中心大厦53层铜画框吊顶

上海中心大厦观光入口处双曲面立柱

上海浦东国金中心大椭圆吊顶

上海第一八佰伴中庭金属板装饰

上海K-11休闲广场中庭

湖北黄石兰博基尼大酒店

上海吴中路万象城扭曲板顶

苏州中茵皇冠大酒店大堂

上海国金中心商场自动电梯

苏州中茵皇冠大酒店24小时餐厅

浙江金马实业公司办公楼

江苏张家港大剧院前厅

上海环贸广场办公楼服务台

上海环贸广场电梯厅吊顶

上海环贸广场三角形窗花

江阴国际大酒店连廊

苏州中茵天香书苑四角亭

苏州建工地产办公楼大厅

上海华东设计院会议室

上海华东设计院洽谈室

张家港美仑酒店大堂

浙江阿里巴巴公司办公楼员工餐厅

环贸广场定制灯槽

上海中心大厦建设荣誉榜——上海思友金属材料技术有限公司榜上有名

金属艺术顶兴起

——上海中心大厦和上海国金中心商场案例

邓祥官 著

内容提要

本书是建筑装修行业的专业技术指导书籍，内容主要有两大部分：一是大型工程知名楼宇的案例；二是针对深化设计的理论探讨，从实践到理论总结专业的知识体系。作者通过此书宣传实践的重要性，同时也反复强调理论研究的重要性。技术要发展、提高，必须要有理论的总结指导。用理论来指导复杂化、高品位工程的顺利实施。

本书适合从事建筑装饰行业的经理、设计师、施工人员、工程师阅读。在建或欲建商用楼宇、地铁站、高铁站、飞机场的业主和投资者也可以从本书中得到启发。

图书在版编目(CIP)数据

金属艺术顶兴起：上海中心大厦和上海国金中心商场案例 / 邓祥官著. —上海：上海交通大学出版社，2017
ISBN 978-7-313-16810-8

Ⅰ.①金… Ⅱ.①邓… Ⅲ.①金属结构—顶棚—建筑施工—案例—上海 Ⅳ.①TU758.11

中国版本图书馆 CIP 数据核字(2017)第 055623 号

金属艺术顶兴起
——上海中心大厦和上海国金中心商场案例

著　　者：邓祥官
出版发行：上海交通大学出版社　　地　　址：上海市番禺路 951 号
邮政编码：200030　　电　　话：021-64071208
出 版 人：郑益慧
印　　制：常熟市文化印刷有限公司　　经　　销：全国新华书店
开　　本：710mm×1000mm 1/16　　印　　张：16　彩插：8
字　　数：238 千字
版　　次：2017 年 4 月第 1 版　　印　　次：2017 年 4 月第 1 次印刷
书　　号：ISBN 978-7-313-16810-8/TU
定　　价：88.00 元

前　言

笔者素有学习与思考的习惯，自从事金属材料生产与工程实施的行业之后，仍然保持着这个习惯。这是一个新兴行业，在从业中笔者积极学习研究技术，努力实践，敢于承担技术风险，并且不断总结经验，探讨本行业的知识体系。

从业的初期写作出版行业第一本书《金属吊顶——设计、制造、安装一体化》。那时金属材料装饰的需求只是初露端倪，笔者看到这种需求的发展趋势，全力以赴投身该行业中。在从业中，笔者的指导思想是做个性化产品，新奇特产品，精致高档的产品，掌握核心技术。

本书内容分两部分：

第一部分是案例介绍，从上海国金中心商场到上海中心大厦一系列的项目，其中涵盖了上海大部分知名的商业项目。介绍的场馆有五星级宾馆的大堂、大堂吧、泳池；有豪华商场的大厅、中庭、自动扶梯；还有高级办公楼的宴会厅、多功能厅和会议室。介绍的案例不只是外形的轻描淡写，而是深入其中，将具体的技术思考、工艺选择等关键性的问题展开叙述，有些是诀窍及专利，这对同行是有启发的。所介绍的项目材料有不锈钢、铝板、铝型材、铜板。

项目造型都是时尚化，有双曲面板、多棱体、扭曲板，还有阳极氧化板。全部内容都是第一次向外界展示。技术诀窍专利通常都被企业视为立命之本，一般企业不愿意透露介绍的，鉴于这个行业的落后，笔者愿意作些牺牲，推动行业的发展。

第二部分进行的理论与技术的探讨。金属材料装饰是小行业，没有高利润来吸引大学者介入，所以行业成为理论的“沙漠荒地”，几乎没有可指导行业的理论与技术，这也从一个侧面反映出中国制造落后的状况。缺乏理论与技术的研究是中国制造的软肋，应该补上。笔者对涉及的行业专业理论与技术进行探讨，有举一反三的作用，让后续升级换代有支撑。在技术探讨中，对一些重要的概念，如折边、拼接缝、节点图和检测方法都有阐述。甚至还从对未有人涉及的安装技巧也做了探讨，这会引起从业者的浓厚兴趣。

本书特点：

第一，实用性强。书中所讲述的案例都是作者亲自经历，亲自操作。面对具体问题，是怎样思考，怎样解决的。这对从业者会有很大的启发。

第二，时代感强。书中展示的案例都是上海和各省市的知名楼宇，很多是境外设计师担任设计的，这些工程原本就反映了当代国际水平。在阅读中可以观察当代设计师的思路、理念、选材、款式设计变化的轨迹。

第三，理论性强。作者将物理学、化学、建筑学、美术、项目管理及哲学等多种知识都聚集到金属材料装饰上来，融会贯通，形成系统实用的理论。

本书以案例为题材，目的是可以让读者利用零星的时间随意翻阅任意一个章节。更重要的是，作者通过案例将实施中的真正想法、疑问都能坦陈出来，有一个原生态的创作的过程，避免呆板的说教。

知与行是事物不可分的两个方面，国内外的大思想家，大学者都有论述，笔者不必赘述。从行业看，笔者的感知是行得不认真，知得不深刻，要提升行业，非要在行与知两方面下工夫，知行合一，倡导重视技术的氛围。希望本书的出版可以给此行业的从业者提供参考。笔者以工程案例展开写作，也是想更形象生动地引导人们重视技术。

目　录

第1章　导　　论

在中国经济高速发展，房地产热潮一浪高过一浪的大背景之下，高档楼宇、五星级宾馆、五A级商务楼、豪华商场，特别是城市地标性的建筑内部装饰也悄然发生巨大变化。这个变化的标志是金属材料被大量用于室内装饰，有艺术性造型风格的装饰效果成为时尚。金属艺术顶悄然兴起。

本书提到的金属艺术顶主要是指使用铝合金板材、不锈钢板材、钢板和铜质等金属材料制作的吊顶和墙面装饰等。

在建筑装饰巨大变化过程中，笔者有幸从事这个行业，参与、见证这个行业的发展。笔者的公司——上海思友金属材料技术有限公司直接承接的项目有：上海国金中心商场、K-11休闲广场、上海环贸广场、上海顶新商务楼、湖北黄石兰博基尼大酒店、上海市政设计院、浙江阿里巴巴办公楼、上海华东设计院会议室、上海三至喜来登天棚、上海中兴泰富办公楼、上海中心大厦公共部位吊顶和上海中心大厦内文化店铺等。在上海刚拉开大型商场改造帷幕之时，笔者的公司又领先一步，承担了第一八佰伴的中庭装饰。

在诸多项目中，上海国金中心商场和上海中心大厦最具代表性。笔者为什么要青睐上海国金中心商场和上海中心大厦这两个项目？这两个项目都

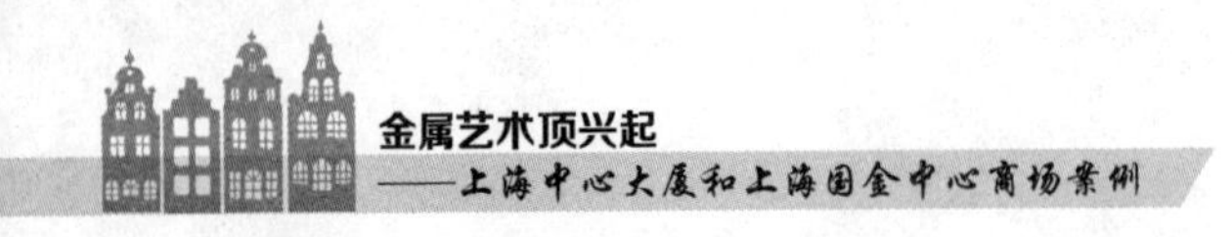

有各自的特殊意义。

上海国金中心是港资在沪的大项目,商场也开辟了豪华大型的先河。在商场内的装饰大量使用了铝板与不锈钢,展示出艺术风格的造型。例如:一楼西大门的吊顶是一个大椭圆,近 $400m^2$ 大小的双曲吊顶;一楼北大门是一个铝板与铝条板组合的吊顶,约 $300m^2$ 大小。地下一楼商场内有大小两个中庭,中庭的吊顶都是圆锥形铝板,商场内还有十几台自动扶梯都是用铝板装饰的。一楼环形走廊顶,将分散的地域连成一体。国金中心的金属板装饰用量大,式样新颖,双曲面独占鳌头。国金中心的装饰至今已有六年时间,依然如新。一方面是使用金属材料的缘故,没有陈旧感。另一方面艺术性强,也没有落伍的感觉。国金中心的装饰至今保持上海最有水平的装饰项目之一。也是继国金中心之后,上海才涌现出又一批有金属艺术顶装饰的豪华商场,如 K-11 休闲广场、环贸广场、嘉里中心等。

在国金中心开业之后,又迎来了上海中心大厦的装饰。由于上海中心大厦是上海地标性建筑,又是超高层建筑,金属艺术顶是那里的最佳选择。笔者在内承担的项目有五楼宴会厅、二楼多功能厅的空中圆管顶、B1 层观光等候厅的顶和墙的双曲面板、B1 层文化店铺铜顶、压型钢板顶和钢琴烤漆铝板吊顶、B2 长条波浪造型顶,这些内容构成了上海中心大厦现代时尚的艺术风格。上海中心大厦的耸立,也代表金属艺术吊顶的市场兴起。

一、金属装饰材料的优势

金属艺术吊顶的兴起主要缘于金属材料的特性。金属材料硬度高,寿命长,与以往常用的建筑材料如石膏板、木板相比较具有许多优势.

(1) 材料的重量轻,可减少建筑的承重并提高安全性。典型事例是在讨论国金中心商场一楼吊顶时,对于一个大椭圆顶,有人主张用石膏材料(GRG)制作,也有人反对。反对的理由是石膏材料太重,一平方米材料,厚度 20mm,要达到 40kg 重。整个吊顶加钢架达到 20t 重。如果用铝板制作,重量是多少?铝板厚 3mm,重量是每平方米 9kg,整个顶 3.6t,加钢架不会超过 7t。主持人比较两种材料重量，当即决定采用铝板制造双曲顶。重量轻是一个重要选择指标，特别在超高层建筑中，都是采用了铝板材料、不锈钢材料或者铜质材料。

(2) 防火性能好。目前我国的防火材料等级划分为 A 级(不燃)、B1 级(难燃)、B2 级(可燃)、B3 级(易燃)。采用铝材、钢材、不锈钢板、铜材都被划分为 A 级(不燃)材料，可以作为室内装饰材料。在大型公共建筑的吊顶上不允许用木材、塑料板等可燃材料。在超高建筑的顶和墙上完全不能用可燃材料。在这些地方，金属材料被广泛运用。

(3) 使用寿命长。八年前在苏州中茵皇冠大堂施工时，笔者曾经与英国设计师讨论过为何要设计这么多的金属材料。他回答说金属材料使用寿命长，不会腐烂，不会开裂，不会折断。大型建筑或公共场所，不可能像街头小饭店，每隔两年或三年就装饰一次。金属材料选用优质的表面处理技术可以做到 20 年无变化，依然如新。就上海国金中心商场而言，对于制作墙面或包立柱的材料都是采用氟碳涂料就能实现这一目标。防止材料表面划伤也是个重要指标，采用类似烤瓷漆的硬质涂层可以使材料表面硬度达到 5H，耐磨性能好于金属材料本身。在 K-11 休闲广场的墙面就是采用这种材料。国金中心从装饰开张以来已有 6 年时间，因为是采用大量的金属板材装饰，6 年后的今天，仍然保持崭新装饰的效果。

(4) 金属材料装饰有高贵的档次感。采用铝板、不锈钢铜板等金属材料，相比木材、石膏、瓷砖等，有一种天然的高贵感。显示高贵气质原本也是装饰所追求的目标之一，用高贵来吸引客流，留住客户。

(5) 大空间的装饰。现在室内装饰的单体空间，在 1 000m^2 大小的面积是司空见惯的，也有 2 000m^2 以上的大空间。七年之前的五星级宾馆很少有超过 1 000m^2 的大堂，那时在苏州中茵皇冠酒店装饰，那里的大堂有 1 000m^2 的空间，就感到十分惊奇。在大空间内，无论作为吊顶，还是墙体的装饰材料都要变大，材料要有更好的刚性才能适应。此时金属材料的优势得到最大体现。在上海中心 B1 层文化店铺中装饰的压型钢板，最长是 16m，中间无接缝，这是木材和石膏板所无法实现的。

(6) 多样化变化。这里指的多样化包含造型体的多样化和色彩的多样化。因为科学技术的发展,已经可以设计制造出各种各样造型。特别是双曲面和多菱体等蕴含艺术性的造型。也因技术发展,可以有多种手段的金属表面处理技术来满足用户的需要。如,用户需要寿命长的油漆,可用氟碳漆;要求硬度高,可用耐磨的烤瓷漆;要求亚光消静电,则可用阳极氧化处理;要有木纹感的,可用仿木纹热转印技术等。

(7) 工厂化生产。过去的装饰是以工地现场制作为主。木板、石膏板成堆进场、加工,占用现场时间长、面积大、污染严重。现在用金属板材,首先都是在工厂内生产成型,完成表面处理,然后再送到现场就位组装。现在做法占用工地时间少、环境污染小、效率高。

二、金属装饰的市场前景

现在金属板材装饰除了在城市标志性建筑和超高层大楼内一枝独秀之外,近来也快速扩展到其他高档建筑,如五星级宾馆、豪华商场、商务楼等。新落成一些建筑,最抢眼的装饰都使用了金属材料。

五星级宾馆:① 大堂的吊顶,因为是大空间,都倾向于使用金属材料装饰出各种造型,以显风格。② 大堂吧,其是会客场所,也有许多金属材料制成的艺术性顶或墙供客人欣赏。③ 餐厅,无论是中式风格,还是西式风格,都可用金属材料实现。④ 游泳池是五星级宾馆的标配,游泳池因为有防水要求,大家渐渐放弃使用木材而改用铝板或不锈钢。笔者直接承制的,就有中茵黄石兰博基尼酒店泳池、上海严家宅泳池、中茵昆山大酒店泳池。⑤ 其他,笔者还为苏州中茵皇冠酒店内的迪斯科舞厅制作了用铝材浇筑的地砖,很有特色。

商务楼:① 大堂,有稳重、严肃气氛的大堂吊顶。例如上海吴中路顶新A、B栋楼。② 电梯厅,例如上海市政设计院阳极氧化蜂窝板顶和墙。③ 走廊吊顶,例如吴中路顶新商务楼吊顶。④ 会议室,大小会议室的例子有很多,最新版是华东设计院(汉口路51号)八楼会议室。⑤ 卫生间原来是不起眼的场所，现在整体装饰档次提高了，这里也相应提高了档次。卫生间分为a.进出入通道、顶和墙都会用金属板。b.洗手盆的位置，用金属板装饰。c.入厕坑位隔断用金属板材料。笔者与“安美特”公司合作，在上海淮海路新天地办公楼内就采用了阳极氧化蜂窝板隔断。

商场：以上海国金中心商场为例，① 门厅，西侧进入门厅吊顶是“双曲大椭圆”吊顶，北侧是多功能金属板材组合吊顶等。② 中庭，有顶、有立柱、有“杯口”侧墙，还有自动扶梯的外包，这里都是用了铝板。因为是用亚光油漆来喷涂，外行人可能会误认为是石膏板。③ 墙体护墙，都是厚 3mm 铝板制作。④ 公共走廊，这里很有特色的是环形走廊吊顶，全是金属材料灯带。自上海国金中心商场开张之后，有大批设计师，投资者都来现场观看学习，也有几家几经周转找到笔者进行交流。从设计师和投资者的动向来看，他们都想“克隆”国金中心商场。事实上相隔几年之后，在一些城市确实出现了模仿国金中心的商场。从国金中心商场中可以看到金属材料在商场内装饰也可以全覆盖的。

金属艺术顶从现在的五星宾馆、豪华商场、高级办公楼起步，已经开始发展到地铁车站、高铁车站、飞机场等公共建筑之中。俄罗斯莫斯科的地铁站就是艺术长廊式的装修，相信在我国很快会看到这样的场景。

笔者通过十余年的亲身经历，察觉到：① 金属板材装饰是超高层建筑的较好选择；② 装饰要彰显豪华的特色，也离不开金属板材料；③ 在建筑内各种场合的装饰，都可以用金属材料来替代原有的材料。这三个特色，决定了金属材料装饰市场前景看好，发展长远。

三、四股力量推动金属板材装饰市场

是什么力量来推动金属板材装饰的市场？笔者认为主要是四股力量：

(1) 财富的力量。采用金属板材装饰是需要经济基础的，是需要经济实力的。为什么项目都集中在中国的一线城市？为什么都是在高档楼宇之中实现？因为那里资金投入多。

(2) 技术的力量。当代技术发展,带来金属材料的新工艺与新技术的出现。这些材料是有可能满足装饰市场的需要,也方便生产与安装。

(3) 艺术的力量。随着人们生活水平和文化素养的提高,人们已经不满足于解决温饱问题,而是提出满足精神生活需求,其中艺术欣赏是一个重要内容,大众需要美的享受。

(4) 竞争的力量。当今市场竞争已经高度白热化,各大商场、宾馆、办公楼都在通过装饰,以新式样、新的空间来争奇斗艳,吸引客户。

四、金属板材装饰的艺术表现力

顺应艺术历史发展的轨迹,金属板材料装饰的艺术表现力是:

(1) 金属板材料可以表现出曲线和曲面这类有变化的造型,大众的审美已经不满足于过去横平竖直的僵硬板面。

(2) 镂空、透空的布置,不同于过去严严实实的包裹式装饰。

(3) 三角形、多菱体的造型以及不对称的排列,不同于过往中规中矩的对称布置。

(4) 多种材料,多种造型的组合"混搭"出的新奇感,不同于过去千篇一律的模板装饰。

(5) 吊顶、墙体相连通的三维装饰,而不是顶和墙的各自装饰。

(6) 色彩斑斓的效果,而不是单一的颜色。

(7) 有主题的装饰,有故事可讲。例如迪拜的一个宾馆,吊顶和墙面都是海洋世界内的动物造型。

(8) 可旋转或升降的装饰。例如澳门银河宾馆大堂中央的景观可升降起舞的装饰。

(9) 实物的装饰与虚拟装饰(VR)结合的情景装饰。

艺术造诣深厚的设计师,会在他们所负责的项目中想方设法来实现他们的艺术追求。设计师的追求,是在向工程师和生产厂商进行挑战。

有艺术性的装饰都是多样化、时尚化的装饰。厂商承接的任务新颖、变化多端，设计的工作量大，生产的批量小，精度要求高。这对于工厂而言是没有规模的，没有效率的。笔者近十年承接了五十余项目。每个项目造型风格都不一样，每个项目都要分析研究，工艺创新。每个项目都要系统地深化设计，要做大量样板和样板房。

艺术与技术是相互依存的，也是相互矛盾的，艺术吊顶的施工就是要处理好艺术与技术两者关系。当追求整体装饰效果时，首先就必须放纵艺术思想的腾飞，然后技术措施步步跟上，不能以技术达不到为理由来限制艺术的表现。过多的修改设计方案就会压制设计师的灵感。当下的技术手段发展已相当成熟，只要真正掌握，并灵活运用，再加上创新，技术是能够满足艺术的表现的。

技术的运用还会涉及成本问题，高端技术的运用，或者工匠的参与都会引起成本高涨，这在工程预算时就应有所考虑，另外，在深化设计和工艺方案选择上还可以作出许多降低成本的努力。

五、金属板材装饰的复杂性

金属板材装饰也一个复杂的技术体系，它涉及面非常广泛：

(1) 设计师，指方案或概念设计师与工程师的沟通，既要保持设计师的创新，又要让工程师在有限条件下能够实现制造。

(2) 工程师，在深化设计中，工程师需要与各类设计师沟通。

(3) 制造工厂的工艺条件限制，有可能出现的工艺路线调整或工艺创新。

(4) 制造工厂与其材料供应商的协作。

(5) 安装施工的设计、组织、协调。好的产品还是要依靠好的安装才能出效果。

(6) 所有活动都受到成本和时间的限制。成本不能超，时间不能拖后。这会增加许多工程的复杂性。

(7) 不同利益团体的协作，如业主、总包、装饰公司、各业主分包厂商等。

其间，利益关系的调整是大问题。是否能调整好会直接影响到工程的结果。

金属艺术装饰所包含的内容多，业务流程长。在这浩瀚的业务海洋中，有四个方面的工作是关键的：一是确定总体方案；二是开展深化设计；三是整合供应链；四是依托工厂制造。

(1) 确定总体方案。工程开始前，业主方的设计师会提供大样图或效果图，这是设计师所追求的效果，面对大样图或效果图，如何来实现会有各种各样的方案，需要去决策。从方案的提出到方案的决策，这是体现智慧和经验的过程。智慧在于理解设计师的意图，分析归纳设计师意图，将设计师的意图结合自己的专业知识，并清楚地表达出来。这也是俗话说的“思路清晰”。没有清晰的思路是无法顺利推进工作的。

有了清晰思路还不等于就会有好的方案。方案还要借助实际的工作经验，即在以往工程中所作的经验总结，甚至沉痛的教训而形成的。经验教训是知识的宝库，是能解决大多数问题的。也有个别全新的项目，没有成功的案例可借鉴，此时需要创新精神来推动。科学的创新必然结合工艺试验来进行。将设想转化为实物，从实物上检验思考的正确性。这也是笔者喜爱的“思辨与实证”的哲学关系在工程上的表现。笔者对于承接的工程思考分析比别人要多得多，打样品做工艺试验也会数倍于别人。功夫不负有心人，这样才能有好的方案，这是重视思考分析的作用。

每个项目，我们都会有事先的分析和事后的总结，在弄清楚的前提之下行动保证不会出大问题。在过后又会全面总结一些细节上的错误，举一反三，做好以后工程。随着工程做得多，我们积累的经验教训也会增多，这成了公司的宝贵财富，面临新的项目就会不慌张，有条不紊地干下去。在十余年时间我们干过大小内装项目不少于 50 个，这 50 个项目个个都不一样，每次面临设计挑战，都用知识经验去应战，但难免还会犯错误。项目做多了，错误就越来越少。因为有无数经验教训，现在才敢于承接上海中心大厦内的装饰任务，否则，是不敢介入的。

(2) 开展深化设计。笔者曾在大型机械工厂工作过数年，这段经历使笔者意识到设计工作的重要性。设计环节被认为是工厂的龙头。从事艺术吊顶行业之后，首先就是培养设计人员，不厌其烦地教育他们，为他们创造条件，迅速成长起来。本公司有自己的设计团队，能够同时承接一批工程。深化设计是整个工程实施的灵魂，失去灵魂是无法做好工程的。工程发展趋势是越来越艺术化，越来越精细化，钣金加工图变成机械加工图，表现在深化设计工作量增大，对设计师的素质要求在增高，设计师成为企业的软实力。在同行中。有不少企业企图降低成本，不培养自己的设计师，热衷于外来图加工。这样的企业要承担艺术吊顶工程是困难的。

(3) 整合供应链。现在的艺术吊顶工程复杂，没有任何一家企业可以在自己工厂内完成全部加工环节或配齐所有部件。每一家企业都会有一条采购的供应链，让相关的企业整合在一起，为自己协作配套生产产品。

建立供应链还是容易的，困难在于，艺术吊顶工程个个都不一样。供应链也需要跟着工程的变化而变化，要用不同的企业整合来保障工程的完成。可以作为配套的企业，原来也不是“天生自然”的配套工厂，不可能是绝配的。这些企业都需要经过改造方能适应。整合供应链，其中还包含着改造这些企业的任务。对于全新的艺术吊顶，还要由主导企业派出人员与配套工厂一起创新研究出新工艺新产品，这样整合供应链又赋予“创新”任务，供应链变成创新的联合体。

“供应链”名词是美国学者提出的，其含义在日本企业界早已流行，日本的名词是“成套供应”。笔者工作过单位曾经是日本某大型企业的分包工厂，亲身经历过他们是怎样用十年时间进行供应链整合的。其中有许多好的方法值得学习。笔者也正是利用这些经验，将若干工厂组织起来完成了一些工程。

(4) 依托工厂制造。我们掌握供应链整合一套本领，但没有关闭自己工厂，反而是依托工厂造出好的产品。当下，办工厂麻烦事多，经济负担重，盈利几率少，大家都不愿意办工厂，都想当“皮包公司”。笔者也比较过，如果没有工厂产品，都外发加工，那么工艺水平不能提高，质量无法保证，在繁忙季节，产品的交货期也无法保证。为避免出现这些现象，无论多么困难我们还是要将工厂办下去。

鉴于金属吊顶都是非标准化的产品，在工厂生产线组合上不搞单向流水线布置，而是按"柔性化"，即可变化的生产工艺来布置设备。可满足异型板块的生产。还特别设立了"双曲面板"和"扭曲面板"的加工能力，满足高端市场需求。

六、技术的核心作用

学习一些科技公司的做法，利用自己的工厂建成技术研究，工艺试验，样板制作的实验室。经过实验成功的产品才进入大批生产或外发生产。

为保证工程质量，并为客户提供价值，笔者总结了四条原则：

(1) 注重工程的视觉效果的评估，事先有预判。工程质量首先是表现在视觉效果优势上。"视觉效果"是影视界的概念，移植到装饰工程上恰到好处。笔者又对视觉效果深度概括为两句话，即"大格调做像，小细节做精"。"小细节"反映了装饰工程的特点，也是精品工程的要求。

(2) 注重工程安装之后使用的长久效应，不只是满足二年质保期安然无恙。这里包括内部钢架，悬吊结构的安全性，外部产品的表面处理的时效性。表面色彩光鲜都要能保持10年以上。

(3) 注重成本竞争。装饰工程的质量与成本是有关联的，但不一定是正相关，有时候好的装饰效果不一定是高投入。要出好效果，关键还是深化设计技术和实践经验的灵活运用。拼命抬高价格，业主不愿接受；一味压低价格，供应商无积极性，最终都干不好项目。还是要倡导合理价格。

(4) 注重技术创新。针对每个项目，笔者都会独立思考，既利用以前的经验，也必有新的创造，会有奇特方法解决问题，带来意外的惊喜。

艺术吊顶的出现，势必提高了深化设计和制造的难度。深化设计是纸面上的事，容易解决，而制造提高不容易。吊顶的艺术展现需要工艺技术支撑，由工匠领衔。艺术吊顶都需要在工厂制造，这里包括使用材料，使用设备，使用加工技术，使用加工的路线(顺序)等。这些内容组成了通常所说的工艺技术。目前在装饰行业的设计师，项目经理，管理员对设计图纸是熟悉的，但对工厂很陌生，更谈不上懂得工艺技术了。在金属材料吊顶承接和施工中最有影响力的还是专业厂家。因此，是否能选好供应商成为能否出好效果的关键。

同样谈工艺，也有旧工艺和新工艺的区分，在当今每个项目都各具特色，都需要不断工艺创新才能适应。艺术吊顶的表现形式有双曲面、多菱体和端头拼。这三种形式都会对工艺技术提出挑战，谁能应战谁就能赢。笔者的公司经过多年的研究，在这些方面形成的技术特长能为客户提供满意的产品。

七、承接项目要有使命感

承接项目要有使命感，要做出精品，做出有价值的项目。凡是需要做艺术吊顶的业主都是愿意出重金的，同时，这些场所都是名扬天下的，如果项目做砸了，业主会受到经济损失和名誉损失，这是双重打击。商家为客户创造价值是本分，要努力来维护业主的利益，在承接上海中心大厦前，笔者去迪拜参观其建筑，就是在思考怎样使上海中心大厦的装饰不逊于迪拜塔。我们不认为这是越俎代庖的行为，上海中心大厦业主一定去看过迪拜建筑群，但他们是综合性的考虑，不只关心金属板的装饰。类似金属板的装饰，是专业性质考察，应该由专业厂商担当。具有使命感才能做好精品工程。

金属板的制造技术是装饰行业中的软肋。原因之一：在改革开放之前，中国没有装饰金属板的制造工厂，那时认为装饰是奢侈的行为，不被社会提倡。改革开放之后，是由一些外资和民企积极鼓动起来的，但都是小打小闹不成规模的企业。这些企业难以掌握高技术。后来也有个别企业发展得很好，但是又改行做房地产了，荒废自己的本行。原因之二：从事装潢设计的人员都是从学校毕业直接进入设计院所的，他们缺乏对工厂的了解，缺乏实际生产经验。他们的缺陷需要后续的大量深化设计工作来弥补。原因之三：为配合外幕墙的需求，也出现了一大批幕墙铝板的生产企业，这样的企业接受幕墙公司下达的订单生产，包括图纸，他们没有自己的设计师，也不熟悉室内的装饰。依靠这样的企业来担当室内装饰的重任往往会落空。将来，有少数

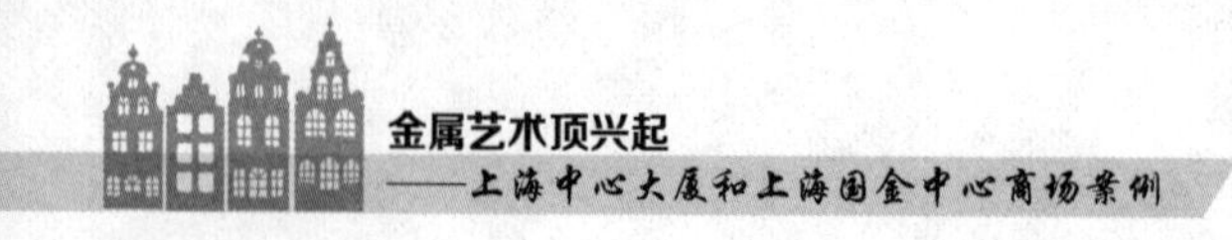

这样的企业会转型成功，大多数是会被淘汰的。

装饰行业中的制造企业的强大，并不表现在规模大，人员多，而是要看企业的深化设计力量，产品整合，工艺创新的能力，有实际案例和经验的积累。这些都可表达为“软实力”。强大的企业是艺术吊顶工程中的顶梁柱。

笔者是个爱钻研的实干派，进入金属材料装饰这个行当，是将它当一门学问来研究。这是实用型技术，研究不能局限在书斋中，而要深入现场，投身施工，在踏踏实实地干活中观察分析总结经验教训，推演逻辑，形成知识体系。在九年前写过一本书，书名为《金属吊顶——设计、制造、安装一体化》。时隔八年，又将实施的新内容总结写出第二本书。这些做法的意图就是建立艺术吊顶行业的知识体系，倡导学习研究、崇尚知识风气，促进行业整体素质的提高。

近几年笔者在阅读介绍德国的书籍时，看到几乎每本都有介绍德国工程设计学院——“包豪斯”的文章。“包豪斯”已成为德国制造的软实力代表。如今，我们从事工程和设计的人员也应该学习“包豪斯”的设计理念和敬业精神，在轰轰烈烈的建设大潮中冷静下来提升自己的“软实力”，以求基业常青。

好的装饰会提高建筑本身的档次，会增加建筑物对外界的吸引力。笔者在三年前，就曾慕名去中东迪拜一周观赏15个五星级以上宾馆。在那里也看到来自世界各地的游客络绎不绝，盼望我们中国的建筑装饰也能吸引世界各地的游客。

第2章　案例分析

一、上海中心大厦公共区域

1. 上海中心大厦艺术吊顶引领时尚

上海中心大厦走在时尚潮流的前沿（见图2-1），金属板装饰在形式和技术上有很大的突破和进步，是建筑装饰史上的里程碑。

图2-1　上海中心大厦艺术吊顶

1）利用冲孔的变化来表现艺术

在高层建筑中采用冲孔铝板，第一是为了减轻材料的重量；第二是有透空舒畅感；第三是吸音效果好。在金属板行业内，将材料开孔是很普通的工艺。但是，这里的开孔赋予新的意义；

（1）孔径的大小不一，形状不一。以往在金属板面上冲孔，都是单一、统一的孔径和孔形，而这里采用了多样孔。孔径的大小不一样，直径20～50mm不同，孔的形状不一样，有正方形、椭圆形，还有腰鼓形。

（2）用孔来组合成图案。过去开孔是为透气、吸音的功能服务，如今用孔组合成不同图案，有一种素雅、低调的艺术感。有隐隐约约的形状，可以让人浮想联翩。

（3）用孔大小和密度来调节板面的反光效果。在冲孔板背面涂黑色底板，孔眼中可透出底板的黑色。孔眼越多，越集中，所能透出的黑色就越深。笔者参与深化设计的上海中心大厦通往国金中心商场的地下走道墙面板就是范例。

2）由平板制作到双曲面板

双曲面板可表现高雅艺术，但是制作上难度很大，一般工厂缺少这方面技术。上海中心也在寻求突破，在B1层多处采用了“双曲”面板。如：① 球型；② 反弧板；③ 正圆、椭圆，以及不规则圆正弧板。

在B1层大椭圆立柱用了喇叭口板，即双曲的两个曲面是相反的。这能把顶与墙连接起来。在墙与顶相交处也用了30m这样的双曲面板。

3）大胆采用圆管装饰

在二楼的宴会厅是采用了圆管制作的空中造型（见图2-2），在五楼是用圆来布置墙壁，圆管装饰成了一道亮丽的风景线。由于装饰的奇特，吸引了年轻人的青睐，成为婚庆场所的首选之地。同行交流、咨询关心最多的问题也是圆管技术问题。

4）平面装饰到空间装饰

（1）在同一区域分几个层次装饰，如五楼波浪墙板，有钢架、底板和面管三层。

（2）在同一面上采用多式样的装饰，如五楼吊顶板：冲孔板、三角形、六

图 2-2 上海中心二楼双曲圆管

边形。

(3) 装饰材料本身是三维造型直接将顶和墙覆盖,如二楼的空中圆管。

(4) 主张顶部与墙面的连体装饰形成空间三维装饰。如B1层顶与墙连体。

(5) 将不同楼层通过装饰连通起来,如B2层的自动扶梯连到B3层停车库。

5) 铜文化的发扬

在这里铜材料被大量使用。B1层有胶囊型铜顶,53层有铜画框顶等。这些都有独特的艺术风格。

6) 新款产品

上海中心大厦由于装饰面积大,参与的公司多,提供了各种各样的产品,这里成了金属产品的博览会。有几种可以介绍:

(1) 抽槽板和雕刻板。在厚4mm的铝板面上雕刻出一条条槽或者图案。在118和119层的墙板就是用的这种产品。

(2) 拉伸孔。在金属板面上孔不是完全将孔圈内的材料去掉,而是留一定的宽度并将这宽度的料翻成90度,形成一个侧面高度的圈。

(3) 编织网板。后文有专题介绍。

2. 五楼宴会厅波浪造型墙板

上海中心大厦五楼设有一个大宴会厅,据说是国家领导人招待外国元首的餐厅，也是向全世界展示中国风采的地方。设计师对其中的装饰是竭尽了聪明才智，发挥了艺术创意。其中的吊顶，墙面的设计都是有极高水准的。笔者有文章介绍吊顶，题目是:《复杂化的吊顶》。这里对墙面板(见图 2-3)先作详细的介绍。

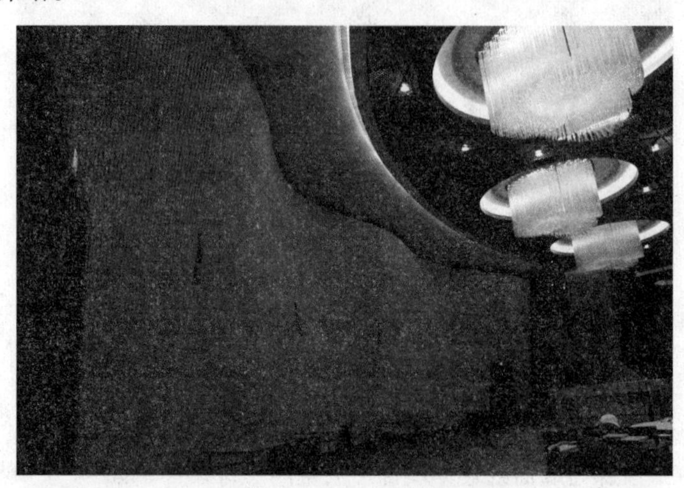

图 2-3　五楼宴会厅波浪造型墙

1) 形状描述

宴会厅是长方形的地块，其中有一垛墙面是玻璃幕墙，可透空欣赏外界景色。还有三垛墙，围成一个 U 形区域。这三垛墙，是用圆管加铝板，制作成为有波浪起伏的墙面。波浪起伏的高度，每一段是变化的，无周期规律的，这是显示艺术性。波浪起伏上下两段也是不对称的，上半截大，下半截小，这是为留给人更大的活动空间。

需要用金属圆管装饰的墙面高是 7.2m，三垛墙面展开长度是 70m。金属墙上端是石膏板顶，下端留出高 250mm 的踢脚线。墙面有四个门洞。门窗与圆管有相交接口。

金属墙面的构造:从墙基层板出来分为三层，第一层是钢架。这钢架就应该制作成波浪造型；第二层，是满铺冲孔铝板的双曲面板，作用是遮挡钢架；第三层，即表面层是 Φ60mm 的圆管，左右向是垂直，前后向是倾斜，相间隔 30mm 排列，圆管与冲孔板相连还不能直接紧贴，设计规定是要离空 20mm，以保持圆管的完整造型和透空的艺术。

2）经验铺垫

波浪造型墙的图纸刚公开时，所见到的人员都感到很新奇，很奥妙，难解其中意义，更无从下手。笔者见到此图，就倍感亲切，似曾相见。因为见此图的半年前，我们刚在湖北黄石做完一尊屏风，那就是用圆管倾斜排列而成的（见图 2-4）。那时对圆管倾斜排列也是十分陌生，经过反复讨论，并实际施工，终于弄清了其中一些规律。经验是知识的源泉，现在再讨论波浪造型就很内行，有专业能力。

图 2-4　湖北黄石酒店屏风

我们将黄石屏风与波浪造型墙相比较。

相同点：

（1）用圆管斜排作为装饰面。

（2）圆管排列后出现上、下两个波浪型。

（3）圆管之间是有间隔距离。

区别点：

（1）排列的基准线不一样，前者是走直线；后者是走弧线。

（2）倾斜的中心线不一样，前者是在中间；后者是下移到 1.7m 标高。

（3）有无夹层板，前者无，全透空；后者有一片板。

（4）有无钢架，前者是依靠在上下横杆上定点来形成波浪，无需钢架；后者是先做准钢架造型，再塑造圆管造型。

3）深入研究

虽然有了先前的黄石屏风的经验，但是上海中心的金属墙又增加了复杂性，提高了难度，还是需要深入研究方有做好的希望。

(1) 表现造型的轮廓线（见图 2-5）。虽说造型是波浪型，这波浪型是如何表现出来的，这需要研究清楚，才能施工。俯视图，将造型完成面投影在地面上，有三条线，第一条是圆管朝前与朝后倾斜的分界点的连线，也勾勒了整个墙面曲线，这条线奠定了将来金属墙的曲面走向；第二条是有大波浪的曲线，这表现出墙面造型上端的变化依据；第三条线是有小波浪的曲线，这表示墙面下端的变化规律。

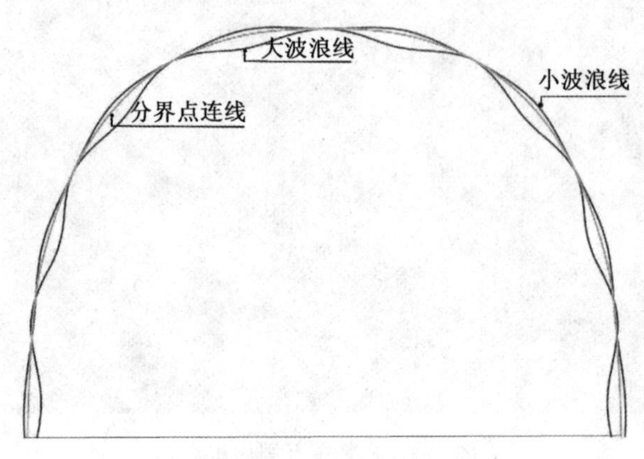

图 2-5　造型轮廓线

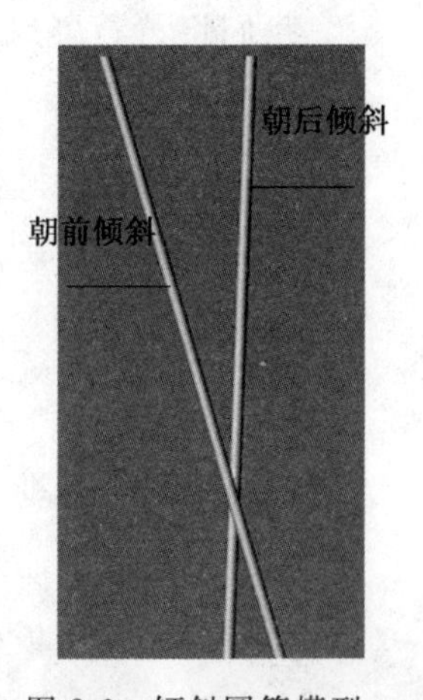

图 2-6　倾斜圆管模型

金属墙造型是曲面，但其中的圆管每支都是直管，不能弯曲，也不能歪立。圆管排列时，左右向始终是垂直于地面上的一条圆弧的切线，而圆管不垂直于地面。在左右垂直的直线上，圆管再前后倾斜（见图 2-6）。

(2)圆管分布定位图。图纸上提出圆管之间相距 30mm。事实上每两支倾斜的圆管，处处相隔 30mm 是不现实，倾斜角度变化，必带来间距不等。

怎样掌握这间距，其中有奥妙。经分析之后，计划是以分界点连线的均分等距离来设定直管的一点。再

以大波浪线的均分点，注意这里的均分点间距不是恒等的，更不是 30mm。以这两点画出直管的布置线。此时小波浪线离分界点连线，距离近，倾斜变化，若有误差也不明显。圆管分布投影如图 2-7 所示。

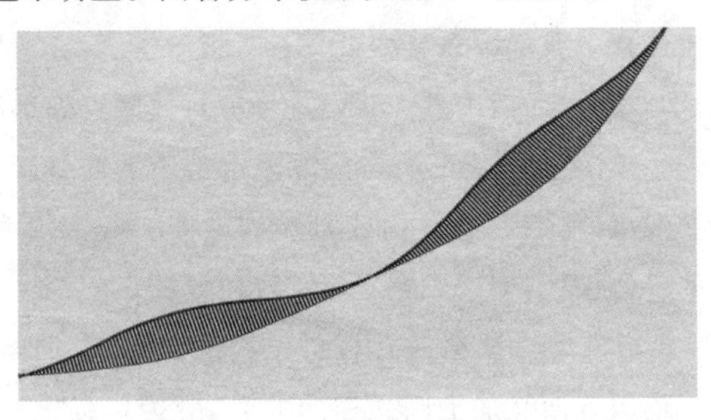

图 2-7　圆管分布投影图

(3) 圆管垂直的参照线。圆管左右布置必须垂直，垂直的参照面应该是这支圆管所处的波浪线段。有人提出是否能以宴会厅中心点为参照线，答案是不行。因为每支圆管自身是前后倾斜的，若围绕宴会厅中心点布置，每支都一个夹角，无法达到垂直度。

(4) 圆管需求。符合排列的要求。圆管前后倾斜，虽然墙体高度是 7.2m，因为斜排，每支圆管实际长度都大于 7.2m，而且不一样长度。圆管上下端头的切角都是斜角，不是平切角。斜角的斜度，理论上讲还不一样。排列后的线条要挺直。这需要管成型好，硬度高。我们是采用壁厚 3mm 直径 60mm 的规格，优等铝合金拉制的。也考虑圆管固定方便，每支圆管都是有装螺丝用的滑槽(见图 2-8)。

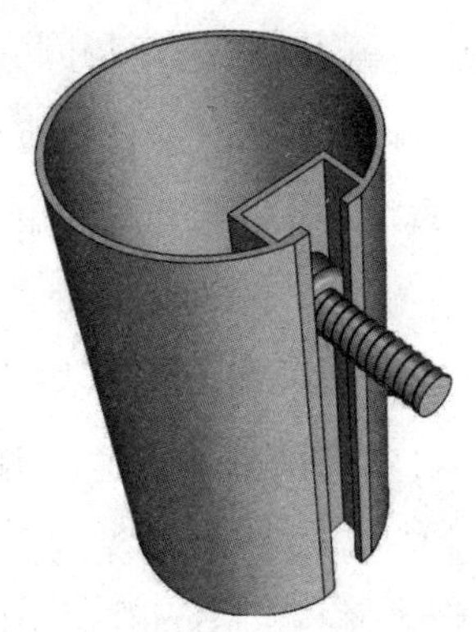

图 2-8　装螺丝用的滑槽

(5) 对夹层铝板要求：夹层是采用厚 2mm 铝板，满板冲孔。冲孔率 15%，背贴吸音布。铝板板块尺寸，宽约 1.1m，长度 3.6m。两块拼成一个完整高度。为保证上下，左右拼缝的完美。每块铝板都是按双曲面要求制作的，而每片板尺寸都不相同。在设计时，是将竖向拼缝藏在圆管的背面，横向拼缝是留在 3.6m 的标高外，远离人们的视线。

4）安装方法

（1）钢架。① 根据我司多年来做曲面板的经验，只有将钢架造型做准确了，曲面板才能装好。所以这里，也是从抓钢架造型开始。内层钢架，其作用一侧与石膏板墙连接。我们事先有图纸交石膏板施工方，让他们内置好我方需要的钢骨架，即“牛腿”的引出点。我司进场就从这些点焊接出“牛腿”并引出波浪型钢架。② 钢架的完成面严格按波浪造型面的需要制作。同样在地面放两条内外波浪线，然后将这些曲线翻转到空间。③ 用木板雕刻与造型轮廓线相符合的外侧模板，钢架成型之后一段段复核。

（2）夹层冲孔板安装。根据冲孔板拼接板缝，事先在钢架上焊好龙骨，可让铝板固定。铝板背面又加上圆弧横向龙骨，既为铝板定型，又作为固定圆管的受力杆。每支圆管上下有五个点与铝板固定，在铝板上就装有五支横向圆弧龙骨。

（3）圆管的固定。上文已讲有五个点固定，这里不再赘述了。但要满足设计有 20mm 的空档。于是定制外径 16mm，壁厚 1mm 的不锈钢小圆管（见图 2-9）。

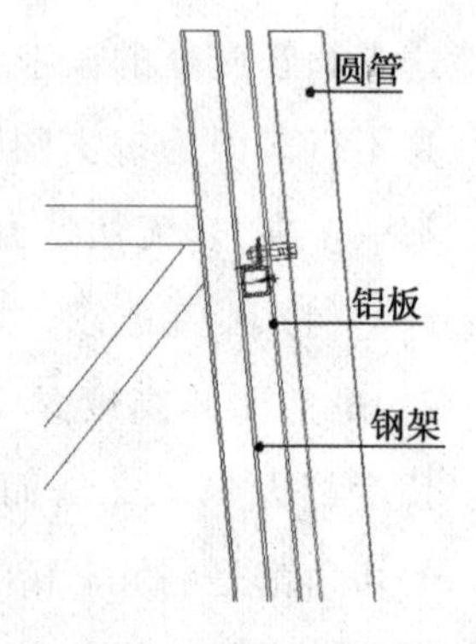

图 2-9　圆管的固定

将圆管视作垫圈套在固定螺丝上安装。外径为何 16mm 也是有讲究的，太大会外露，不美观；太小不稳定。

（4）圆管完成面的复核。圆管完成面是表现波浪造型的关键。同样雕刻出带半圆形缺口的模板，用模块对每段复核，调整，直至完美。

（5）圆管端头斜切。

（6）圆管的上下端头封盖。有关领导在视察工地时，特别提醒要对端头进行封盖。我司用雕刻机雕出半径大小不一的椭圆板几百片盖板。带到现场，对每个端口进行封盖。

（7）组装进场还是分件进场。最初也曾考虑在工厂内，将波浪板分片 1.5m宽，7.2m 高的一段组装之后，送工地，用大吊车吊到五楼，目的是缩短工地施工时间。经深入讨论之后，认为此方法不可行。其一，运输成本太高；

其二，现场拼接会不顺畅，没有调节余地。后改为现在的方法，散件材料进场，工人到现场由里到外安装。安装结束效果是好的，成本是高的。安装人工费超过总价30%。

5）插曲——允许“歪门邪道”否

文章前面已谈过，在墙面上有四个门洞。门洞处若金属墙板波浪是小的变化面，则圆管与门框相连几乎是平行的；若是大波浪，那么门框与圆管相交就出现一个斜角。当出现斜角后，有关人员邀笔者去现场，并询问我们能否将圆管重新排列。笔者答复重新排列整个圆管造型就会被破坏。如果圆管不动，将门框移动，那么门框会变斜，那就出现“歪门邪道”现象，这是中国文化不允许的。唯一办法，顺其自然，不过分讲究。后来大家都同意笔者的意见。

3. 复杂中求美——五楼宴会厅吊顶板

如图2-10所示为上海中心五楼宴会厅吊顶板。

图2-10 上海中心五楼宴会厅吊顶板

1）吊顶区域的设计与布置

整个五楼吊顶区域超1 000m^2，净高超8m。为彰显富贵和华丽，吊顶区域内布置大小灯圈十四个，其中两个大的，十二个小一些。每个灯圈中又设计了密集下垂的水晶挂灯。在灯圈之间有 600m^2 的顶部如何进行设计？此设计既不能过于豪华，那会抢夺灯圈的“风头”。也不能太平淡无奇，那会降低档次。这里设计是作了精心安排。设计有两个亮点：其一，将平板打孔，做成类似灯箱的面板，在平板背上离空 300mm，再覆盖一层石膏板，在石膏板与冲孔板中间装筒灯，使整个顶成为一个大灯箱。其二，对平面的冲孔板又进行了复杂拼接排列的设计，使得平板也变成了工艺品。在我司承接的三项内容，即二楼空中造型圆管，五楼波浪墙面和五楼吊顶。五楼吊顶的艺术性完全不逊于前两项。

2) 平板复杂化

吊顶板虽然是平板，但此处平板提出了许多苛刻要求，使得平板变复杂化，其复杂程度超过了有造型的板。下文将剖析复杂化。

(1) 平板是镶嵌在十四个圆灯灯圈中间的。灯圈中间两个是特大的，另外十二个小一些。平板与两个大圆圈是直接镶嵌的，与十二个小圆圈，是通过空调风口连接的。因为每个小圆圈都有一个灯圈风口。镶嵌，这对板块的制造尺寸就提出要求，不允许现场切割。灯圈效果如图 2-11 所示。

图 2-11　上海中心五楼吊顶的灯圈

(2) 整个平板要先分割为六边形或三角形，就在平面上留出许多缝隙。处理缝隙的唯一方法是缝隙要对齐。这么多缝隙对齐又是增加制造上的麻烦。

(3) 板块上还要冲孔，孔径有五六种，孔径最小是 10mm，最大是 50mm，是花样孔。大小不等的孔心还要排列成一条直线。

(4) 在板面上冲孔时，如果某个孔由于折边，拼角的原因发生缺损，这个孔要事先取消。

(5) 在整个吊顶平面上做到三个统一，即①冲孔成一个统一图案；②六角形拼接成图案；③三角形的边连成统一直线。

五楼顶完工之后，要达到上述五条要求，方能满足设计的要求。

3）复杂的深化设计

深化设计的第一步是冲孔板，以圆为单位的图案设计。原先业主给出的图纸没有孔，只有几种颜色标出的几个区域。要用圆孔的排列来替代不同的颜色，这是费神的事。究竟用多大圆，多少圆，怎样排列才能实现效果？为此前后花了十天时间来设计，方通过。

深化设计的第二步是对铝板外围的限制尺寸界定。这里主要是指十四个大灯圈(GRG 制作)。吊顶与大灯圈相交的尺寸要合密缝。我们得去现场复核这些灯圈的位置。虽然灯圈在地面上有放样标识，这给了我们方便，但是圆灯圈装在空中的尺寸还是与地面有误差的，这会影响后续的安装。

第三步深化设计是对吊顶板区域内设计。主要内容：①三角形设计；②六角形设计；③六角形缝隙对齐；④六角形边连通。

经过这三重设计，在每块板上承载了许多任务，每块板既是独立的，又是整体的，每块尺寸和定位是十分严格的。整个顶终于设计出 450 块板。最大面积是 $3m^2$，最小只有硬币一般大。每块板都是唯一的，每块都不一样。我们对铝板加工，提出十个不能错：① 板面外围尺寸不能错；② 板块正反不能错；③ 孔位不能打错；④ 孔位不能有反打错；⑤ 翻边(搭接边)不能错；⑥ 编号标签不能贴错；⑦ 配货不能错；⑧ 每组打包不能错；⑨ 场地上拼接不能错；⑩ 安装秩序不能错。

4）安装的复杂性

灯箱安装的复杂性。整个吊顶就是一个大灯箱，设计师在铝板背面离空 300mm 的高度盖了一层石膏板(带乳胶漆)，石膏板上安筒灯，闪光照射。要用丝杆穿过石膏板将铝板吊起、固定(见图 2-12)。决定吊顶的位置,即丝杆的下垂点,也是要通过地面放样来取得。事实上,这样的吊点,在安装时位置还要可调节的。因为是冲孔板,丝杆的存在是隐隐约约可见的,故丝杆排列笔直,简洁。这样才能体现灯箱效果。

现场安装的可调节余地。在设计时为此着想,有两个伏笔:第一,三角形相拼,留 3mm 自然缝;第二,六角形相拼,留 20mm 缝隙(见图 2-13)。留缝既有线条的美感,又为安装时发生误差留下调节余地。铝板并不是精密仪器,在加工中必然会有误差,安装时连续一排,多片板又会有累积误差。发生误差要有调节手段,否则就无法安装完美。

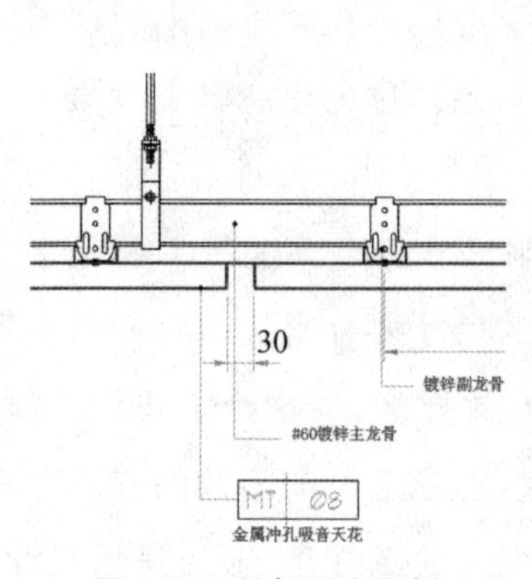

图 2-12　丝杆固定铝板

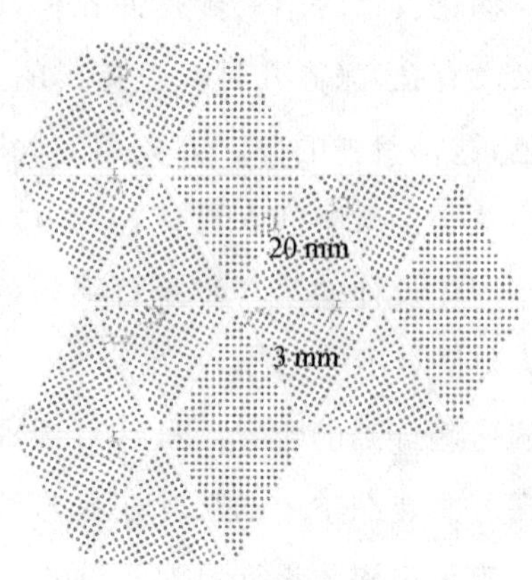

图 2-13　六角形拼缝

以六边形为单元在工地地面拼装。原先曾想在工厂内拼成六边形单元运输出厂,后来考虑板块太大,搬运会损害,改为以三角形单片出厂,工地地面拼装成六边形。地面拼的好处,先将零散的组合起来,将板块的清理一下。拼装六边形,可将这六块板先装成“组合”。再以六边形单元悬吊到空中固定,效率也会高许多。

顶面上都有从地面翻上去的定位控制线,当每组六边形悬吊之后就很容易“对号入座”,就位,固定。不会发生大的左右或前后的偏差。

楼层板安装时遵循先就位、后固定原则,其含义是在布置区域将该安装的板先放到位置,等一大批板都固定位置后看看有没有偏差,有就作微调,没有就打螺丝固定。上述讲到六边形相交都留出 20mm 的缝隙,这缝隙就是在微调中发挥作用的。原先放好的丝杆如果有偏移,还要移动丝杆的位置。这种方法的优势是将误差分散在每块板上,不会出现大的累计误差。

与吊顶板处在同一水平面上是消防喷淋头。安装秩序是喷淋头的水管在吊顶前先装好,预留一定长度,吊顶板就位之后再将水管长度切准。两个是同步交叉进行的。

5) 视觉效果评估

五楼是宴会厅,又是接待世界各国元首的场合。这里的装饰应该是世界一流的。从目前的装饰情况而言,我们认为确实能达到一流水平。

艺术表现手法的一流,立体布置整个顶。铝板连接十四个圆盘灯,灯是朝下垂挂的,顶是朝上的,灯箱是延伸的。形成朝上和朝下的扩展空间。这完全超出了以往平面设计和平面布置的范围。

材质软硬搭配。灯圈是用石膏(GRG)定制的,再涂乳胶漆,是一种软质又温馨的。吊顶板是铝板,有金属的钢筋。又会使人的感觉丰富。

光线的强弱衬托。中间灯盘都是悬吊的玻璃灯,灯线十分强烈,周边的顶都是暗藏在灯箱内的,光线微弱。强光与弱光相互衬托,有抢眼又不刺眼的效果。

技术工艺水平的一流,从吊顶上可以看出技术工艺水平的一流。

(1) 吊顶板的完成面,是一个统一标高的平面板。

(2) 整个大厅顶是由冲孔组成的一个图案。

(3) 冲孔的孔心是连成直线的。

(4) 每个六边形都是标准大小的六角形。

(5) 吊顶板与十四个圆盘相交,下端都是齐平的,都是有翻边的,没有出现现场剪裁的,会翘边的现象。

4. 空中圆管——二楼多功能厅吊顶

上海中心大厦二楼有一处厅堂,面积超 2 000m^2,厅堂空间高 10.5m,这个厅堂暂定名是“多功能厅”。含义是既能开会用,又能宴请用,还能作为剧场。整个厅堂的吊顶,因空间是“高大上”,吊顶必须闪亮养眼,有震慑力。设

图 2-14　二楼多功能厅的空中圆管

计师的方案是用圆管弯曲排列布置,故称为空中圆管(见图 2-14)。用圆管弯曲布置,在国内是第一次,在国外也未见过。设计图要变成现实,这里要经过许多研究和工作,经过四个月的努力,终于成功。笔者有深刻的体会,也愿意与读者分享。

1) 空中圆管的布置——三维放样

空中圆管怎样布置?这看上去是随心所欲的。实际上是受到严格限制的。有几大约束条件不可改变。这也是任何设计必须遵守的规矩。乍一见图,笔者梳理一下,吊顶布置的约束条件有:

(1) 整个 2 000 余平方米的大空间,为提高商业利用率,设计了悬吊移动屏风,可将其分隔成一中二小,共三个小间。吊顶要避让出这分隔屏风用的导轨。

(2) 从顶面又有数十个升降滑轮,让客户挂彩带或气球用。吊顶不能阻碍这数十个滑轮的升降自如。

(3) 顶上还布置了几十个艺术造型灯,这些灯都是从圆管的中间穿落而下的,不能紧挨着圆管。

综合这三条,可见圆管布置是与其他设备相互配合,相互镶嵌。这对圆管顶的设计与安装增加了很大难度。

解决的方法是借助现代科技 BIM 信息处理系统的方法。

(1) 圆管都是三维弯曲的,平面上是看不出碰撞的,只能利用“犀牛”软件建三维模型图才能真实地表现。

(2) 将移动隔断、滑轮、灯具也都建三维模型。

(3) 然后将几个三维模型合成一个大三维模型,解决碰撞问题。

可以说不会熟练使用“三维”软件,就无法做成这个顶。

最后竣工的吊顶,也是呈现在众人面前的吊顶:

(1) 圆管材,直径 100mm,壁厚 3mm 铝管,双曲弯制圆管。最长一支有 60m 长,由每支 6~7m 的圆管内加套管对接,上侧再用螺丝紧固。油漆是含金粉的氟碳漆。氟碳漆由上海卫文铝制品有限公司完成的。

(2) 圆管材排列分为三个块区:两个小块区每块是 13 支;一个大块区,内有 16 支。为什么分三个块区? 答案就是适应整个厅堂可分为三个小厅堂的需要,也是让出滑轨的需要。圆管材料共用去 3 200m。

(3) 每组圆管,管与管之间相距 500~600mm 不相等。这相距的空档,就是让出吊灯和滑轮的位置。

(4) 每组圆管都是在顶部横向布置,到墙边转为竖向将顶与两垛墙连通起来,形成三维造型。这就体现出现代装饰为空间装饰的特色。

(5) 三组圆管,每组背离顶部约 500mm,竖向离墙体是 300mm 距离。

(6) 三组圆管在空中的造型与上海中心大厦的“商标”是相同的,这也是设计师的匠心所在。

(7) 除了与圆管相配的吊灯之外,在每支圆管上,还装有 LED 灯,每隔 2m 一个,有闪烁效果。

2) 空中圆管的材料——合金铝管

从最初设计方案开始到完成,采用圆管是始终未改变的,但在细节上争论过几个问题:

(1) 材料是用铝质还是不锈钢。曾经有人提过用不锈钢,理由是亮度高,但反对者认为,不锈钢太硬,难以弯成双曲管。最后大家达成用铝管的共识。

(2) 圆管的直径多大为妥当? 当时提供过直径 100mm 和直径 180mm,

后拿实物竖在现场比较，大家认为前者好，直径小一些，更优雅、细腻一些，有上海味道。

(3) 颜色选择哪一种？亮度是高光还是平光？最终选定是金黄色，高光泽。这是中国文化底蕴的体现。

选用何种材料？深度分析受制于加工工艺水平和经济成本的控制。如果用不锈钢管来加工，这需要动用大型机械设备，这些设备都是在军工企业中才拥有的。普通提供装饰材料的工厂是没有的。果真要去找大型军工企业，那么价格定是天价，或者根本不接纳。

也有人提出采用被描述得神乎其神“3D”打印技术，但在国内还未见能“打印”这么大管材的设备，设想若干年之后也许会有，那时价格还是无法承受的。

近期设计界对阳极氧化表面处理是捧得很高，铝材进行阳极氧化确实是一个好技术。但是，国内阳极氧化池比较小，无法装弯成型的圆管放进池内。如果在弯曲之前氧化，后续工序又会破坏氧化面。

在试图走几种新工艺的路径，走不通时，采用成熟工艺还是稳妥的。氟碳喷涂还是常用的工艺，多种传统工艺的整合也是一种创新。

3) 加工的核心技术——双曲弯制

装饰效果的预估：每支圆管都是双曲的，即在三维空间上投影，每个面都是曲线。但是，效果的好坏就在于弯曲的线条是否润滑无突点。实际加工，要保证每支的弯弧无突点是很困难的，我们的方法是：

(1) 将每支如 60m 长度的圆管，细分成五或六个圆弧段，每段出两个视角的图纸，按图纸弯曲。出图纸的工作量相当大。

(2) 弯曲时都是依靠模具在撑顶机上弯，大约开了 100 套模具。有竞争对手没有开模具，而是用三轮弯制管机来弯，依靠调节滚轮的间距来改弯圆弧的大小。二者比较，前者圆弧润滑，后者就有突点，不顺畅。这也是最初两家都在现场吊装三支，比赛之后大家观赏赞同我们的原因。当然，我们开模具，花费成本是高的。

(3) 在地面上都画有每段圆弧的图。每支弯好之后，都要抬到地面图上核对，直到正确为止。

(4) 弯圆弧还要保证圆管直径不变形，或变形不大。此时，我们采用工业标准弯圆。直径变形小于等于 1%。这么小的变量是人的视觉无法注意的。要达到此标准工艺手段有内填充“松香”或灌细砂(黄沙)，我们是用后者。后者在填充时费时间，但在脱卸时快一些。

(5) 为工艺制作方便和保证质量，每段圆管两端留出 200～300mm 直段头作为抓手，成型之后切除，这也降低了材料利用率。

(6) 每支圆管的接长，内套筒 Φ93mm 的圆管也是用型材拉制的，内管与外圆管配合公差仅 1mm。

4) 悬吊结构的关键——支架系统

3 000m 圆管，布置成一个大吊顶，这吊顶不可能悬浮在空中，而是要一个支架系统。支架系统，第一，垂直向要有足够的承受力，着力点能够悬吊圆管；第二，水平向，要有一个扩张系统，稳定地将散分的圆管连成一片。

垂直方、着力点：矿棉板背面有转换层钢架，此钢架是着力在水泥顶上的。从此钢架上引出吊杆，吊杆到矿棉板时有一个断开节点，便于装矿棉板。当矿棉板装完之后，再从断开节点上下引申丝杆，吊住扩张用的水平杆，最后从水平杆上引出爪件、固定圆管。整个悬吊分为三级进行。

水平向、定位点：主要是采用平衡杆，每支平衡杆将各组的 12 支或 16 支圆管全定格固定。平衡杆既是悬吊，又是定位。

悬吊结构如图 2-15 所示。

图 2-15 悬吊结构

专用龙骨与丝杆连接件的截面尺寸：①内套 40mm×40mm 方通；②外套件，镀锌钢板，厚 3mm；③横向螺丝 Φ8mm；④竖向丝杆 Φ10mm；⑤外套件宽 30mm，长度（高度）85～90mm。

丝杆与圆管连接件尺寸：① Φ10mm 带帽的，带垫片的螺丝长度 100mm；②滑槽 11mm×100mm 二端头封头顶装螺丝；③Φ100 圆管上开葫芦孔，将配件与圆管固定。

平衡杆的设置具有重要意义的。设计师最初的悬吊方案是不采用平衡杆，而是用多股钢丝绳。在深化设计过程中，发觉钢丝绳是可以悬吊，但不能定位，仅用钢丝绳整个吊顶会晃动。后来改用平衡杆。设计过程中对平衡杆布置也做过修改，最终是每 3m 间隔一支。每支上又有三个点与水泥顶接触。

在整个悬吊结构中，爪件也是复杂多样的。例如，矿棉板背面与转换层钢架相接的爪件；矿棉板处，可断开爪件；垂直吊杆与平衡杆爪件；平衡杆与圆管相连爪件（见图 2-16）；平衡杆与墙体相连爪件。

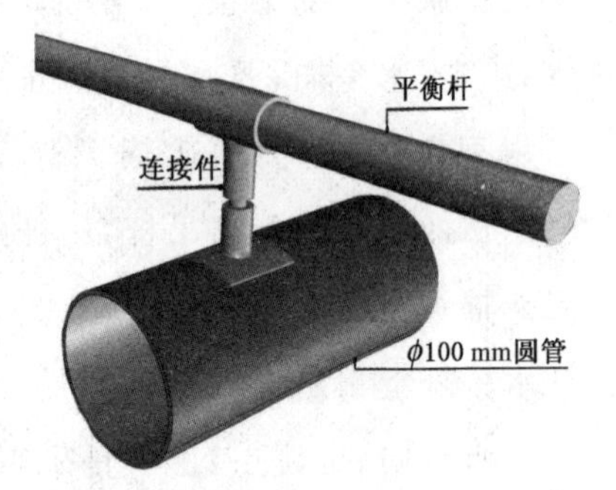

图 2-16　平衡杆与圆管的连接

爪件和平衡杆全都用 H304 不锈钢制作，之后喷砂处理，再烘烤氟碳。爪件和平衡杆看似不起眼，实际也花费了很多资金。

5）现场安装——精细定位

空中圆管在安装上比以前的项目吊装要困难许多，第一是空中定位；第二是圆管通长的润滑顺畅；第三是与其他设备镶嵌。安装上有几个重要环节，其一，按图纸先在地面放样，将圆管、平衡杆、灯具、滑轮的点位放在地面上，再从地面上用红外线翻到顶面上去；其二，圆管与平衡杆的联接；其三，圆管之间的连接；其四，圆弧润滑性的调节。

在弯圆弧时，力图精确，但在搬移和烘烤油漆时难免会变形，若不整修，会影响效果。方法是携带小型撑顶机调整，直至完美结束。

实际施工时，有诸多设备施工队伍同时挤在一个场地，其他人员踩踏、运货，常常会损坏材料或者改变形状。对策是一旦发生损伤，我们立马就纠正复原，弥补好。

6）装饰效果评估——新颖性

笔者在安装成型后，或几次回访时，都会征求旁人对此吊顶的看法，他们的评价是此吊顶新颖、令人耳目一新。

何为新颖：

（1）吊顶以往出现过的材料是板块或长条板，从未见过用圆管的。这次，突然用圆管，就觉得新奇。

（2）大通透布置。平板是密拼，格栅是有间隔排列的，这里是大通透。圆管之间相隔 300～500mm 以上，似乎无阻挡。

（3）三维装饰。每组圆管都从顶面上下来，连通两垛墙，形成三维装饰。过去的装饰还是以平面为主，一种材料只布置在一个平面区域内。

5. 双曲面板——B1 层装饰板

上海中心大厦 B1 层是客人等候乘电梯观光的区域。因为游览的客流量大，势必造成大批量客人滞留在这个区域。在客人等候时，要让客人有欣赏美好东西的机会，让他们的心理得到安慰。于是项目设计师，在这里设计了“双曲面板”的铝板（见图 2-17）。在整个上海中心大厦的装饰，这里是集中采用双曲面板的区域。“双曲铝面板”是有顶级工艺难度的装饰，很少有人能制作，也很少见。这次境外设计师设计了“双曲面板”，也是在考验中国制造能力。

因为是有难度的装饰，在我司承接之前，早有一家公司忙碌了几个月时间没有做出像样的产品而退场。后来，临近开业，有关部门再来找我司承接这项任务。

“双曲面”制作，我们不陌生，有经验有成功案例。在上海国金中心商场就有大椭圆艺术顶，是我司的双曲面作品。现在又义不容辞地接下上海中心大厦 B1 层的“双曲面板”任务，我们信心满满。

图 2-17　B1 层双曲面板

1）双曲面板

何为双曲面板？金属板材有平板、单曲板、双曲面等种类。平板就是呈平面的板。单曲板是指在某块板有一个面或一条线是呈圆弧的。圆筒板是典型的一个面是圆弧。“法兰圈”是一条边线呈圆弧。双曲面是指一个造型体，将它放在三维坐标系中观察，它在两个面或两个以上的面上投影，都呈现出曲线状态。这是从几何学的角度来定义“双曲面”。

双曲面的类型：

(1) 圆球形状。如图 2-18(a)所示，造型体像足球或西瓜一样。深入分析这样的双曲面，其弯圆的圆心是在同一侧。圆心在同一侧，材料拉伸阻力小，容易成型。

(2) 蘑菇形状。如图 2-18(b)所示，金属板弯曲成蘑菇形状。一个方向的曲线是朝里弯，另一个方向是朝外弯。两个弯圆的圆心是相悖的，蘑菇形状比圆球形状难制作。

(3) 多曲面形状。如图 2-18(c)所示，多曲面就是若干个双曲面结合成一体的形状。这弯曲制作难度更高。

双曲面为什么难制作？主要原因：

(1) 双曲面造型一定是三维的。只有会用三维软件方能画出图形。现

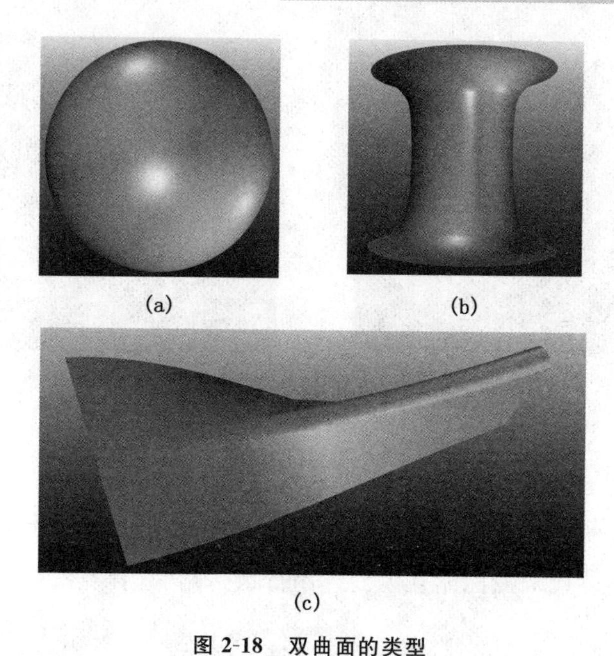

图 2-18　双曲面的类型

(a)圆球　(b)蘑菇形　(c)多曲面形状

场也要有三维定点。双曲面难在出图难,因为现代技术的发展,双曲面画图也有突破,可借助于多种软件来完成。

(2) 工厂加工没有定型设备可以利用。现行的设备只能加工平面板和单曲面板。通常双曲面造型板又都是个性化产品,件件不相同。为一两件产品做专用设备或开模具也不划算。实际上在加工双曲面时,都是边用机器,边用手工,边做边像的。手工成份增加,生产效率就无法提高。除用模具之外,有人采用浇铸法、爆炸法等手段来成型双曲面,那也是高成本法。还有人提到 3D 打印技术。这是先进的技术,目前最多只能打一些样块,还不能运用到大批生产上。

2) 伪双曲

大家都知道双曲面难制作,在实际项目中都尽量避开,若无法避开就用变通手法来解决。常见的方法:

(1) 以直线代替曲线。如要吊一个圆形顶,就先将圆形图画成 N 角形,曲线全消失了(见图 2-19)。

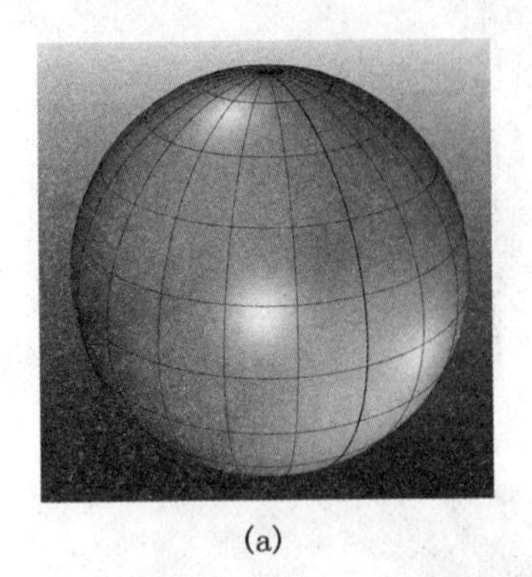

(a)

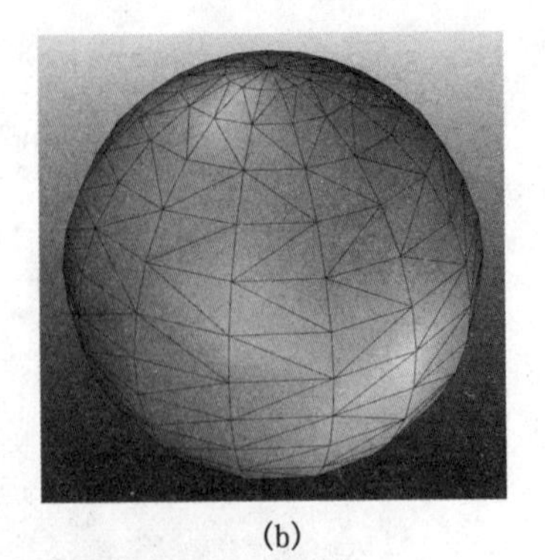

(b)

图 2-19　以直线代替曲线

(a)圆形　(b)N 角形

(2) 以平面代替曲面。如包一支立柱呈蘑菇形(见图 2-20)。用一块块小的平面材料替代双曲面贴在表面。用行话是贴“马赛克”。

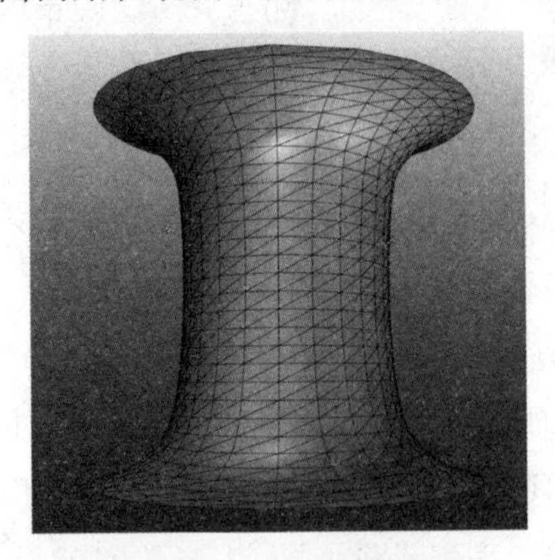

图 2-20　以平面代替曲面

(3) 以折线来代替曲线。例如圆球,就常有折线来代替的(见图 2-21)。

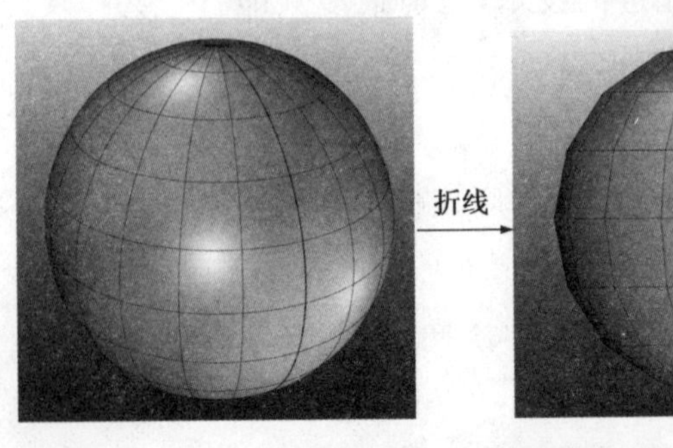

图 2-21　以折线代替曲线

圆球变成带齿轮的。若制作精细,大家也能接受。

3) 上海中心大厦中的双曲面板

(1) 展示区上檐口吊顶相连处(见图 2-22)。这是蘑菇型双曲,还是不规则的曲线,曲线有向内和向外两种,类似 S 型弯。向内和向外交接处有拐点,拐点不能变硬角,而要自然顺畅。属于最难的双曲。除了板块成型是双曲面之外,设计师还增加了两个难点:其一,每块都是冲多种腰形孔,板与板的孔要排成图案。其二,每块板四周都留 10mm 宽深槽。这深槽要成直线在板块之间贯通。受限制条件增加了,制作难度就是几何级数增加。

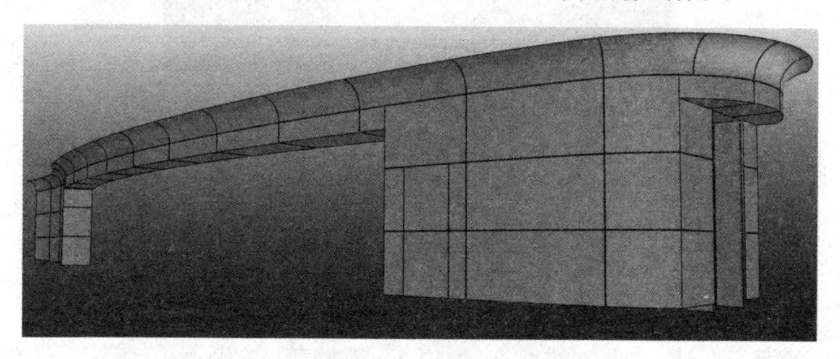

图 2-22 展示区上檐口吊顶相连处

(2) B1 等候区的大椭圆立柱(见图 2-23)。

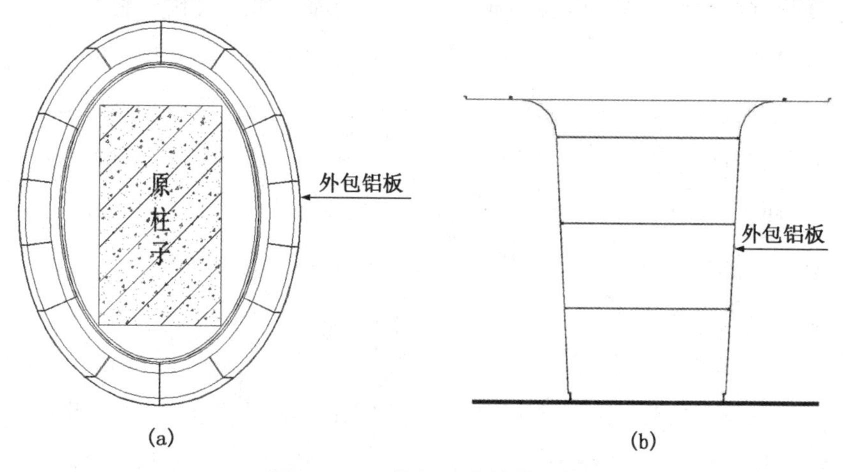

图 2-23 B1 等候区大椭圆立柱

(a)上端俯视图 (b)立面图

上海中心的装饰是三维装饰,这里的表现也是将顶与墙连通。连通的板块就是双曲面。同样也加上冲孔对图案，留槽对直缝的要求。在这里双曲板像一顶“草帽”(见图 2-24)。

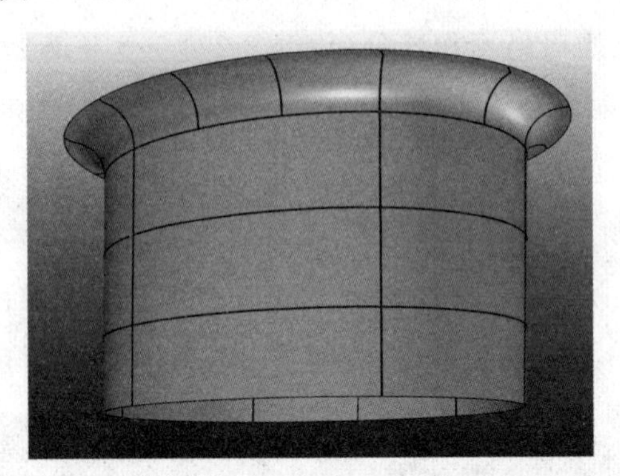

图 2-24 “草帽”形状的双曲面板

(3) 双曲制作的精度。在 B1 层做的双曲面板都是要与其他面的板块连通、相碰。形成一个完整的观赏面。这必须分两次加工。第一次画成三维图送工厂加工、拼装，送到工地上安装。

当初次安装完毕之后，就会发现在许多地方高低不平或缝隙宽窄不等。此时别人已做好，即便是有毛病，也无人改。我司也不能动别人产品，唯一办法就是改自己产品。所以，在现场进行第二次加工修正工作。将每个有瑕疵的地方找出来，写好修正意见，编好号码。将这些板块全拆开切割、焊接、打磨，重上油漆。第二次加工完毕再送到工地安装。现在呈现在众人面前的双曲面都是进行二次加工，二次安装的。

回想刚接受此工作时，有人就议论，双曲板做得好是一个亮点，做不好就是败笔。因为我们有经验，技术上有把握做好，故有胆量来收别人的“烂摊子”，事实结果是做出了亮点。

4) 椭圆圆锥体立柱

上文提及的椭圆立柱，双曲面的板仅解决了靠近天花的一圈板，而下面的圆弧板还是麻烦事。分析原因：

(1) 不是单纯的椭圆，而是有圆锥的椭圆。上端大、下端收小。

(2) 每块板要冲孔对图案。四周都要留槽对直纹。

(3) 立柱是耸立的，从立面上看，是直线斜置的，此处若有板而不平直，或有突出缩后现象，必然直线不顺畅。

(4) 立柱要比顶面难做，这是我们的经验教训。立柱客人会仔细观察，又会碰撞，这个立柱同样也做了两遍，甚至连内部钢架也做两遍。第一遍时，是利用了原有的部分钢架，自己再补了一些钢架。当成型之后，发觉板块有问题，有的问题是由于钢架不妥当造成的。于是决定重新设计钢架。重新设计的钢架是双层钢架，内层是固定作用，外层兼有分隔板块的作用和嵌条作用。外层钢架是用厚 10mm 的铝板雕刻而成的。选用铝板是考虑到今后的油漆层长效性好。选用厚 10mm 是为了与其他嵌缝条宽度一致。第二次就按新的设计重新做钢架，并且换掉一半不合格的板块。现在的立柱装饰是达到设计师想要的效果。唯一美中不足之处，这支立柱高度只有 3.5m，太低了，难显雄伟气势。

6. 波浪造型——B2 层顶面布置

1) 现状描述

B2 层是商业区层面。这个层面有一条主干道，是行人的公共区域，相当于国金中心的环型走廊。主干道的两侧是出租给商家的各种店铺。在上海中心大楼，虽说是公共行人主干道，但是也要注重设计感，于是设计师也是费尽心思，设计了波浪型吊顶板。曾记得，两年前，在一建装饰公司的办公室内，当时他们在做投标书，要笔者来解释这个顶，那时大家都有新鲜感。两年来，几乎天天接触，出现了审美的疲劳感，其实这个顶还是有艺术性，还是引领潮流的。

波浪型吊顶是源于过去格栅型的结构发展起来的。它的原型是方通管，截面尺寸高 300mm，宽 30mm。方通管之间相隔 120mm(中心线距离)，沿主干道横向布置。这就是格栅的结构。条板总布置面积 1 100 余平方米。每条板高度不是统一规格，是有高有低波浪起伏的。进一步分析每条板的高低变化并非随意的，是按照一个总体图案(三维模型)在变化的。这是哲学上“同一与差异”的典型反映。“同一”既指都是条板，乂是按“同一”规律而存在。“差异”是每片板都不一样。这时“差异性”变成了“独特性”。

波浪造型吊顶绝大部分都是布置在 B2 层，在 B3 层有一小块。

这种装饰吊顶的特点：

(1) 吊顶的完成面是一个有波浪起伏的曲面，有动态有美感。相比过去的统一规格的直条排列，要生动活泼许多，令人心旷神怡。统一规格的直条排列过于呆板、僵硬，是落伍的款式。

(2) 条板是密集布置的。条板的中心线距离是 120mm，板与板之间距离是 90mm。在一个平方范围内要布置 8.3m 条板。以往这种条板布置的中心线距离都是在 200mm 以上。密集布置代价大，但对顶部遮丑的功能增大许多。行人在吊顶下走过，很难发现顶背上的杂乱无章的设备管道。这会带给人们更多的美感和欢乐。

(3) 主干道基本宽度都在 10m 以上，扣除灯带的石膏板边，还有 9m 宽。设计是 9m 宽要通长板铺到头，中间不留对接缝。一旦留对接缝拼缝，那拼接之处是一个竖向的裂缝。裂缝与条板形状是相冲的，破坏了视觉延展效果。如果要想让竖向的拼缝完美，那是很困难的。要在这么宽的空间布置整条的材料也是在表现大空间的恢弘气派，显示技术和经济的实力。多年前在国金中心环形走廊的顶部用的长 6m 的刀片形的板，那时行人就赞叹不已，如今用上 9m 长板，行人会更震撼。

2) 视觉效果的预判

视觉效果的判断原本是影视界的专业术语，其含义是根据既有条件情况，对即将形成的效果有一个判断或预先判断，以便修正自己的设计。笔者认为这是一个很好的概念，完全可以应用到装饰施工中来。凡笔者公司承担的项目，都会有效果预判这个环节。

在熟悉图纸和现场的状况之后，我们就开始研究此吊顶做出怎么样效果才会让设计师满意，业主接受?

通过研究得出以下结论：

(1) 每条板尽量是通长的，达到单支 9m 长度。

(2) 条板平整，侧面没有凹凸现象。

(3) 完成面上雕刻圆弧面，走刀要细腻，波浪起伏面才能流畅。

(4) 条板的中心距离等宽 120mm。

(5) 条板两端与石膏板相交的部位,要服从区域的曲线条,切成斜角。

(6) 超过 9m 长,有横向对接缝时,要精心处理,尽量密合无缝。

(7) 材料悬吊要安全可靠,不可有晃动现象,更不允许脱落。

(8) 材料的油漆无色差,统一和谐。

待现场安装好第一个区域时,得到各方的好评,他们赞扬比较集中的有四条:

(1) 材料能做到 9m 通长,是不容易。人们平时所见的型材不会超过 6m 长。

(2) 波浪面的展开是渐变的,生动活泼,没有突然的高低的跳动。

(3) 材料是笔直的,间距是相等的。这与波浪面形成一张一弛的相对应美。

(4) 颜色是一致的,磨砂面木纹有优雅性。

3) 技术创新

承接带艺术性的金属板材装饰关键是要有深化设计和工艺创新能力。上文所说的图纸解读和效果预判都是属于深化设计的范畴。仅有这些还不够,还要有工艺创新,即用什么手段如何降低成本将产品做出来。在这里我们的工艺创新是三个方面。

第一方面:采用型材拉制工艺。B2 的吊顶是由一片片条板组成的。这样的条板,厚 30mm,高度是在 100～300mm 区域变化的。这样片板可以用铝单板制作,也可用铝型材来制作。我们是用后者的。从技术角度上分析;铝型板硬度是铝板的两倍,悬吊之后有刚性;铝型材成型的截面尺寸固定、标准;铝型材可以做到 9m 长,而铝板无法达到。我们在之前两工程中,若用铝板制作可能会失败。用铝型材来替代铝单板,自有其中的奥妙,故这次坚定不移地用铝型材工艺。

第二方面:雕刻机二次进刀运行。因在一年前我们就看到这个顶的图纸。那时就考虑好用雕刻机,但要保证长度,故特别订购了一台 6m 长的机器,一般工厂原来都是 4m 的机器。雕刻机上能否对空心铝方道进行加工,后来又进行了多次试验，找到了二次进刀的诀窍。何谓二次进刀，即第一次将铝型材的一个面雕刻切断，第二次再从头开始将另一个面切割断。两次雕刻的曲线一样。

第三方面：型材的设计有多重含义。这里的铝型材，并没有采用标准的铝方通，而是作了精心设计。

其一，截面的背面是抽槽式，如图 2-25(a)所示。抽槽既有加强筋作用，又有放置悬挂吊钩的位置。

其二，封边条也是型材拉制的。铝板的下端雕刻之后变成曲线，这曲线留下的缺口(见图 2-25(b))，还是要补平的。于是又设计了封边条(见图 2-25(c))。型材出厂时，这封边条不作“时效处理”，目的是让其略微柔软一些。封口时能贴紧曲线。

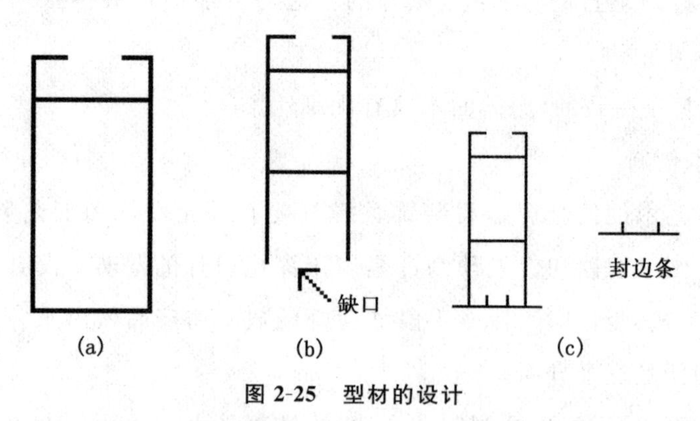

图 2-25　型材的设计

(a)抽槽　(b)缺口　(c)封边条

4)再现波浪面

境外设计师给出一个三维图纸模型。我们要将这模型打开，一片片取下来，再转成 CAD 图。最后根据现场放样的尺寸，将长度确定下，每片铝型板，就有一张图纸。图纸再导入雕刻机进行操作。解决这个问题，首先要会用“三维软件”。要能打得开，看得懂，会切入，会转换。一般加工厂是没有这样的技术员。而我司专做深化设计，这是轻而易举的事。

图纸转换时，将三维变成二维的。在刚开始涉及此方案时，供需方就讨论了许久，关于三维，还是二维形状的设计。从模型而言是三维的，但制造成本高，故同意改为二维的。

三维与二维的区别，表现在每支条板的下端是斜角，还是直角，如图 2-26 所示。二者区别在图上看是很明显的，但是吊到空中看，就变模糊了。三维改成二维不会严重影响效果。这也是同意修改的主要原因。

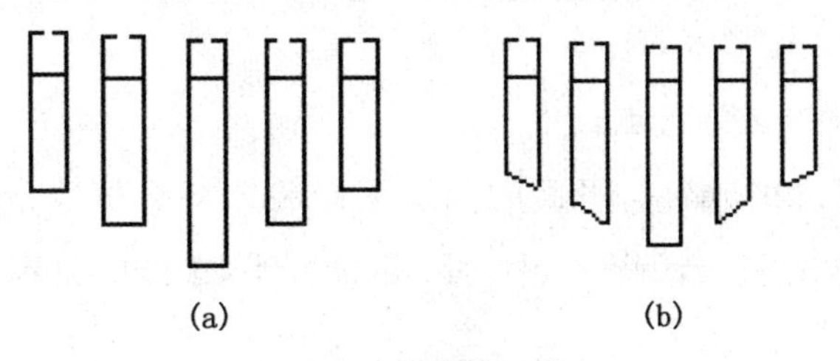

图 2-26 截面模型对比

(a)二维截面 (b)三维截面

在出具体图时，还应把握好，最低点和最高点的左右对称问题。要将最低点都选出来后，渐变地、阶级式地变化。如果不考虑对称性，会因厚 30mm 的材料因素出现跳跃式的变化。

雕刻机是通用机床，并非是精密机床。在加工时精度不高，有时还会有偏差。解决措施是每加工一批对产品进行检验，对设备进行调整。

图纸和材料的一一对应。图纸出来之后，选定相应规格的铝型材，在每支材料上挂号牌。号牌上有安装排列编号序号。此吊牌要跟着产品走过每个工艺程序，直到安装就位后方能取消。若编号错误，重新整理是很困难的。

我司现有的雕刻机工作台面是 2 000mm×6 000mm，这已算是超长规格的了。标准的设备都是 4m 长。为什么会加长，就是为这批产品的加工需要。

5) 跨楼层的三维装饰

在上海中心的金属材料装饰的设计，相比以前大型商场与豪华宾馆的装饰而言，开拓了三维空间的装饰。这也是时代发展的里程碑。

三维空间装饰的涵义是，装饰突破平面内的简单布置。在平面上做出立体效果，或者将两个或几个平面连成一个造型。

在 B2 层的条型吊顶板面上雕刻成起伏的波浪造型。就是同一平面上做三维效果的例子。在五楼宴会厅吊顶上做成大灯箱，也是这个例子。同样在五楼宴会厅墙面上做成前后弯曲的造型也是这个道理。在二楼多功能厅内，空中圆管的布置将两剁墙与顶这三个面连成一体，这是典型的三维布置。在B1层花样孔板将顶与墙连成一体，又是一种三维布置。现在B2层中更夸张的做法是将B2层顶借助于自动扶梯的斜面与B3层的顶连成一体。成为跨楼层的三维装饰。

跨楼层的三维装饰特点：

(1) 设计理念的升华。平面的装饰无论装饰多么精致，效果难免单调、沉闷。三维概念的引入，就产生生动活泼的氛围，这样的氛围给人更大的感染力。

(2) 何处来实现三维效果。单一平面，不同面，不同楼层，都可以做出三维效果。

(3) 三维效果的个性化。上海中心具有三维效果的装饰，每个区域都是个性化的，都不是相同的，构成形形色色、五彩缤纷的世界。

(4) 三维效果的装饰仍然坚持以人为本。装饰空间要方便人的行动，让人视觉舒适。典型例子是五楼宴会厅墙面圆管的波浪造型，这造型不是上下同幅度起伏的，而是下端让人们行动方便，起伏小，上端不影响人行动，起伏大。

二楼多功能厅的空中圆管，最初设计方案圆管落地是弯曲的，弯曲虽然是美丽的，但是占据空间太大，会妨碍人的行动。后来忍痛割爱，改成现在的直管耸立。

又如，这里B2的自动扶梯斜顶装饰，始终保证人站在自动扶梯上作斜线移动时与顶的垂直距离是3m，人撞不到顶。

三维装饰的技术难度：首先是要有三维图纸建模技术，要能根据现场放样的数据重新建一个立体模型。从这个模型上分解装饰材料的尺寸。其次，要有制造三维产品的工艺能力，通俗地说就是制造“双曲”面板技术。“双曲”面，典型的是球面和喇叭口，后者比前者还要困难一些。在安装节点还要有许多创新。三维装饰技术难度，不是普通工厂能应对的。普通工厂都会望而止步，只有极少数专业工厂能应付。

二、上海中心大厦文化店铺

1. 胶囊型铜吊顶——B1 层

如图 2-27 所示为上海中心大厦 B1 层的胶囊形铜吊顶。

图 2-27 胶囊形铜吊顶

用铜材来装饰房屋是自古就有的，也因为历史悠久就形成了一种铜文化。铜文化流传至今，拥有广泛的市场基础，许多建筑还是喜好用铜来装饰，以表现它的文化氛围和建筑档次。在上海中心大厦中有几处方案是用铜材来装饰的。我们负责的文化店铺的 B1 层就是用铜制作成胶囊形吊顶。胶囊形吊顶是艺术造型加铜文化的结合，对我们而言是全新的对象，我们承接此任务责任很重。我们做了几件关键事。

1）三维放样

胶囊形不是平面的，而是三维空间的造型，如图 2-28 所示。

我们必须用 BIM 技术，三维建模来画出胶囊形状，然后再将四周的设备画上去作碰撞试验。避开所有碰撞物之后，才能确定吊顶的真实空间位置。位置一旦确定，那么标高、顶高、宽度等尺寸也就自然确立。

标高是吊顶的主要数据。平面吊顶通常只有一个标高，而三维造型就会有 n 个标高。在这里既有吊顶的最高平面的标高，又有下端完成面标高。三

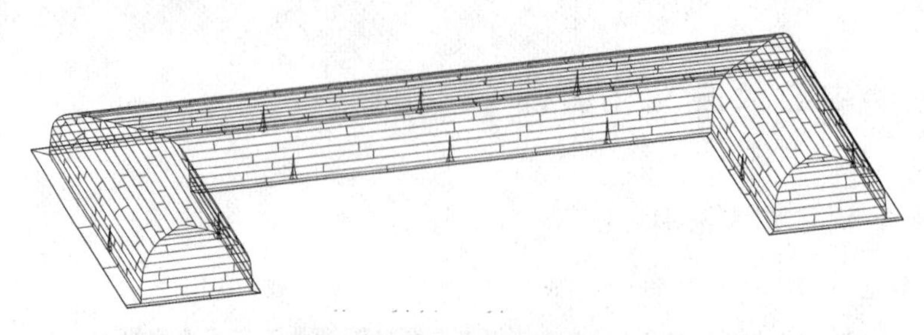

图 2-28 胶囊吊顶模型

维立体模型出来之后，各方面进行审查，提修改意见，多次修改，改变较大的有几处：

(1) 外边沿的转角，即 90°度的拼角是圆弧拼还是直角拼？圆弧拼和直角拼都有工艺难度，也都有艺术特色。几经争论，最后确定为直角拼。

(2) 胶囊的面板是大块板，还是小条板。起初提出的方案是每片板约 $2m^2$ 大板拼装，后又改为用宽 200mm 的长条板来拼装。改小之后线条增加许多，功夫都要用在拼缝上。当然，也出现一种仿古城堡砖墙的风韵。这样的改变，对我们制造商是一个挑战，在制造中要解决若干工艺问题，还要多费材料。

(3) 铜吊顶的外形尺寸，主要是指高、宽尺寸也修改了几次。每次修改都要重新出图纸，图纸包括钢架图和铜板图纸。最后的方案铜板共用了 400 片，这就需要出 400 张图纸。

2) 钢架制作

三维造型钢架。金属吊顶都会有钢架系统来悬吊，固定金属板块。一般的平面吊顶或格栅吊顶所需要的钢架比较简单，而双曲面的造型所需要的钢架要求很高，它需要用钢架制成的外形与双曲形状符合，在尺寸上又能将双曲面嵌入。我们将钢架也作为正式的产品进行精细的设计和制造。在这方面的投入也是不为人所注意的，如图 2-29 所示。

3) 对铜质材料的熟悉

在以前的工厂中接触不锈钢和铝板较多，接触铜材很少，即便有也只是一些铜质嵌条。这次是大面积使用铜板材，对于材料的硬度，折边的效果，焊接变形等性能进行了多次试验改进，摸索出一些经验。在多次试验中发现铜

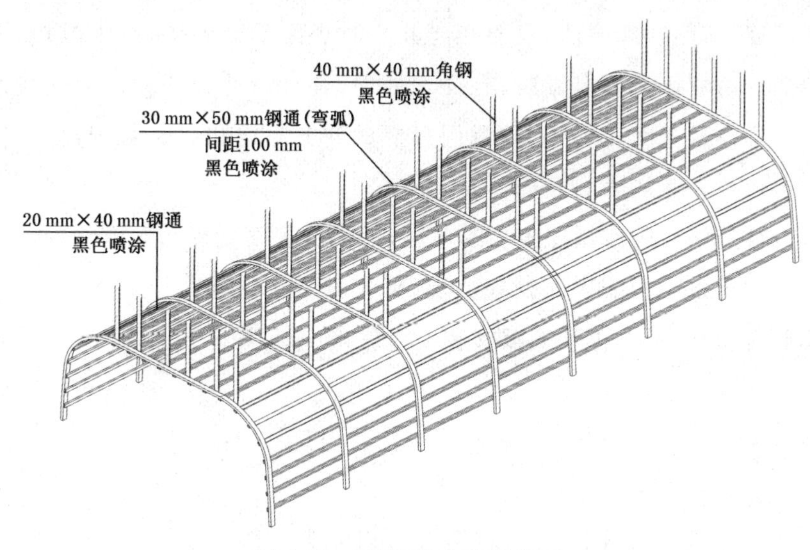

图 2-29 铜顶天花钢架排版图

板材的板形状不完美是一个问题。因为市场上的铜板都是工业用料，它以材料的功能为重，而不注重其表面形状。也因为用量太少，大型企业不愿生产。小企业生产的铜板板型相对差一些。表面形状是指平整性和光滑度。我们购买铝板和不锈钢时候，市场上已形成专门供装饰用的材料，其板形是完全满足需要的。铜板的板形缺陷只能借助于其他手段来解决。铜板一般不能做成亮光的表面，做成亚光或古铜色较妥当。

铜板出厂的宽度尺寸是很单一的，只有宽 1m 的，没有更多的规格可选用。若有超过宽 1m 的板面，要么明缝拼接加宽，要么修改设计、变窄。整张平板若用焊接拼接，必然变形。

焊接与材料厚度关系。铜在焊接时需要用氩气保护。焊接熔化时达 1 000°高温。这样高温会引起铜材料变形，暴露出缺陷。减缓变形量，唯一办法是加厚材料，加厚材料又会引起成本上涨。

4）铜材料的表面处理

铜材制造和安装过程中表面会出现问题：①表面划伤；②垃圾油渍污染；③手指纹印；④敲打变形痕迹；⑤氧化黑斑。这五方面情况，除了表面划伤和敲打变形痕迹之外，其余三个问题都是同一性质的。这三个问题归结为去污和防氧化问题。铜表面去污还是比较容易的。难点是防氧化问题。因为铜是活泼金属，即便处理清洁，只要相隔几小时表面就会氧化，产生黑斑，逐步全面变黑。防氧化有许多方法，有钝化处理，有封蜡处理法。因为在我们的合同之中未涉及表面处理工艺，我们只要做到去污染和封蜡处理，至于后续的处理可留给专业的表面处理厂家。

笔者认为铜板的成型比较容易掌握，而铜的表面处理却大有学问。在铜装饰工程中要重视铜的表面处理要求，事先对要达到什么样效果，采用怎样工艺都要有计划，不能等到铜板安装上去后，再来讨论表面处理要求，那就会事倍功半。

2. 压型钢板顶——B1 层

如图 2-30 所示为 B1 层压型钢板吊顶。

图 2-30　B1 层压型钢板吊顶

在文化店铺装饰范围内有一个区域的吊顶是用压型钢板制作的，即 B1 层书展区。压型钢板是非常普通的材料，又没有鲜艳色彩，很容易被人忽视。其实这样的吊顶制作成功并非简单，也是经过一系列的深思熟虑技术改进而成功的。在笔者承接之前，也曾有公司接触过，忙乎一阵之后，他们发觉了其中的难处，最终选择放弃。笔者是知难而上的。

别人无法解决的难处是什么？他们是采用折边机将钢板一片片折弯成

型的，由于设备限制，每片钢板成型之后的长度只有 4m，而现场的长度是 7m 以上，最长达 16m。用 4m 长的板来铺设 16m 的顶，中间需要有三段对接缝。每段对接缝也有几个造型对拼接，无论怎么对接也接不顺畅。经过制作样板，笔者也发觉了这个问题无法解决，只能放弃这个方法。我们另外选择了辊压成型的方法。

辊压成型就是将平面钢板放在带有 20 组渐变压轮的机器上朝前移动辊压。起初接触到第一组辊轮，钢板产生渐变，走完最后一组辊轮，产品成型。辊压机轧制产品的长度理论上是可无限的，我们根据实际需要来截裁长度。现有的辊压成型机都是为生产楼层搁板而设计的。楼层搁板使用时是搁置在横梁上的。它没有吊装配件和垂直的加强筋。我们利用辊压机成型，可以发挥其长度优势，但必须通过改制来弥补其缺陷。

改制，具体而言要做两件事。一是在条板的长度方向装吊耳；二是在条板的垂直方向装加强筋，保持钢板的平整性。长度方向装吊耳也并非简单。首先需要将钢板条折成一定形状，然后用碰焊（种钉）法将吊耳固定在长条板上，最后还要在连接处打硅胶，以提高强度。为什么要采用种钉和打胶工艺，如果采用焊接法那不是更简单吗？这主要出于对板块表面的美观考虑。如果直接焊接就会在表面留下严重的焊接痕迹，破坏美观。种钉和打胶对表面无影响。钢板自身的材料价格并不是很高，但是这些材料的改制费，因人工投入大，要远远高于材料费。人工的物化劳动常人是不太注意的。压型钢板截面如图 2-31 所示。

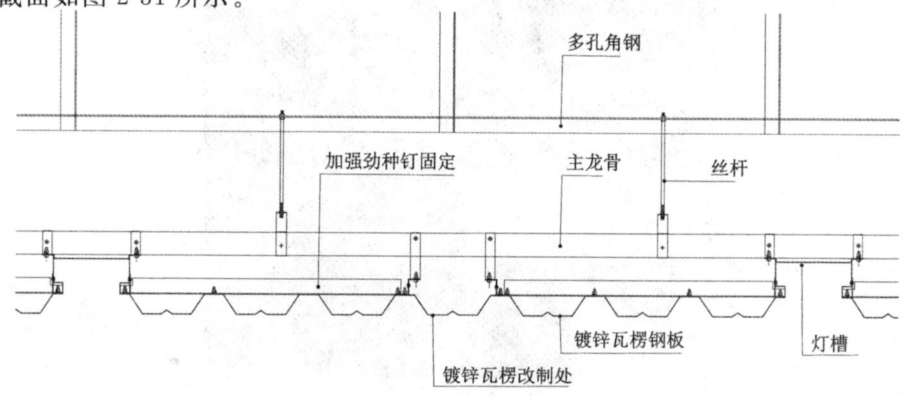

图 2-31　压型钢板截面图

压型钢板做到 16m 长，中间没有对接缝固然是好事。但是这么长的材料怎样送上空中安装又是一个大问题。要减少人力，又要保证安全生产，大家想了许多办法，最后是租赁两台自动升降机，首先将长条板放置在升降机上，然后启动升降机装长条板抬到半空之中，最后工人上去进行固定。

从专业角度来评价。这里的压型钢板制作是成功的。成功之一，每个区域每条长板在长度方向无对接拼缝；成功之二，对辊压之后板块进行改制，装吊耳和加强筋。保证安全使用和板面平整性。

也有一些人对文化店铺为何要设计使用压型钢板而迷惑不解。他们以为有名气的店应该多采用豪华的材料，而不是普通的材料。笔者都认为这种设计是源于对艺术追求的结果。第一，设计流派中有古朴还真的派别，选用这种材料是反映了他们的设计思想。第二，店铺每个楼层占用面积都很大，大面积只用同一种款式的材料难免使人产生单调感或审美疲劳。现在是同一楼层，设计了四至五种材料和款式，差异化会使人保持兴奋，还可以比较观赏和深度分析，犹如走进艺术的殿堂。

3. 不锈钢编织板顶——52 层

如图 2-32 所示为不锈钢编织板顶。

图 2-32 不锈钢编织板顶

上海中心52层内，文化店铺的区域内有一片吊顶是不锈钢镜面编织板。不锈钢镜面是一种常见的材料，而制作成编织网的式样这里是首列。首列的标记是增加斜向拼接。

市场上出现过的铝板编织板都是条板直角拼接或叠加而成的。

文化店铺内设计成有斜条的编织板。它在编织的方格中又添加了一块斜插板，更逼真地反映出编织效果。

1）效果预分析

文化店铺的编织板完工之后要达到效果：① 每片条板横竖交叉尺寸要正确；②每片板弯曲之后，相互插接，弯曲的板面不能有波浪纹；③弯曲之后的厚6mm边，不能有朝外或朝内倾倒现象；④镜面材料要光亮，要保持颜色一致性。

2）吊顶的结构设计

业主给出的大样图也包含了一些结构设计，但我司发觉这不能实现，我们作出了几个重大修改。

（1）将原单片厚6mm的不锈钢镜面板改成瓦楞板。瓦楞板的表面板使用厚0.8mm镜面不锈钢，内芯用高6mm铝瓦楞芯，背面再贴0.8mm铝板。选择瓦楞板结构将原整块板重量减去70%，又使待弯曲的方向可以限定在板块长度方向，不会引起宽度方向变形起波浪，达到设计要的效果。

（2）瓦楞板长度方向的翻边，是翻二次边。

为什么要翻两次？① 防止板块在弯圆弧时发生内外倾倒现象；② 再翻边可保持板块外侧的可观赏性，避免“快口”冲撞人的视线；③再翻边可以装连接配件。

3)钢架的设计

钢架设计为双排龙骨式样。双龙骨是指每两支40mm×20mm方钢管纵横垂直布置。镜面板宽度是400mm，双龙骨宽度是250mm，可以稳定地悬吊镜面板。如果企图省钢材，设计成单支连接钢架，安装时不方便，而且不易调节吊顶平整性。

4）弯弧的空间处理

编织板会产生空洞现象，如图 2-33 所示。空洞处理要保持艺术性，即弯弧的顺畅，不能压成扁平锅的状态。这需要在空洞内放置垫块，让垫块分散一些变形力。

图 2-33　编织板吊顶的空洞现象

4. 钢琴烤漆顶与墙面——B1 层和 53 层

如图 2-34 所示为钢琴烤漆板。

图 2-34　钢琴烤漆板

文化店铺的B1层有一个区域指定用白色钢琴烤漆，在53层又有两个区域指定用浅棕色钢琴漆。对钢琴漆在概念先作一番讨论；业主指定要钢琴漆是指油漆的光亮度要达到像钢琴一样，并非是要那种油漆原料。实际上，钢琴漆是硝基或聚酯类原料涂在木质物体上，依靠工人师傅反复打磨而产生光亮的。在金属板上加工油漆不可能采用那样工艺。笔者看到店铺业主带来的一块样板，那是高光漆的面板，国内被称烤瓷漆。这里的钢琴漆是指烤瓷漆，烤瓷漆在国内归类为硬质涂层。材料有氧化硅或者氧化铝成分。调配这样的油漆工艺是复杂的，所以价格也是昂贵的。

烤瓷漆有两大优势：其一是涂层的硬度，可达到5H（铅笔硬度），而一般油漆，包括氟碳漆硬度只有1H。硬度高可以防止划伤、磨损。这对于公共场所特别需要。我们在K-11商场的墙板上都使用这种涂料。其二是可以做成高光的。一般氟碳漆喷涂光泽度最高是30度，烤瓷漆可达到70度。光泽度越高，质量风险越大，烤瓷漆厂家不愿意将光亮度做到极限，都全控制在65度左右。在金属板上要实现高光泽只能采用烤瓷漆工艺。

作为铝板加工厂家并不喜欢烤瓷漆。原因之一是材料太贵，增加成本客户难接受；原因之二是果真实现了高光泽，那很容易将铝板面隐藏的缺陷暴露无遗，特别是对平整性要求极高。文化店铺的业主坚持使用高光漆。这样只能增加铝板材的厚度，并压制成蜂窝板。目的是提高板块的平整性。板材由厚1.5mm，增加到厚2mm，背板由单瓦楞板改为蜂窝加背板，材料成本增加30%以上。

5. 多元文化的组合——53层铜画框吊顶

如图2-35所示为53层铜画框吊顶。

在上海中心大厦内承接的艺术吊顶内容相当丰富，美不胜收的项目相当多，延续的时间也相当长，这样就会产生审美疲劳。我们最后一处的施工是53层东区铜画框吊顶。因为这是最后一片区域的施工，大家对其艺术含义思考研究不多，有所忽略。其实这里的艺术性并不逊于先前的几个区域，有其独特的艺术价值！

图 2-35　53 层铜画框吊顶

1）平面布置上的复杂化

笔者曾介绍过五楼宴会厅的吊顶是复杂化的平顶，在这里又要剖析 53 层铜画框的布置复杂化。53 层是标准楼层，层高是受到限制的，吊顶设计要在空间高度上做文章已经很困难了，只能在平面布置上做文章，在一个平面上翻花样。

从整个区域上看，不能因为铜的昂贵，只看到铜的价值，还要看到围着铜盖旁的木纹格栅条。这里，铜盖板犹如红花，格栅条犹如绿叶，绿叶簇拥着红花，红花才会鲜艳夺目。

铜盖板自身并非是简单的平板，而是模仿镜框或画框制成镶边的单元。每条边框还有两层变化。一是高 50mm 的斜边；二是有一条宽 6mm 的收边条。加边框的铜板变成一个扁平盖悬吊在空中。

如图 2-36 所示，在铜盖板之间留出 300mm 距离空间，空间布置了两条纵横交叉的格栅条。格栅条是开模具用铝锭熔化拉制的，完全是采用铝型材技术。格栅条表面处理是仿木纹热转印。设计师的初衷是用真木料，但防火标准不允许，才改用木纹转印。幸好国内的木纹转印技术是相当成熟的，完全可以以假乱真。格栅条除了铜盖板相邻的中间布置之外，在最外圈、即区域的最边沿又用了另一种规格偏大的铝型材作为收边。这种设计思想是当区域与区域分开，区域划分与区域内划分是两种不同的概念。这类似我们在设计冲孔板留边时，一定会弄清楚留小白边与留大白边的区别。白边是指不冲孔的区域。这样的设计都是中规中矩的设计。用两种格栅就要用两种材料，开两套模具制作。

图 2-36 铜画框之间的格栅条

2）多元文化的组合

从第一次见到53层图纸之时，就感觉这个吊顶有很重的文化气息，一直到成型完工之时，才真正弄清了它的艺术价值。笔者认为，这里的艺术价值是将多元文化组合好。

吊顶的设计方案是出自中国台湾的某设计公司。方案透析出中国文化元素、欧洲文化元素和日本的文化元素，在这里能够很好地结合。

中国文化元素：木材料、木窗格，都是具有悠久历史的中国传统文化。

欧洲文化元素：铜材装饰、油画的画框和艺术花边。在欧洲建筑内看到的场景，例如意大利乌菲兹美术馆风格在这里可以隐隐约约地出现。

日本文化元素：室内空间的格栅隔断或移门，室外的栅栏，都有日式风格。

设计师的匠心是能够将多元文化在这里组合好，组合得自然而优美。笔者也去过苏州的诚品书店，那里有一个区域是用板条侧立两排布置的，也有反映多元文化的意图。

3）精细化的装饰要求

多元化组合的复杂吊顶一定要依靠精细化的装饰来支持，否则就会产生乱七八糟或支离破碎的感觉，被他人诟病。

精细化装饰的要求表现在这里所有出现的点、线、面、角、缝都要符合规范。

点：正方形或方形的四个交叉点都要清晰可数，不能有秃点。这在材料运输和安装上是很困难的事，略有闪失，就会有碰撞受损现状出现。

线：每条格栅的直线度都应笔直，平行线要等距离。

面：整个吊顶的平面要平整，不允许有高低现象出现。同时也指每个方框内的铜板面要平整，不能有凹凸点或波纹面。铜板面是用蜂窝板结构，保证了平整性。对有碰撞损失的板面坚决更换。

角：这里是一个重头戏。无论是铜板还是铝型材都是二支作 90°拼角、每支切割成 45°斜边。这斜边不是平板条而是一个立体件，切角时是三维空间的成型，难度比平板切要高许多。我们是采用数控双头锯切割，保证了拼角的严丝密缝。

缝隙：这里拼缝很多，有铜顶的主板与侧板拼缝，有材料的 45°拼缝。拼缝误差控制在 0.5mm，这就要求每个工件加工精度的极致。

拼装禁止使用焊接法，全部采用内套件结构。现在金属格栅装饰的案例很多，但人们看了总感觉不舒服。也有不少人问过笔者，笔者回答他们：主要是在纵横交叉拼接都使用了焊接法。一旦用上此法，就出现三个丑陋现象：① 焊接外露；② 焊接引起材料变形；③ 打磨后有凹坑。这里的拼接全用内套件结构，也称机械连接法，不用焊接法，于是消除了这些丑陋现象。

重视装饰的精细化，保证了吊顶装饰效果的实现。也印证了笔者的信念：技术是艺术展翅腾飞的基础。

三、上海国金中心商场

1. 大椭圆双曲顶

如图 2-37 所示为上海国金中心大椭圆双曲顶。

图 2-37 大椭圆艺术顶

地处上海浦东陆家嘴的上海国金中心商场是香港方投资的大型豪华商场,商场内云集了世界一线品牌。商场的公共走道和厅堂必须以顶级的装饰来衬托这些世界名牌。在一层西面出口的通道厅,一侧是“普拉达”,另一侧是“阿玛尼”。他们进场时就提出通道厅堂的吊顶要提升档次。原来图纸上标注是石膏板顶,他们不满意,提出要改成金属材料。提出修改的另一个理由是石膏板太重,吊在空中不安全。石膏板每平方米重 40kg,若 400m² 就达 16t 重,令人胆战心惊。铝板每平方米重 8kg,重量轻许多。果真要修改,这对装饰公司提出了难题。要用双曲铝板替代原石膏板的双曲顶绝非易事。铝板制作成双曲面的工艺难度很大,能胜任这种活的企业是凤毛麟角。在方案讨论会议就有设计师说,干了几十年的装饰没有见到用铝板制作成功的大面积双曲面板。那时笔者也在场,主持人问笔者能否做到,笔者毫不犹豫地回答可以。相隔几天,笔者送去了一块双曲面铝板,让他们看了放心。我们的主要部署:

1) 按专业需要出深化图

大椭圆艺术顶是一个双曲面造型,展开有 400m² 大小。若用石膏板制作就不必过多考虑板块的分割缝问题。因为石膏板可以在工厂内制作成大小块，去现场拼装成大块，再填原子灰，打磨上油漆。换言之，石膏板造型可以做到整个无拼接缝。用铝板替代石膏板时，因为铝板出厂有板块大小尺寸的限制，安装之后也有分缝的要求，否则就无法施工。为此，在原来石膏板图上重新展开了深化设计。

吊顶结构是三圈装饰板三种拼接缝。第一圈，即最大的圈，设定板块单片面积约 15m^2，这 15m^2 之间留出宽 30mm 的拼缝。拼缝设计成凹槽结构，增加造型的立体感，又留出了可调节板块的尺寸误差余地。宽 30mm 的凹槽可调节 10mm 的误差。第二圈，是内圈板，每片板大小是 2～3m^2 大小。这样尺寸的板误差可能性很小，笔者设定的拼缝尺寸为 20mm，宽 20mm 的缝是为了与宽 30mm 的缝对应起来，同时也可调节板块 5mm 的误差。第三圈是中间的顶板，设计为 2m^2 大小的板，板与板是密拼装，不留空隙。三种拼缝的设计很巧妙，既有美观的效果，又方便安装。

2）双曲面板的制作

过去在钣金加工中制作双曲面板，常常是借助于敲打，让材料自身变形，而成为双曲板，这是铁皮匠的基本手法。作为装饰用的铝板就不能采用敲打法，因为敲打会留下严重的痕迹，而损害美观效果。对装饰用的铝板进行双曲面加工，主要是采用模具压制和辊轮旋压。这两种方法都可保护板面完好。但开模具或增加设备的成本较高。

在加工铝板之前还要解决三维放样问题。六年前，我们用“UG”软件，这是开模具常用的软件。这个软件的优势是可以将金属材料的受挤压拉伸的变量系数包含进去，但这种软件比较难学习掌握。我们使用“UG”在平板上放样，当平板成型为双曲面时，3m^2 的板块误差只有 1mm，完全达到技术要求。图 2-38 所示为“UG”所建双曲面板模型。

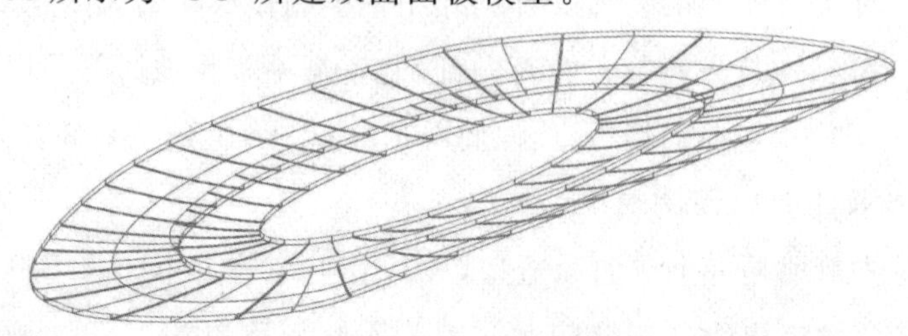

图 2-38 双曲面板模型

3）钢架设计与制作

凡是双曲造型都需要有专门的钢架设计。钢架既要满足承受力，悬吊安全需要，又要外形与双曲面一致，使双曲面安装时有一个基准面。因为这造型体积大，重量重，在钢架制作时，用了80mm×60mm方钢管，事先弯成圆然后朝上装，最后焊接成型。在钢架的中间还悬吊了一块厚5mm钢板，钢板上打满小孔，这些小孔留给装LED灯用。钢架在设计时兼顾了三圈铝板的不同尺寸的需要。

4）铝板的安装

大椭圆铝板安装时，我们也确实走了一段弯路。起初按已制作好的钢架将铝板一片片装上去，装到最后发现留出了一个有200mm宽的缺口，这样的缺口没有办法弥补。为什么会有缺口，主要是拼装时，只顾调节板缝而将圆弧的外围走偏了。铝板超出了圆弧线，圆周长度变大了，自然就留出缺口。那时只能将铝板一片片拆下来，重新安装。这次重新安装时先不急于调节板块拼缝，而是将板按外圆弧的分割先挂上去，等全部挂好之后，再一片片固定，一条条拼缝调节，到最终是严丝密缝。

三层铝板，都是采用厚3mm的材料。这样厚的板在加工中不易产生折痕和焊接变形。

国金中心的大椭圆艺术顶在六年前是一个创举，那时没有人敢做这个大的双曲板。六年过去了，笔者一直在关注有无新商场有这样的造型装饰，可惜一直未出现。也曾有几家找过笔者，但都未成功。也有几家是偷梁换柱，用弯曲的格栅板，竖状离空排列，勾勒成双曲的造型。这种做法，离真正的双曲艺术性还是有差距的。为什么后无来者？笔者认为主要是，没有几家有国金中心业主这样的决心和对双曲艺术的偏好。今天看国金中心领先了六年。现在看到的有些大场合格栅型双曲造型和多菱体造型，是利用了三维建模的特长，但是回避了双曲成型的工艺难度。故真正独占鳌头还是上海国金中心。

2. 无缝拼接的自动扶梯装饰板

如图2-39所示为自动扶梯的装饰。

图 2-39　自动扶梯的装饰

在大型商场之中都会有许多自动扶梯来方便客人上下楼层。自动扶梯都设置在中心位置，体积又很庞大，这样就成了装饰的重点对象。针对自动扶梯的装饰，有各式各样的方式或款式，五彩缤纷。在国金中心的南端国金汇区域有 6 部自动扶梯是由我们装饰的。那里有一些特色，值得关注。

(1) 铝板拼接是端头拼，严丝密缝；

(2) 侧面板是双层布置，增加立体感；

(3) 侧面板内带灯槽；

(4) 同一板块上烤两种颜色。

1) 端头拼接

我们所承接的项目都是香港“贝诺”设计公司的大样图，从他们给出的图纸中感觉他们非常重视金属板对拼接的缝隙问题。他们想从源头上来解决问题，方法就端头拼。何谓端头拼，就是金属板四周不折边，直接切断，切断的断口(端头)相互拼接，背面再装边框固定用(见图 2-40)。

端头拼的益处：

(1) 板块相拼的缝隙可以非常紧密，没有凹槽。如果折边，在边沿处会有一个“R”角，当两块板相拼时，“R”角会变大。

(2) 端头拼在加工的过程中对金属板没有挤压或拉伸，金属板不会产生

图 2-40 自动扶梯端头拼接效果

应力变形，可保持板面良好的平整度(见图 2-41)。如果用折边的做法，在折弯处金属材受到拉伸会有微小的变形，这种微小的变形，当人们正视时不易发现，而一旦悬吊后有侧光照射，就会出现波浪。

端头拼的条件：

虽然端头拼是有益美观，但是要具备相应条件。条件之一，金属板材自身的厚度要达到 3mm；条件之二，要另装边框，边框的成本也很高。

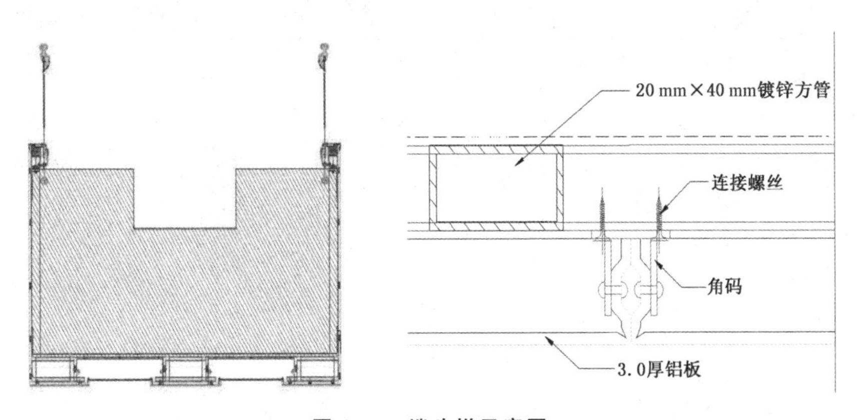

图 2-41 端头拼示意图

国金中心的业主还是有眼光的，他们肯投入，所以做成了端头拼。端头拼的自动扶梯装饰板基本上达到无缝拼接了。刚完工时，看过的友人问笔者，是否是用蜂窝板制作的，笔者回答他们说，蜂窝板也达不到那种效果。若用蜂窝板结构，面板一般采用 1mm 厚的铝板，强度不够，容易被碰坏。

香港的设计师倡导端头拼，除了在国金汇中的6台电梯是用这种方法之外，另外在环形走道吊顶（有专题介绍），在LG1两个中庭的大椭圆吊顶中也有运用，都达到理想的效果。

2）侧面板双层布置

自动扶梯的两侧面面板装饰面积还是比较大的，如果简单地用金属板去封闭，是会显得单调的。现在做法是在金属板块上做文章，有的印花、有的贴木皮，也有雕刻图案，还有做双层布置。这里是选择了双层布置，即在侧封板之外，又加一层面板。

第一层金属板是起遮挡电梯内设备的作用，第二层金属板是起装饰效果。

3）侧面板内装灯槽带

在双层布置的侧板中间留出宽30mm的空槽，在槽内装LED灯，再外口盖上亚克力板。灯槽内设置了一条铝型材，此型材既作为定位用，又作为盖亚克力条的卡件用。亚克力厚8mm，中间抽槽（见图2-42）。

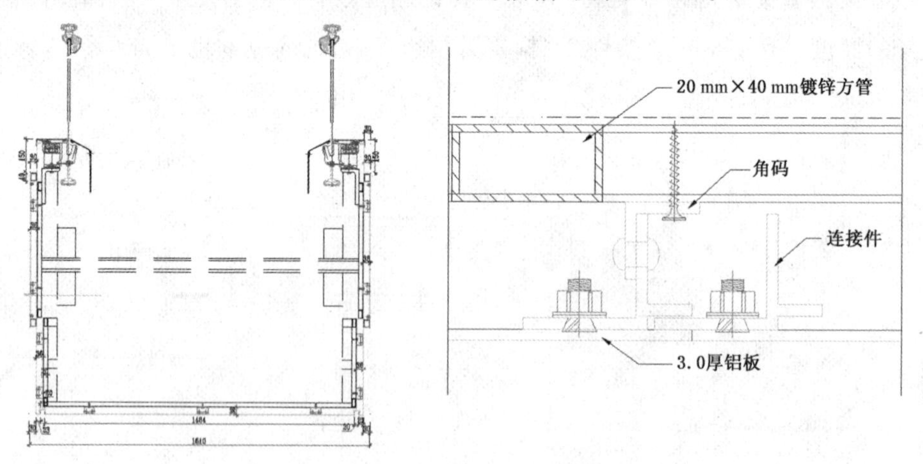

图2-42　侧面板示意图

4）同一板块上烤两种颜色

在6台电梯中有两台电梯的面板要求烤两种颜色，两种颜色的分界线清晰，不能混杂。

两种颜色同时出现在一块板面是常见的。这里严格要求两种颜色的分界不能相互渗透。采用的方法是用进口耐高温的纸来封边沿线，封一层烤一层。这个面板的烤漆确实花了许多功夫。

3. 环形走廊顶

如图 2-43 所示为环形走道吊顶。

图 2-43 环形走道吊顶

在国金中心商场的一楼，有一个吊顶是将南、北、西三个门和中间的中庭连成一体，设计的形状像一个圆环带 n 个触角向外延伸。整个面积有 400 余平方米，笔者认为这个设计是很成功的。

1）环形走道的构造

环形走道的悬吊完成面是平面的，但是两侧边缘是圆弧边，圆弧的曲线是随意延展的，形成吊顶有宽有窄的变化。最宽的板要 6m，最窄的是不足 1m。吊顶板每隔两片中间就会有一个灯槽。灯槽宽度是 200mm，固定不变。这样的格调，给现场放样，以及板块的制作和安装都提出了极高的要求。

设计图纸要求吊顶板用厚 3mm 铝板制作，但四周不翻边，另外用型材装外框条，留 5mm 的宽缝。外边框型材还要随着板面的圆弧曲线进行弯曲，每支型材弯弧都是不一样的。

为什么不让铝板翻边？笔者从专业角度分析，设计师是担心翻边有应力变化，使板面产生波纹，破坏板块的平整性。这种做法，在工艺上是可行的。

笔者也曾为此起名“端头拼”,“外装边”。

2）现场放样

环形走道要有理想的安装效果,首先要过好放样这一关。放样,在空中无法进行,只能在地面上放样,由地面上样翻转到空中去。地面上放样也要有一个平整地坪方行。那时工地上乱糟糟,我们是铺木板来放线。曾记得要留出一段走消防卷门的槽,我们连续放了三次线,浪费了不少铝板才成功。这样的放线,即便是用当今“点云扫描”的方法,也是相当费工夫的。主要是缺乏放线的基础面,是凭空来勾勒造型的。

卷帘门的放线难度也是我们自己找的麻烦。这里的防火卷帘门是水平向移动的,原来设计图纸是在吊顶现场另外装一支不锈钢条。笔者看到图纸后,感觉这个方法太落后,提出定制带槽的吊顶板,那样就延伸出现场放样的难度问题。

3）板块的制作

环形走道的板块制作难点有两个:其一是悬吊结构是另外附加的,因板块没有翻边,没有着力点。附加的悬吊结构,也要保证强度,即牢固性,也不能用焊接方法来破坏表面平整性。我们采用的方法是“种钉(碰焊)”,再加打结构胶。其二是边框型材的弯圆弧。我们是专门按型材的外形尺寸弯弧形开模具,将弯管机放在钣金工作台边,边弯边装。

4）安装首尾相顾

环形吊顶安装在悬吊上没有问题,是可方便安装的,但是定位上都有难度,难度是要首尾相顾。何谓首尾相顾,即一个单元装好,并没有完事,在装这个单元时,一定要考虑好下一单元的布置,否则下一单元就无法装。

A单元与B单元中间相隔宽200mm灯槽,但圆弧的边都要保持顺畅。这种格调的板块,容易出现灯槽斜置或圆弧不顺两种情况。

四、上海著名楼宇

1. 上海国际舞蹈中心

上海国际舞蹈中心,地处虹桥路和水城路相交处。原址是上海舞蹈学校，现升级为国家级舞蹈中心。笔者受邀参与该中心内金属材料装饰深化设计，又具体承接 2 号楼舞台双曲顶，3 号楼冲孔吊顶板和 3 号楼斜立柱包铝板。因为在该中心的施工，对技术和细部处理要求特别高，此工程将成为艺术摇篮中的艺术品。

1）舞台双曲面顶

舞台上方面向观众席有一块区域，剧场内有声响要求，又有美观欣赏的要求，境外设计师提出必须设计成双曲板，音响工程师又进一步提出板面开孔率要达到 40%。对于制造商而言，双曲面板原本就是工艺加工的顶级品，况且另加冲孔，加工难度就更高了。美方设计师为突显艺术性，又要求板面蓝颜色是从左往右逐渐由浅变深的。要达到这样的效果，就要分七种颜色烘烤。这个技术难度非常高。我们所做的主要工作：

(1) 用 BIM 技术建三维模型，绘制出双曲的整体形状。在整体形状勾勒过程之中，先将钢架尺寸分割出来，再将铝板板块分割出来。

(2) 制作双曲钢架。为保证圆弧形的精确度，这里的钢架没有采用钢管拉弯的办法，而是用厚 3mm 钢板激光割圆弧，割成条板之后再焊接成 T 字形。又防止焊接变形，也用边焊边冷却方法。按笔者的历年经验教训，双曲的钢架一定要做准确。

(3) 面板制作。选用厚 3mm 铝板板，首先板面满冲孔，然后再作双曲成型。这里的双曲有同侧圆心弧，也有反侧圆心弧，圆的半径又是许多个。这样工厂内要开多副模具才能应付。

(4) 渐变颜色烘烤。双曲板的基本色彩是宝蓝色，它的细微变化是要七种深浅的渐变。这样，工厂的配漆就要调制 7 种漆料，分 7 次喷涂，工作量增加许多。

2）冲孔吊顶板

如图 2-44 所示为冲孔吊顶板。

3 号楼的吊顶板是采用厚 3mm 的冲孔铝板。我们设计的是勾搭式结构，每块板都是密拼，也都可拆卸。冲孔板的四周留宽 15mm 边，目的是让拼缝更美观一些。

图 2-44　冲孔吊顶板

用厚 3mm 铝板制作吊顶板，从效果上看确实比用厚不足 1mm 的铝板更平整，更有骨感，更方便拆卸。我们在许多场所看见的薄板吊顶，理论上说是可拆卸的，实际上一旦拆卸都会变形走样。现在资金充裕的单位都会用厚板来制作吊顶。

吊顶上灯具集中放置在一个灯槽板内。灯槽是用厚 2.5mm 铝板折成盒形的构造，盒形两侧有朝外的翻边，可让铝板搭接。

3）包斜立柱

在 3 号楼大门入口处有四支高达 10m 的斜立柱需要用铝板装饰（见图 2-45）。立柱每支朝外倾斜 15°，是适应建筑结构需要来支撑外幕墙框架的，是无法改变的现状。

对于斜立柱的装饰，通常做法是铝板的每节拼接缝隙与立柱的长度方向垂直。拼接缝隙不与地面成水平。这种常规做法加工容易，但没有特色。后业主提出在舞蹈学院内的东西一定要做出特色来，要求铝板的每节拼接缝隙都要呈“水平向”。“水平向”拼接在我们行业中被认为是禁区，是无法做好的东西。

每节水平向拼，势必造成每片铝板展开的形状是曲边形，这需要三维建模型，再从模型上将板块尺寸剥离出来。没有三维建模技术的厂商是无法承

图 2-45 包斜立柱

担的。

板块的加工。如果是垂直拼，每块必定是长方形，在工厂内常规剪板机即可下料，现在改为曲边形，那么就要用雕刻机或激光切割机来下料，生产成本增加许多。

内衬件。每节水平拼接，不是随意可拼的，而都事先在端口制作一个圆环。圆环作为铝板的内衬件，尺寸上要完全符合要求。因为是水平方向拼，那么圆环其实不是正圆，而是椭圆形，这也带来了工艺制作难度。内衬件上一个侧向圆弧边属于双曲面板的做法。

包立柱板不仅是水平向拼缝，而且还是板块端头拼，即拼缝处不允许焊边或翻边。因为焊接或者翻边的做法会出现板块变形或拼缝有凹槽。

样块端头拼我们不陌生，早在四年前，国金中心商场内已大量使用，但用于包立柱是第一次，还是担心拼接缝有不相吻合之处，因为上下都是圆弧对接，比平板对接要困难一些。解决问题的办法是提高加工尺寸的精确度。如图 2-46 所示为不同角度的包斜立柱。

(a)

(b)

图 2-46 不同角度的包斜立柱

2. K-11 休闲广场

如图 2-47 所示由 K-11 自动扶梯及圆形杯口。

在大型豪华商场中，金属板装饰的诸多区域内，“中庭”是重点区域。“中庭”因其内容丰富，结构复杂而成为装饰的高难度区。我们所见到的中庭通常有自动扶梯、杯口侧板、玻璃扶手、立柱、升降电梯、休息区、阳光顶棚等，简称“七件套”。这些造型和板块大多是采用金属板来装饰的。其中又因自动扶梯、杯口、顶棚是三维空间的布置，成为装饰的顶级品。故要做好这区域的装饰并非轻而易举之事。

我们曾经做过位于浦东陆家嘴的“国金中心商场”的自动扶梯和杯口，有过亲身的体会。也承担过苏州中茵天香书苑的中庭。这一次又承担了位于上海淮海路马当路相交的“香港新世界休闲广场(简称 K-11)”内的这类装饰，对于其中的难度又一次加深了印象，刻骨铭心。我们结合亲身经历谈体会。

图 2-47 K-11 自动扶梯及圆形杯口

在 K-11 中除了负责全部墙板和灯槽的装饰之外,重头戏就是 18 台自动扶梯和 10 个杯口。出彩发光又是“外中庭”和“内中庭”区域。“外中庭”有通道连接外部世界,是整个大楼的门面。“内中庭”可以观赏户内景观,是精工细作的结合。我们向大家介绍有关这些装饰的过程,目的是想说明每个细节的背后都是有深度的思考。深化设计其实就是思考的深度化。

以下对“七件套”分别叙述:

1) 自动扶梯

K-11 商场中我们装饰的自动扶梯呈现多样化、个性化(见图 2-48)。虽然自动扶梯是同样的款式。但是面板材料和颜色是不相同的。有面板是磨砂玻璃的,有的是用铝板的。同样是铝板又区分仿木纹色、深灰色、浅灰色、白色四种颜色。这些区别和变化,无形中又增添了制作和安装的麻烦。

仿木纹是选用的橡树木纹,用热转印技术,底漆是磨砂面。木纹转印技术已有十年以上历史,底漆使用磨砂面是近一年才出现的技术,目的是使油漆呈亚光面,改善视觉效果。仿木纹施工中特别要注意的木纹纹路的方向性。在装饰方案中首先要确定好每个面的方向性,然后在每块加工时,又要标明木纹方向的箭头。木纹方向的标记要落实到每块板,否则很容易搞错。

油漆有四种颜色,每种批量都不大,要分别调色加工本身是很复杂的事。况且这里的油漆又要坚持用烤瓷漆。烤瓷漆学术名称是硬质涂层,氧化硅

图 2-48　K-11 自动扶梯

漆。涂层面硬度可达到 5H,而氟碳漆只有 2H 硬度。业主选用硬质涂层是防止在公共场所,人来人往对板面的碰撞和磨擦而引起板块表面的损伤。硬质涂层的配漆、调色、喷涂烘烤难度都高于氟碳漆,价格也是数倍于氟碳漆。

造型:K-11 自动扶梯的装饰造型虽然是统一的,但是因基本设计时造型比普通商场的自动扶梯要复杂花哨许多,这对制作和安装又是挑战。

底板:即与自动扶梯斜夹角,面朝地坪的板。底板虽然是倾斜布置,但是顾客可以在下面进行观赏。这次设计师对底板设计是标新立异的,分四个层次进行(见图 2-49)。

图 2-49　自动扶梯底板

第一，在两边设计 90°转角板包覆两个边角，内置灯带；

第二，设计用铝板反扣的底板；

第三，在底板中间设计渔网片式的镂空铝板，使灯光反射无阻挡；

第四，在底面上再安置不锈钢板镀钛盖板，帮助反光。

侧面板在深化设计中研究过的主要问题如下。

第一，原电梯商提供的不锈钢盖板是否要利用？有人主张取消重做，有人认为可以利用，否则破坏了原电梯的结构，电梯商会反对。经过权衡，决定利用不锈钢盖板。要利用又产生新的问题是，因不锈钢盖的俯视图不是笔直的，它与电梯侧面板相接，无法达到平整要求。要避让此问题，只能在铝板上端加上 10mm 凹线条。

第二，解决侧面板单调平淡问题。在侧面如果平直装贴一块铝板，自然会显得单调平淡无特色。如果此处再外加或补贴装饰件，又有画蛇添足之嫌疑。唯一可取的办法是在整个板面上做文章。经过讨论，大家一致同意开缝隙，设槽沟。紧接着产生的问题是缝隙槽沟开在什么位置，这是仁者见仁智者见智的争论。争论的结果，开在距离底边 100 mm的高度，槽留宽为 5 mm。从美学角度，线条多可观赏性好，但从制作工艺上讲，线条多引起生产和安装中的麻烦多。

第三，侧面板长度方向分割线条要与自动扶梯的玻璃扶手分割线条对齐。玻璃板块分割是 1 500mm，板块线条也要这样分割，装完后，板缝要能上下对齐。

第四，因为侧面板的分割确定之后，底板、转角板、渔网片的长度方向分割要沿袭侧板做法，也按 1 500mm 长度分割，转 90 度，形成电梯的两个侧面、一个底面共三个面的线条贯通，成为一个独立的多菱体。

自动扶梯的上下接壤：自动扶梯的功能本身就是上下楼层链接。一头安置在地坪，一头接通上一层楼面。K-11 商场要求自动扶梯不是简单的功能接通，而是具有艺术性的接通，要有美观效果。自动扶梯的下部坐落在地坪上，侧面板的收边条要与地坪平行，边条板要等宽，上部与上一层楼接通。这里要求：

(1) 边条与杯口板边条贯通。

(2) 侧板与杯口板的夹角,要垂直合缝。有些部位,二者之间间隙很小,难以施工。

(3) 电梯要与上一层楼板相接,自然要考虑如何与上一层的底面平行和接缝。

笔者详细介绍 K-11 的自动扶梯,并不等于说这样的装饰是唯一的选项。美丽是五彩缤纷的,自动扶梯还有多种装饰法,其中国金中心的装饰也惹人喜爱。如果称 K-11 为豪华型,那么国金就可以称为优雅型。笔者将有专篇论述国金中心的扶梯装饰。

2) 杯口侧板

自动扶梯通向上一层楼的大孔洞,称为杯口。由于每层楼阁板有自身的厚度,又要在吊顶内隐藏诸多的设备,这样造成楼层板的侧面高度有1 000 mm 左右。这样的高度侧面要用铝板封闭装饰。这就叫做侧封板,玻璃栏杆扶手的基础结构也是要隐藏在这里。

侧封板制作的施工要点:

(1) 板块是紧贴着楼板的侧面线条进行的,但竖向面必须是垂直的,除有造型的例外。通常按侧面线条进行布置容易,但达到垂直面很难,会出现朝外式或朝内倾斜的现象。

(2) 侧面板的上端边线要与楼面的地坪成水平,与这一层的底面装饰材料成 90°相交。这其实是三维空间的放样。

(3) 侧面板如果不是简单的平板,还要进行线条分割,这又要考虑这里的线条自身沟通与其他面的线条贯通。

(4) 设计花哨,在侧面板上又有许多变化。如外中庭板面上嵌入宽度 30 mm、60 mm、90 mm三种不同尺寸的方矩产生琴键效果。这样,等于在侧面板上又加了一层装饰物,变成双层装饰。况且外中庭的洞口是个曲线口,有的区域是向外弯弧(阳角),也有的是朝内弯弧(阴角),小嵌条要随圆弧变化而布置。在这变化中,小嵌条要与面板相贴始终合缝也是不容易的,要有工艺技巧。还有细节之处是装饰条要把全部的铝板缝隙盖掉。

(5) 做“一线天”的工艺。杯口的侧封与自动扶梯或其他材料相连接时，会遭遇狭窄缝隙的现象。即两样物体分别被装饰之后，中间只留下十几厘米的空档，远看像一线天景观。这狭窄的空档安装操作是很困难的。

3) 玻璃扶手

在共享空间的走廊与洞口的边缘必然要有扶手来保护顾客人身安全。扶手的安全要求是很严格的。安全的保证：

(1) 扶手距离走廊地面的高度；

(2) 扶手竖向大刀片的承受力；

(3) 大刀片的固定结构；

(4) 玻璃的厚度；

(5) 如果用玻璃代替大刀片，那么玻璃要有新要求。

这些方面都有详细的国家标准。

实际施工时要解决的问题：

(1) 扶手的宽度分割如何与杯口的封板对应、齐缝；

(2) 大刀片的根部是明露在杯口上，还是隐藏在杯口板之内；

(3) 扶手面管、大刀片、玻璃材料的选用；

(4) 连接爪件的设计；

(5) 材料连接、转角、包边的细部处理。

扶手的面管过去是用木料，而后发现普通木料易变形和褪色，高档材料难寻觅，现改为用铝管或不锈钢管制作。大刀片都是不锈钢材料，大多为双片相拼结构，增加强度。出于安全考虑，玻璃都采用双片中间夹胶的结构。每片玻璃厚度是 6mm 或 8mm。玻璃有用清玻璃，也有用超白的。前者便宜许多。

4) 立柱包板

大型建筑的各楼层之间必有立柱来支撑，在共享空间内这些立柱是外露的，也需要装修。这些过去都是用不锈钢来装修的，因为不锈钢强度高耐碰撞。后来大家发觉不锈钢颜色太光鲜，不优雅，现都改用铝板制作。铝板并不比不锈钢便宜，但是可以涂各种颜色，这是优势。

立柱的装饰看似简单，其实也很复杂，大有讲究。事先也要确定一系列问题：

(1) 外包的形状，方形、菱形、圆形、椭圆形，其他艺术造型；

(2) 上口的柱头，下口的柱脚什么造型和尺寸；

(3) 板块的分割大小和排列；

(4) 拼缝的处理，是否要加嵌条；

(5) 外包的完成面尺寸，占用空间是否合理，对行人有无妨碍；

(6) 基层钢架的布置和铝板的连接方法，勾挂或插接；

(7) 表面油漆的选用；

(8) 立柱上照明灯架、广告灯箱、消防箱是否要暗藏。

5) 升降电梯

在中庭区域内除有自动扶梯之外，还会有垂直升降梯，也称观光电梯。在这里顾客可以俯看共享空间的景观，还可以直达想去的楼层。观光电梯的设备是由专业厂家配供的，但是电梯的外侧墙板是交装饰公司来完成的，以求格调色彩统一。这个区域面积不大，但与其他材料相交，转弯太多，装饰的难点也很高。它的上口要与顶板相交，下口要与地坪相撞，左右要与杯口板相接，内侧要与电梯的门框相配。最关键的是，这个区域是顾客进进出出，流量很大的部位，人体会对装饰面有磨损或挤压，选用的材料强度要高。故这区域有的是用不锈钢，有的是用铝板作材料装修。

6) 休息区

高级商场的布置都是以人为本的设计，在中庭都设有休闲区，有的还供应茶水点心。我们看到K-11还放了一排长桌，可以上网，吸引年轻人。K-11的休闲区都是用铝板转印木纹的工艺制作的，色彩与杯口铝板协调。

7) 阳光顶棚

大型商场的中庭都是采光建筑结构，阳光可以直接照射进来。要接受阳光，又要防雨水，这里都选用钢架加玻璃的阳光顶棚。阳光顶棚虽然是金属材料，但是要跨越大空间，框架需要有专门的资质幕墙企业才能施工。K-11是委托德国公司完成的。在这里装修公司做室内的表面的装饰业务。常见的有：

(1) 顶棚的外表面用铝板或不锈钢板包。此时会设计带有灯槽或灯带的金属板,增加装饰效果。

(2) 调节光线的挡板。完全采光的顶,光线强烈刺眼,在装饰上要做处理。原先的办法是用软膜天花,后来有用电动窗帘的,还有用可以翻转角度的百叶片。现在大家都乐意用冲孔铝板,雕花板,或者用铝方通排列的格栅来遮盖一部分光线。以前的做法麻烦,现在的方法简单,日常维修工作量小。

8) 中庭效果

(1) 追求长效性。大型商场的中庭,又高又宽敞,装饰一次不容易,不可能每间隔 2 年或 3 年就装饰一次,要 15～20 年后才能重装。而且希望平时的维修尽可能少。这样就激发业主采用金属板装修。金属板的使用寿命都超过 10 年。装饰面的涂料,我们都推荐用氟碳漆,这是能够抗紫外线的油漆。中庭的方位,虽然属于室内,但阳光照射强烈,阳光中的紫外线对油漆的伤害大,若不用氟碳漆,油漆在一至两年内就会掉色。

(2) 追求精细化。中庭的装饰不仅是顾客必看的内容,而且是顾客能够看清楚,看出问题的地方。因为中庭的装饰大多是迎面对着客户的,有的还伸手可及。顾客毫不费力就可以发现问题。不同于吊顶板,顾客要仰面朝天看才能发现问题,那样看是很费力的。若让大家平视发现不了问题是很难的。

(3) 追求格调的统一。中庭:中庭是为采集室外的自然光线,将几个杯口的位置设计集中在同一轴线段内,可使光线从上向下穿透进来,形成一个明亮的大空间。当顾客进入这个区域环顾四周,可以看到有天有地,有好几层杯口、栏杆扶手和数台电梯。由于中庭空间的存在,又必然提出整个空间内的美丽和谐的问题。

第一个问题,是每层杯口与自动梯的侧板要线条统一并且贯通;第二个问题,每层杯口板分割要与楼面栏杆扶手的设计相一致,栏杆的立面(大刀片)位置要正对着杯口的板缝;第三个问题,各个层面的立柱,上下要垂直成线,不能有偏斜;第四个问题,各层之间的布置要相适合,各层的杯口板并非一定要相同，但是要和谐。在 K-11 商场外中庭的 B1 层杯口和 B2 层的杯口是采用不同的款式。就是因为此外空间不够宽敞，B2 层杯口是重彩装饰，B1 层杯口是轻简装饰，如果 B1 仍然是重彩会显得太复杂臃肿。现在 B1 层是浅灰色，作为一种艺术陪衬，可以突显 B2 层的装饰精彩。

整个外中庭是六部分装饰，最高部分是一个大圆顶的玻璃罩(外商承揽)；第二层是 B1 楼的浅灰色杯口；第三部是 B1 楼楼面的栏杆扶手；第四部分是 B2 楼仿木纹格栅铝板的杯口；第五部分是四台交叉上下的自动扶梯；第六部分是 B2 楼梯的玻璃地坪。这样形成一个天地对应，色彩轻重匀称、工艺精致、装饰和谐的美丽空间。

(4) 追求个性化的设计。设计师的出奇创新必然表现在中庭的装饰上，他们会对每个中庭进行个性化设计，以求不一样的效果。作为装饰施工单位要理解，在施工中要把个性化表现得淋漓尽致。

K-11 的空间要比国金小，小空间要能够给顾客留下深刻印象，一定要多一点心思，故要豪华型装饰。国金有足够大的空间，可以装饰得素雅些，又称优雅型。

在同一个商场内会有数个中庭，这也要进行个性化设计，让顾客可以识别寻找。笔者到过迪拜的大商场，33 万平方米，有多个中庭，但是设计是各不一样的。

近几年来我们装饰了几十个工程，这次做 K-11 自动扶梯和杯口，仍感到非常的艰辛。原因是造型复杂，色样新，要求高。要完成这项任务我们的对策是：

(1) 对项目的个性化分析：接到任务之后，我们并没有立即动手画图，而是对照业主给出的大样图在现场观察思考，掌握其个性和特点。经过几天的工作，写出分析意见供项目经理执行。在金属板装饰中，各个区域的方法和要求是不一样的。大堂顶、墙面、立柱、自动扶梯都要有各自的特点，每家业主又有不同的喜好。动手之前必须搞清楚。这次自动扶梯装饰中的突出问题，是几个造型体的线条贯通问题和电梯运转之震动不产生装饰移位问题。这些都要提出防范措施。

(2) 现场放线:现场放线是对需装饰建筑的客观精准的认识。放线功夫越深,对现场的认识也就越清楚。刚进场时,要将建筑物的方方面面都能量好也是不容易的。特别是曲线圆弧的面,难以定夺。放线之后,还会遇上完成的土建尺寸与最初的设计大样图不符合的问题,即土建产生了偏差如何办的问题。在外中庭放线之后,发现偏差最大有 500 mm,如果将错就错之后的装饰面造型也差离许多。此事,还惊动了业主高层领导,由高层领导督导组织人员重新放线。后来发觉土建的确有错,又商讨如何纠错的问题。土建错并非儿戏,这里有结构力学问题,有的错是无法纠的,只能认可事实。最终提出一个纠错和装饰修改的折中方案。

(3) 杜绝常见病:在电梯侧板装饰中,常见病是装完之后,手按板块是活动的,板面难以平整,会出现凹凸波浪,还有板块的折边因内应力的作用朝外。别家企业在做样板房时曾出现过类似问题。后来采取了措施,解决这一些问题。

(4) 坚持板块之间的拼接不打胶:我们是在做室内装饰,室内装饰行的共识是不打胶或少打胶,胶容易老化、发霉,颜色变化快。在室外装饰为防漏水,打胶是可以理解的。在室内不提倡打胶。由于打胶可掩盖尺寸上错误弊病,许多同仁热衷于打胶,在国内打胶就如在西医上的抗生素一样被滥用了。我们的装饰面不主张打胶,而是要凭自身的硬功夫做准确。拼缝的美观要求是平直、等宽,真正做到是很困难的。

(5) 事先设定效果评价标准:装饰达到什么样的地步,能使业主验收通过,业主能接受。一般这在事先,是很模糊的,而是边做边看,到装完了才"秋后算账"。而我们是坚持"事先算账",在动手装饰之前,已经设定评判标准,然后再按标准施工。我们内定标准的原则是"大格调做像","小细节做精",大格调是按图的形状,做出设计师想要的作品,小细节是指每个面,每条缝,每个转角都能精工细作。

(6) 深化设计贯彻始终:金属板,指铝板或不锈钢的装饰,与木板、石膏板最大的区别是前者是工厂化生产和在现场不可更改性。工厂化生产要有正确的图纸,正确的图纸来自辛苦的放线。不可更改性,是指工厂做错的产品，现场无法修改，即使勉强修改了也不能保持美观。这是要求前期工作一定要严格要求，不能粗，只能细。要做对做好前期的工作，就是要努力做好深化设计工作问题。我们在这方面有成熟的经验，有充足的力量。任何装饰成功的作品都是深化设计的成功。

为什么要在中庭的装饰上浓墨重彩？根据笔者的经历，在承接五星级宾馆中，业主是关注大堂的装饰，而在高级商场时，业主更重视“中庭”的装饰，为什么？答案：二者的目的是一样的，方法不同。五星宾馆是靠大堂来彰显豪华，吸引顾客住下来。商场是依靠中庭内的看点，让客户停下来多购物，多消费。

在高级商场内，“中庭”是吸引，滞留顾客的主要场所，一般商场的投资人都会在这个区域大投入。问题是有了大投入的条件，是否一定会出好的装修效果，答案是不一定。因为这里的装修技术含量高，一定要找到有技术，有经验的公司来承担。应该是专业工程师登台展示才艺，做出合理的深化设计，给出专业的解决方案。

3. 顶新商务楼大堂吊顶

如图 2-50 所示为顶新商务楼大堂吊顶。

图 2-50 顶新商务楼大堂吊顶

在上海闵行区吴中路与虹井路相交处有一个建筑群，其中 A 和 B 幢是

顶新商务楼。这两幢楼的大堂吊顶都是采用蜂窝铝板，完工后，观赏板面平整，线条清晰，构造简洁，受得众人的好评。此后，有一批建筑都在借鉴这里的成功经验，在大堂吊顶中使用蜂窝铝板。

这两栋楼的吊顶是笔者团队负责深化设计施工的。经过全过程的实践，有许多经验与教训，可与同行分享。

1）蜂窝板的优势

蜂窝板是指有面层与背层夹蜂窝芯合成的复合板。蜂窝芯是指六角形的形竖板，这是成熟技术，在航空和汽车领域被广泛运用。现在被建筑装饰行业采用是经济发达、财力雄厚的必然趋势。

蜂窝板最明显的优势：

(1) 板面平整度好。板面平整度是装饰材料的重要指标，无论是装在顶上还是装在墙上的板块，总希望看上去十分平整，无高低差，无凹凸痕。单块的铝板或钢板仅有 2～3mm 厚度，很难达到平整性。先进国家有时采用厚度 5～6mm 的金属板来确保平整性，但那样做，成本太高，自重也加大。国内采用的办法是制作“蜂窝板”，尽管“蜂窝板”制作也有麻烦，但相比较，性价比还是划得来的。“蜂窝板”的平整度好还是源于它自身的结构，符合“工字钢”原理，承力能力好自重轻。

(2) 板块的自重轻。板块的自重大小也是装饰中所需考虑问题之一。这不仅是一个经济代价问题，还涉及安装的方便和悬吊之后的安全问题。如果每块板有几吨重，整个顶会有近百吨重。近百吨重的板悬吊空中，大家会提心吊胆，在正常情况之下，用铝质材料制成的蜂窝板仅相当于厚 2.5mm 铝板的重量，每平方米不足 7kg。这样的重量是大家可接受的，可放心使用的。

(3) 板面可以做大。目前行业中铝单板，单块尺寸最大是宽 1 500mm，长 3 000mm。超过这个尺寸，会出现板面不平整现象。制作铝蜂窝板，已经有不少厂商能达到宽 2 000mm，长度 8 000mm 的超大板块，只要运输和安装场地允许还可加长。

板块加大，在既定的布置范围内可以减少拼缝及其引起的麻烦。

(4) 安装方便。首先，蜂窝板自身的刚性好，在吊装之前不必要对板块进行修整、压平，安装开始，直接可动手移动板块。以往装铝单板，每块板上平之后，首先要检查板块自身的平整性问题，现场要修整。其次，又因蜂窝板有背板，在背板上随处可以安装配件，角码作为蜂窝板的固定点，而不像铝单板只能在板块的折边上安角码，受限制太多。最后，蜂窝板板块大，一次安装可数倍于铝单板的面积，速度快许多。

蜂窝板的优势，引来了蜂窝板制作材料的大发展。蜂窝板材料的大发展又推动蜂窝板的广泛使用和价格下降，更为普及。蜂窝板主要材料，其一是作为面板的预辊涂板；其二是芯材，蜂窝芯；其三是背板，是铝或镀锌钢板。生产这些材料的工厂，在全国遍地开花，几乎已到产能过剩的境地。这为蜂窝板的价廉物美奠定了物质条件。蜂窝板现在也脱掉了高贵的外衣，划为普通的装饰材料。蜂窝板模型如图 2-51 所示。

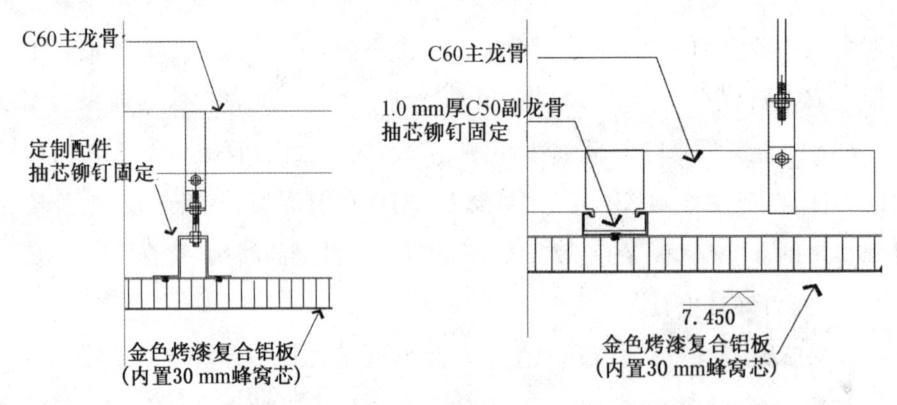

图 2-51　蜂窝板模型

2）设计蜂窝板的选择要素

对某区进行设计时，在决定采用蜂窝板时，还要具体思考选择一系列的细部问题。

（1）布置区域的板块划分，以及每片板块的大小。设计师总希望板块越大越好，但事实上受到原材料尺寸，加工设备尺寸，运输等条件限制，不可能任意地设计板块大小。例如目前市场上可拿到“预辊涂”宽度尺寸多是 1 500mm以内的。这就限制了成型的蜂窝板不可能超过 1 460mm，因有两侧折边要减去 40mm 宽度料，运输场地限制也不可能长度超过 8 000mm。

（2）蜂窝板的总厚。总厚是指面板加蜂窝芯加背板。总厚度从力学原

理上讲越厚越好，但是加厚会加大成本，会多占用空间，特别是墙面板的厚度所不允许的。从我们的项目实例，采用厚 12mm、厚 15mm、厚 20mm、厚 30mm 的都有。在国康路 8 号市政设计院墙板是采用厚 12mm（见图 2-52），在顶新商务楼大堂采用的是厚 30mm。

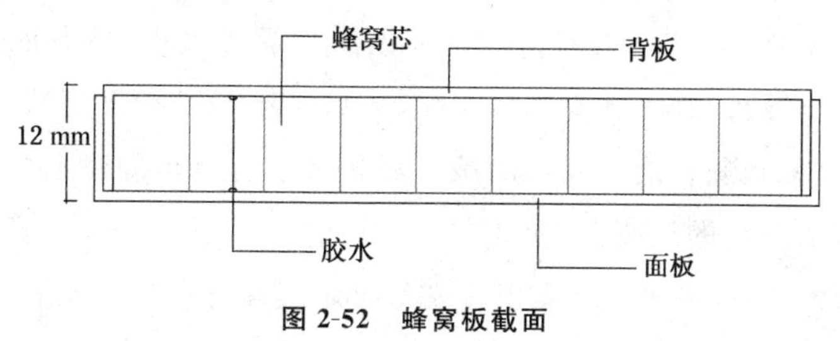

图 2-52　蜂窝板截面

（3）面板和背板材料。面板有的用厚 1mm 不锈钢，有的是用厚 1mm 铝板，也有用厚 1mm 的阳极氧化板。近年来，使用不锈钢面板的多起来，但不是用通常的拉丝板或镜面板，因那样做法太俗套，人们会产生视觉疲劳。现在的不锈钢面板上先喷砂，再烘烤各种颜色的油漆，有新鲜感。采用不锈钢主要是在墙面上的装饰防止碰幢受损。大家为什么都用厚度 1mm 板，感觉比较适中。太厚是一种浪费，太薄又不够坚硬。用厚 1mm 的铝板，原来就是预辊浮板，可以有各种色彩。

背板，有采用铝板的，也有采用镀锌钢板的。通常背板会减薄一些。按“工字钢”原理，面板与背板应该是等厚的才行，但是装饰板是只有自身重量，没有另外力的承重，故可降低受力要求。

（4）对蜂窝芯的要求。这是一个容易被人忽略的问题。蜂窝芯有四个指标，第一是材料的质量。是用铝质的，还是塑料（PRC）的，甚至是纸质的。三种材料价格是不同的。要看使用年限而定。

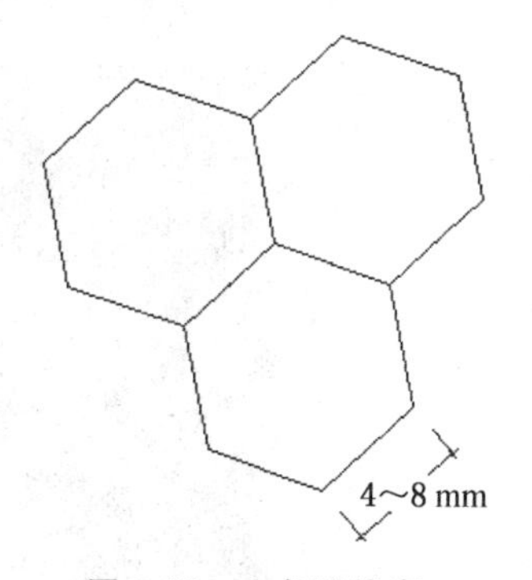

图 2-53　六角形蜂窝

第二是蜂窝六角行每个边的长度，目前有 4～8mm 不等（见图 2-53）。每边越短，蜂窝的孔洞就越小，受力效果就越好。

第三是蜂窝片材的厚度。就铝质蜂窝而言，片材的厚度在 0.04～0.06mm范围，材料加厚承力性能好，价格也会高一些。

第四是蜂窝芯的高度。这是随蜂窝板总厚度决定的。蜂窝板总厚度减去面板和背板厚度就等于蜂窝芯的高度。这个高度,就是告诉蜂窝芯厂商的开料尺寸。

(5) 对胶水的选择。胶水的品种和质量,设计师可能不关心,但是制造工厂一定要倍加小心,认真对待。市场上胶水品种繁多,鱼龙混杂,假货充斥。从理论上分析,胶水既要黏合性强,又要抗老化(脆化开裂),有充当界面剂的功能,又能当黏合剂。胶水的配方和生产都有极高的技术含量,购买胶水一定要找有信誉的厂商。

(6) 冷压,还是垫压。蜂窝板在成型时是三片复合的。上下两层都用胶水,经过压制后成型的。这个压制过程,有的设备是单一压制功能,有的设备是压制与加热同时进行。为何要加热?通过加热可加速胶水固化。反之,没有加热过程,固化需要一至两天时间。如果在胶水没有固化前,对板块进行搬动会破坏胶水的黏合性。现实生产时,压机只有一台或几台。如果不加热,一块板占用一台机器一天或两天,这样效率太低。如果成型之后立即移动也会降低黏性。从工艺效果而言一定是热压比冷压好。热压的好处是不言而喻的,但热压要增加热能的供给,即锅炉和热油导热管等设备,也是巨大投资。如图 2-54 所示的顶新商务楼电梯厅吊顶采用蜂窝板。

图 2-54　顶新商务楼电梯厅

(7) 安装方法。虽然蜂窝板材质轻,但是制成几个平方米一块,也变成一个庞然大物。这时,要装在顶上或墙上,还是要制定方法和工艺。特别是主龙骨的设计,悬吊接点,都要提前思考。

3）容易出问题的防范

（1）墙板比吊顶板技术要求高。墙板的面板要坚固，要能承受碰撞。我们主张用厚一些铝板，至少 2mm，也可用不锈钢板。

（2）板块制造时，几何尺寸控制要严格，长度与宽度的公差都要在 1mm 以内。因为板块是密拼，几何尺寸不准，会造成较大的缝隙，影响美观。

（3）相邻板块的高低差要调平。蜂窝板的密拼都是直角的密拼，不像标准板 600mm×600mm，有斜角的拼接。直角拼略有高低差也会不美观。

（4）悬吊时，必须平托举蜂窝板，而不能斜着安装。通常在蜂窝板的背板上安上数个吊耳，在安装过程中希望吊耳能均匀受力，而不是某个吊耳独自受力。独自受力会损伤背板，破坏受力系统。

4）解答两个疑问

（1）蜂窝板的面板或背板涂胶水的一个面，事先上油漆好还是不上油漆为妥当？

若上过油漆，铝板的抗氧化性能好，但胶水是与油漆膜黏合，而不是直接与铝板黏合。黏合效果取决于油漆膜质量，很难控制。若不上油漆，铝材容易氧化，发生氧化之后，在材料胶水之间就起了一层氧化皮，这层皮是没有附着力的。所以这个问题的争论目前无答案。

（2）蜂窝板成型之后还能否进烤箱做油漆？

有人将成型的蜂窝板进烤箱之后，出炉并没有发生开裂或散架现象，于是得结论是可进烤箱的。笔者不同意这个结论，反驳理由是蜂窝芯自身是用 110°的温度将 0.04mm 厚的铝片压成的，如果再用高温，蜂窝芯就散架了。散架是必然的，只是人们不易发觉。现在烘烤油漆的温度都是在 180°～250°之间。胶水会被融化或者脆化。

5）蜂窝板延伸——瓦楞芯

随着蜂窝板的大发展之后，又延伸出瓦楞芯。瓦楞芯在包装材料中是常见的，现在将纸质换成铝质。

铝质瓦楞芯现在都是压成“城墙型”，目的是增加胶水的接触面。也有将瓦楞芯板满冲微孔，也是为提高胶水的黏合性。瓦楞芯板，都是采用0.25mm

厚的铝板制作。

瓦楞芯与蜂窝芯比较:

瓦楞芯的高度不是可任意选择的,而是受磨具规格限制的。一种高度,就需要一种模具。而一般工厂,只有三至四种模具,也只能出相应种类高度的瓦楞尺寸。

瓦楞芯可以单方弯曲,适应包圆立柱或单曲圆弧板。蜂窝芯的高度是不受限制的。可以按需要从整材料上切割下来。

蜂窝芯很难制作单曲板。

我们在上海中心大厦的52层编织网板吊顶就是用的瓦楞芯板,后文有介绍。

4. 为优秀历史建筑装饰——汉口路151号华东建筑设计研究院

如图2-55所示为华东建筑设计研究院的吊顶。

图2-55 华东建筑设计研究院

1) 兴奋点

笔者在十余年的时间内,先后已经承接了数十个室内装饰工程项目,其中大多数是新建的高档楼宇,豪华商场,五星级宾馆,但是还缺少优秀历史建筑装饰工程。自己出生在上海,非常敬仰上海的优秀历史建筑,向往能承接历史建筑的装饰(内装改造)工程。后经朋友推荐让笔者参与汉口路151号上海优秀历史建筑(前身是浙江第一商业银行,现为上海华东建筑设计研究院)的内装改造工程。笔者非常兴奋,心想盼望多年的机会终于来临,可以圆了自己的夙愿。

更让笔者兴奋的事是这个建筑现在是上海华东建筑设计研究院的所在地,这里云集了数千名优秀设计师,不乏国际大牌和国内顶级专家。在这里可以直接或间接地向他们学习知识。2014年在国康路8号,上海市政设计院总院承接装饰任务,在那里也学到许多东西。

需要由笔者承担的工程是八楼多个报告厅和会议室的吊顶和墙面金属材料,这些都是醒目的地方。报告厅和会议室常常都会有全国以及全世界的客户同行来入会,他们可以看到笔者的装饰效果,分享技术成果。笔者专门考察过迪拜十五个著名建筑的装饰,预计这里的装饰效果,丝毫不会逊于当代世界水平。

有了上述的兴奋点,笔者的团队在一年多时间内积极参与这里的深化设计,当施工开始时又认真抓好每个细部问题,一定要保证出好的装饰效果。

2) 闪光点

凡笔者所负责的区域装饰,都要有好的效果。在这里也是如愿以偿,同样成为装饰中的闪光点。

(1) 大会议室,拱形长廊吊顶。这个会议室本身是长方形,吊顶的形状跟着空间造型走是合理的。这里采用的格栅截面尺寸是100mm×25mm的铝扁管,表面是仿木纹转印处理,给人舒服感。吊顶的格栅并非以往的平直悬吊,而是每支中间起拱的排列。起拱的部分也是用同样材料拉弯焊接之后最后做仿木纹转印的。单支排列没有接缝。每支格栅中心距离是75mm。为什么是75mm呢?起初图纸设定是100mm,经过试吊样板段之后发觉间距太大,顶背上的钢架遮挡不住。同时又考虑这是会议室,客人会坐下来静静欣赏,而不是走马观花的巡游。要让人能静静欣赏,一定要特别注意细部处理。

(2) 小会议室,拱形半球吊顶。小会议室平面形状是正方形的,在吊顶上同样要做出三维效果,也可以设计带拱的顶。起拱的造型犹如一个半球形(见图 2-56)。正方形内出现圆形顶,这与中国文化中的天圆地方的认识习惯是一脉相承的。

图 2-56　拱形半球吊顶

起圆形的弧,在材料加工上难度要大许多。首先要三维建模,在模型中将每条格栅形状割出来,每支都要单独出图纸。带圆弧的条板还需一片片弯制,弯制要有不同的模具,方能出不同的圆弧半径。

(3) 报告厅,斜交叉顶。报告厅的吊顶由于楼层高度限制,无法再抬高做造型,设计师只能在平面上做文章,即将格栅排列为交叉的,让其产生发散射线效果,这也是设计创新。

斜交叉顶中相交的材料都是先截面封头之后与另一支相交的。这样做是便于材料散件进场拼接,同样还原古朴自然的装饰风格。

(4) 阳光房的背景墙。在阳光房中有左右两垛墙,设计思路是装饰成贴墙布的背景墙。起初方案基层板采用木工板,后经讨论大家认为不妥当,因木工板在太阳暴晒之下会变形,一旦变形整个装饰效果就被破坏。笔者意见是制作铝蜂窝平板作基层板。大家接受了这个意见。现在看到最终非常平整的装饰效果就是铝蜂窝板制成的。这种做法十年也不会变形。

3) 关键点

在整个装饰的工程中,设计师所追求的效果,恰好是我们的强项。我们有技术来支撑他们的艺术展示。他们所要用的格栅型吊顶，笔者已有近十个成功案例。最新是上海中心大厦 B2 层波浪板造型顶，华东院有不少设计师去看过。凡由我们承担的格栅型吊顶都做得很成功，因为我们抓住了如下关键点：

(1) 格栅型的材料必须用铝型材拉制。铝型材的几何形状好，并且规格统一，便于对接缝。铝型材硬度高，能保持笔直挺拔。虽然用铝板材也勉强可以做，但效果与铝型材相差甚远。

(2) 圆弧曲边形状尽力用铝型材弯制。圆弧条板制作工艺可以是铝板雕刻之后焊接成型，也可以是铝扁管弯制。前者可能会由于焊接产生材料变形，也可能会因打磨破坏形状。型材弯制会避免前者状况。

(3) 长度方向不能有对接缝。格栅板是水平悬吊，水平长度方向线条展示骨感美观，在这里人的视觉效果的舒适感就是笔直、通长，如果出现竖向的对接缝，就相悖于整个风格，冲撞了美感。在有条件的情况，一定要做通长的材料。在这次上海中心大厦 B2 层我们提供的材料都是长度 9m 以上，后来做的上海中心大厦 B1 层文化店铺中的压型钢板，做出长度是 16m 的材料。汉口路 151 号中的格栅有许多是长度 7～9m 的，我们都是整条供应，从室外悬吊送到 8 楼层。

(4) 格栅的外露端头必须要用焊接盖板工艺。一个铝方管二端头的封头有多种工艺，有做塑料盖的，有做铝盖的，还有是焊接的。我司坚持焊接的，因为焊接打磨之后，再做表面涂装，材料没有拼接缝，没有异样感。

上述四个关键点是笔者的多年来积累的经验教训。这次在汉口路 151 号装饰上全部用上，并发挥了良好的作用。

4) 学习点

从事十几年内装工程，也接触过不少国内外设计师，每次都会虚心向他们学习。我们是搞工业的，是工程师的思维，与设计师有明显差别。其一是色彩搭配上，他们的造诣比我们深许多。他们对色彩特别敏感，不同色彩由他们组合就会出现神奇的效果。其二，装饰件的尺寸把握是讲究的。每件材料的长、宽、截面、体量尺寸，他们都会去反复研究，甚至一定通过做一比一的实物样品之后方能确定。这两个特长，在华东设计院设计师身上也充分反映出来了，非常值得我们学习。曾记得刚开始我们打样板颜色时，一连打了五六次都不满意。他们总会有理由要我们继续打样。那时，我们还怕麻烦，误解设计师的意图。现在回忆，他们每次都会深思我们送样的色彩变化而引起整体效果变化，这是一种精益求精的态度。

有关材料尺寸大小的问题更使我深有感触。在第一次看到吊顶格栅材料图时，那时标注是 80mm×40mm 截面的方矩，后来出现过 100mm×40mm 的，到临施工前，还有设计师在询问笔者，100mm×25mm 的方矩行吗？宽 25mm 会扭曲吗？笔者回复是行的。几位设计师仍不放心，坚持要在现场做三支大样让他们看。做三支的流程与做一百支同样耗费工时，他们表示愿意承担费用让我们做。后来，现场样品悬吊好，并未变形，他们的担忧也随之消除了。现在工程结束了，到现场仔细品味，方知道设计师为什么要将材料宽度缩小。宽度缩小就更能体现精装饰的特点。

整个装饰效果除了我们承担的金属格栅顶之外，其余材料都做得很精致，有小巧玲珑之感，相比较大型建筑气势恢宏的装饰，这里又是一番景致和风格。精致就是设计师的匠心追求。色彩也是清淡、典雅、没有大红大绿，更没有“土豪金”的光亮，显示出文静、高雅的学者品味。

5. 扭曲板——吴中路万象城

如图 2-57 所示为吴中路万象城扭曲面板。

设计师为吸引人们的注意力，设计越来越花哨了，将扭曲板也作为一种时尚款式搬进装饰空间。

图 2-57　吴中路万象城扭曲面板

何谓扭曲面板？是指金属板块在平面上按一定规律作斜侧拉伸，有拉伸变化的线条呈曲线，与此曲线垂直的线条仍然是直线。扭曲面板也有奇特的风格，所以也被列为艺术吊顶的一种形式。扭曲可以是单片板的扭曲，如图2-58(a)所示，如上海环贸T2塔楼大堂的9支立柱上的空调风口板；也有矩形扭曲，如图2-58(b)所示，如万象城横梁包板。

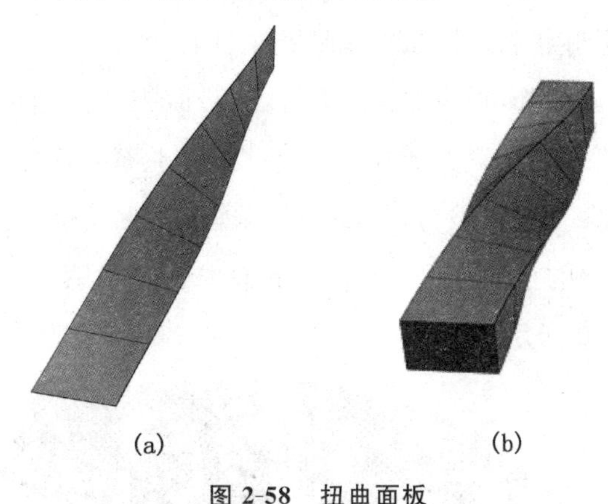

(a) (b)

图 2-58 扭曲面板

(a)单片板扭曲 (b)矩形扭曲

1）扭曲方式

扭曲起始点：一支方管或多菱体要扭曲总有一个起始点，即不扭曲与扭曲的分界点。起始点可以是造型的中间点，也可以是某一端头。起始点是扭曲的开始，是斜侧拉伸的开始。解读图纸时必须找出起始点。

扭曲的轴线：扭曲也是围绕一条固定的线条，即轴线来旋转扭曲的，没有这条线，扭曲不成规律。轴线可以是材料的中心线，也可以是其他位置上的线条。以不同位置上的线条为轴线扭曲之后，出现的形状是完全不一样。在为SOHO某项目做深化设计时就发现他们的扭曲板是以板块的某一边条为轴线来扭曲的。如图2-59所示。

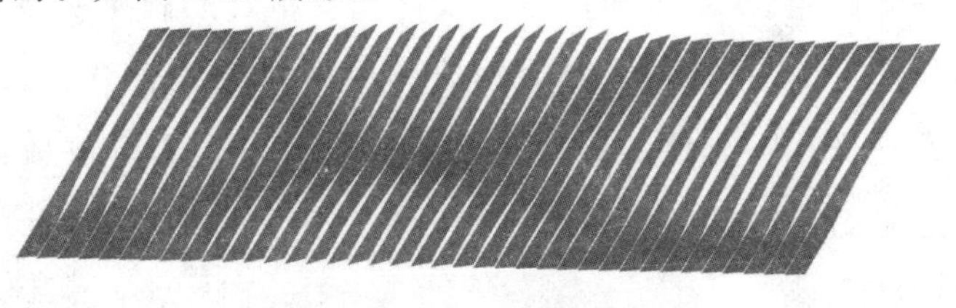

图 2-59 扭曲板的轴线

扭曲方向:扭曲围绕轴线可以向左或向右,顺时针或逆时针方向,根据需要决定。

扭曲角度:扭曲是以轴线为中心进行向左或向右扭曲,并按沿长度方向加大扭曲角度。要查清楚,从起始端到终点,一共扭曲多少度?还要分析,每推进一米,扭曲几度?这是制定加工工艺的需要。

扭曲体的截面形状:扭曲体除了标准圆柱体之外,其余形状,如正方形、长方形、菱形、多边形,都可作扭曲。扭曲之后,原来的菱边由直线变成曲线。所谓的扭曲特点就是看①菱边是曲线;②切面由平面变成扭曲面。

附加其他变化:有横梁设计时水平方向是作扭曲,同时在中间位置作拱形变化,变化带拱形的扭曲板,这样虽然是增加了艺术感染力,但是也增加了制造难度,如图 2-60 所示。

图 2-60　变化带拱形的扭曲板

统一的造型体作分割后再扭曲。万象城的梁上有玻璃,铝板扭曲后有一些位置会碰撞屋面玻璃,于是就将可能碰撞的位置作分割处理。一旦作分割,造型的状况都发生变化,制作时又遇上许多麻烦。

在造型体上附加内容。万象城的横梁上还加上通长的灯槽,此灯槽随着横梁一起扭曲,这样对灯槽又要进行专门的设计。当然,可否利用灯槽来寻找安装上的方便之路,也要见机行事。

多支扭曲体的组合:单支扭曲体的设计只要单支的做完就结束了。如果有数支组合扭曲,那么还要考虑整个组合体中的排列组合方法(见图 2-61)。有哪些规律在起作用?哪些地方要贯彻规律?哪些地方要放任个性?万象城是以菱形边平行为规律的。放弃了旋转角的一致性,这里设计师还是保持了均衡思维的特色。

图 2-61 多支扭曲体的组合

2）工艺方案

工艺板块分割：20m 长造型体上表面板块必须进行分割，否则无法生产。但分割尺寸大小要有依据和合理性。分割后的板块要可采购、可加工、可运输、可安装。分割后的板块，如果将它展平就一定有两条边是曲边。曲边的弧度变化有大小区分。要观察有无可能将这两条曲边用直线代替。还有两条竖向的边一定是直线。

拼接缝形式：铝板之间的拼接缝，从形式上看有密拼和留缝拼两种。在这个项目中如果采用密拼形式，施工难度会大一些，安全性也略差一些。若是采用留缝拼，即留 15mm 的缝，那样做操作方便。留出的缝隙，事后打胶填平。采用留缝拼，从整体上看，可以与屋顶玻璃的纵向边框条对齐，形成贯通的线条，也符合美学要求。原来业主给出的一张效果图就是留缝拼，也就采用了留缝拼的形式。

板面的扭曲：扭曲板，顾名思义就要对板面进行扭曲，即斜向拉伸。斜向拉伸有许多工艺方法，不同方法成本是不一样的，要分析斜向拉伸的幅度。在单位距离内，幅度越小越容易处理。万象城项目中，每米扭曲 5°，斜拉伸幅度每米是 70mm，这算是轻微拉伸。斜向拉伸是否要开模具？是否要用压机？这需要在做样板中摸索才知道。

3）钢架系统

原有的 22 支横梁就是 H 型钢，现在要将这些 H 型钢装饰起来，铝板不可能直接挂在 H 型钢，还需要有一个辅助钢架系统。这个系统也要进行设计，如何降低成本，方便操作也是一个技术关键，如 2-62 所示。

小钢架的作用：其一，联接铝板与大钢架的固定件，即受力件作用；其二，确定铝板的旋转方位和形状的定位作用。

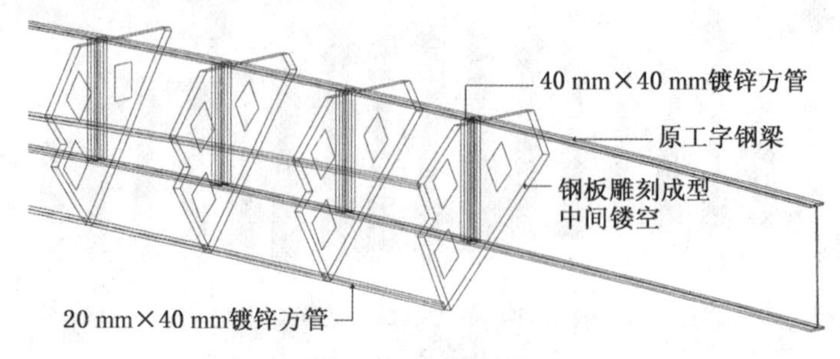

图 2-62　钢架系统

4）安装方法

（1）安装先后顺序。先钢架、后铝板，还是钢架与铝板相间施工。

（2）安装的起始点。从左到右，还是从右到左，甚至从中间开始向两翼展示。

（3）钢架定位的基准面。基准面可以是建筑上某条轴线，也可以是原 H 型钢架自身。

（4）钢架定位的检验方法。目测法与模板法。

（5）工人操作的方便性和行动空间。

6. 上海浦东第一八佰伴

如图 2-63 所示为第一八佰伴吊顶。

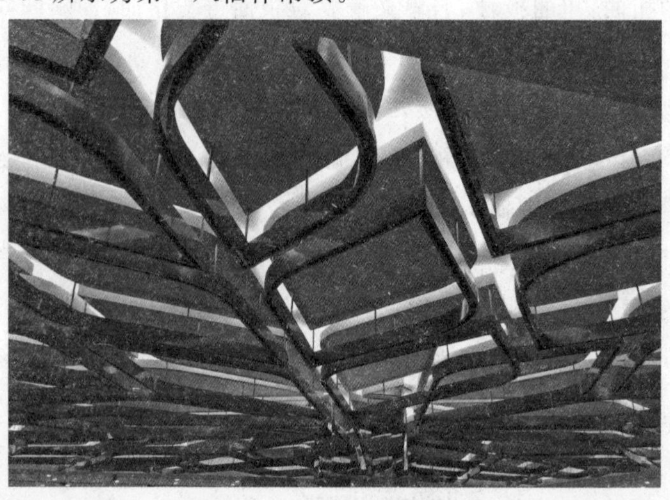

图 2-63　第一八佰伴吊顶

大型商场装饰向高档化、个性化方向发展是时代前进的标志，更是适应激烈市场竞争的需要。八佰伴面临三重压力：第一，20 年前的装饰材料老化、破损，款式和结构完全落后于时代；第二，上海出现了一批设计先进、装饰豪华又有艺术性的大型商场，例如陆家嘴国金中心、淮海路 K-11 商场、环贸广场等，这些商场强劲崛起迅速抢占市场；第三，上海大型商场建造数量已过剩，加上网购的冲击，大商场的经营状况不佳。面临三重压力，八佰伴商场要生存下去，必须重新装修，以新面貌吸引顾客，抢占市场。

笔者亲历过国金中心、K-11 和环贸商场的装饰，对那些商场的装饰设计内涵，施工精细，巨额投入印象深刻。八佰伴凭什么来与他们竞争较量，这使笔者产生好奇、迷惑，同样也有期待。

八佰伴装饰的重点是中庭，是精华也是亮点。中庭是从二楼地面起计算到四楼顶面，挑空三个楼面，总高 13m，中间矗立了一支立柱，顶部面积是 300m^2。设计方案是在顶部布置金属花格，立柱外包金属板。顶和柱整体观察效果就是一棵盛开的鲜花（见图 2-64）。这样的构思新颖，图案美好。

图 2-64　第一八佰伴花朵华丽绽放

后来，经市装饰公司推荐，中庭的这部分装修由笔者的公司来承担。我们利用自己的经验和知识，在项目部的支持下，克服了许多困难，终于完成任务，使这棵花朵华丽绽放。笔者的亲身体会，这里的装饰不比国金中心等新商场逊色。下面笔者介绍在这次装饰过程中的心路历程。

1）方案分析

刚接到图纸时，乍一看中庭的吊顶与立柱，线条蜿蜒盘旋，板块层层相叠。当时有些惊讶，设计师怎么搞得如此复杂，不是搞装饰，分明是捉弄人。而后冷静下来，沿用中国古代老子的分析法，大的事拆成小的事；复杂的事，拆成简单的事，那么就容易着手了。用分拆法，将顶与柱先分开来，再将顶上的构造一层层剥开分析，经过来回几次讨论，就将图纸意图消化了（见图2-65）。

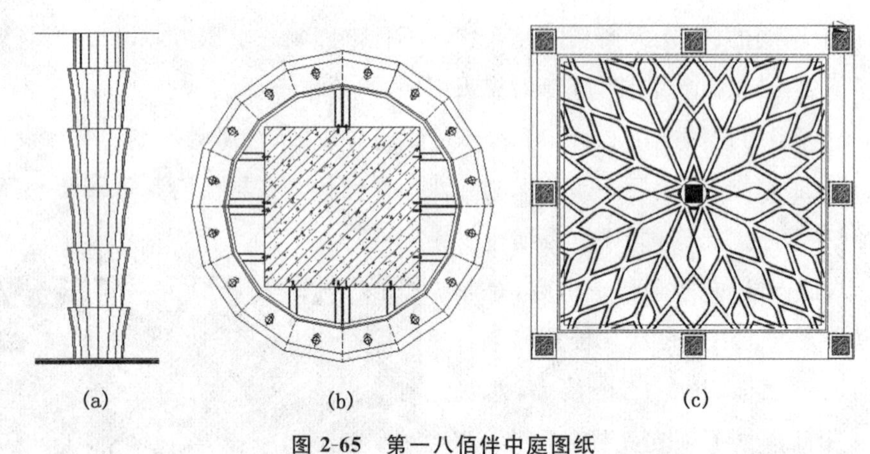

图 2-65　第一八佰伴中庭图纸

(a)立柱　(b)立柱截面　(c)吊顶

对吊顶方案的剖析：

(1) 吊顶第一层是石膏板乳胶漆层面。在整个吊顶约 300m^2 的区域石膏板是满铺的（见图 2-66）。

图 2-66　石膏板吊顶

(2) 满铺的石膏面板不是平坦的，而是面层上开出宽 210mm 的灯槽，灯槽蜿蜒盘旋，布满在整个平顶上方。灯槽若展开拉直约有 500m 长。由于灯槽蜿蜒盘旋，故将整个平面分割成 88 片小块。灯槽是按图案来设计的。那么由于灯槽分割的 88 片小块，每块成为一个图案，88 块之外的空余部分也形成了一种图案。犹如雕刻，深刻的地方成图案，没有被雕刻去掉的地方也会成为一个图案。也有称“阴阳”配合图。

(3) 吊顶第二层金属材料造型框是巧妙地利用“阴阳”配合图进行的。用镀钛不锈钢，按 88 个小块的外围形状、大小尺寸做成 88 个多边形，每个框的内空间正好是石膏板的平面面积，每个框边缘又与石膏板上灯槽边走向一致。这样，当 88 个框拼拢时，从每个框内可透空看到一一对应的石膏板，而从每个框之间离空区域可看到整个石膏板灯槽的布置。

(4) 在低于石膏板 250mm 高度，悬吊金属框架灯槽。金属框架并不是独支的，而是双拼式，即底宽有两支不锈钢细条，两支细条可暗藏两条 LED 灯带(见图 2-67)。

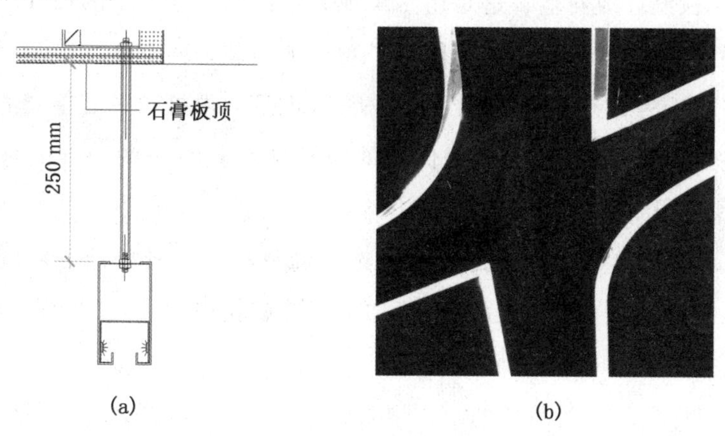

(a) (b)

图 2-67 金属框槽灯架

(a)设计图纸 (b)现场图

综述整个吊顶，第一层是带灯槽的石膏板顶，第二层是自带灯管的金属板，是双层顶组合的吊顶。

对立柱方案的剖析：立柱，上下贯通三个楼层，高度达 13m，最靠顶部留出 1.5m 高度。以下分五段，其中四节，每节高 2 340mm，离地面最近的一节高度是 2 010mm。在顶部 1 780mm 高度那节是用镜面不锈钢包成 16 边形，以下五节是用镀钛金的不锈钢拼成上端呈喇叭形，下端呈圆桶形的 16 边立柱。

五段呈喇叭形的柱板下端与上端半径相差 200mm，直径差 400mm，完成面底端直径 1 540mm，上端直径 1 940mm。由于相差 400 mm，下端收紧上端朝外翻的形状还是很明显的。

在每节外包板上的 16 片，每片都装一盏可由下向上照射的灯，完工后借助灯光来突显镀钛的金光闪闪效果。

2）艺术评估

设计师利用了原有建筑基础，赋予中庭设计的新意义，空间把握恰当。顶有 300 ㎡，不大不小、平面可以展开，高度也有 13m，足够的高度当顶面展开时人的视觉观赏可以一览无遗，有整体美感。立柱原来是水泥制品，理应列为装饰的内容。在这样的空间条件之下，将顶设计成盛开的花冠有花瓣和花梗，将立柱设计成花茎。这是用尽了现有条件的巧夺天工的设计。将顶与立柱合并成一体进行设计，这就体现了当代平面装饰向立体三维装饰发展的趋势。在单一的石膏板上又做出了灯槽，这也是力求打破平面单调的装饰做法。从整体构思上讲，已经是属优秀的设计作品。在一些细部处理的搭配上，更显示出设计师艺术涵养。

（1）软硬配。金属材料是有硬朗感觉的材料。石膏板涂乳胶漆之后是有柔软感的材料。一层石膏板顶，再加一层金属花格顶，这是“软硬”配，会平衡人的心理冲突。

（2）双灯带配。在吊顶的第一层石膏板上有灯带，在第二层不锈钢上也有灯带，双层灯带有繁花似锦、锦上添花的寓意。

（3）金银配。立柱五段镀钛金，金光灿烂。最上一节是银色镜面板，银光闪闪。这种金银配产生华丽感，使得整个中庭富丽堂皇。

（4）收放配。放收巧妙。整个中庭的造型，顶面是由中心向四周发散的，柱面是围着立柱包裹的，收敛的。在大放，大收的同时，还安排了一个过渡，即有五节立柱板每节都是上端打开呈喇叭状，下端收紧，呈圆桶状（见图

2-68)。这也可称为“小放,小收”,就是吊顶板“大放,大收”的配合过渡。艺术性的奥妙还在于花茎的外包板不是画蛇添足的做法,而是观察过有一批植物的茎秆是裹着带有弯曲的树皮,设计师将大自然现象转化为艺术作品,这显示艺术的生命力。如果没有五节立柱板的小放,小收设计,那么立柱自身就单调无变化,丧失艺术性。

图 2-68 立柱圆桶

包立柱分为 16 片组合,以往包柱是两片板或三片板辊圆弧之后拼接,那样做法,装饰面会显得非常平淡,拼接缝隙少,但容易露丑。现在设计师,将板块分成 16 片,也可模仿高档车料玻璃的工艺,形成有平面有菱边的钻石切割面。这样可以避免缝隙丑陋的问题。

(5) 曲直配。圆弧线条的出现是自然界美景的深刻体现,也是艺术史上的一大进步。以金属材料为主的装饰造型,特别需要有圆弧的表现。因为金属给人以硬朗的感觉,仅用直线条、平面板,就更显硬朗感。如果用圆弧线条来搭配,会软化金属的硬朗感,使人舒服。但是金属做成曲线工艺复杂,造价高,许多业主都会望高止步。这里的业主有眼光,肯投入,大量使用了曲直配。曲直配表现在吊顶的 88 个单元上,几乎每个单元都是直线与曲线相配的。成为圆边的尖角的菱形,渲染了艺术性。追求装饰效果的艺术化,必然会遭遇到工程的设计制造和安装上的诸多难题,只有克服这些困难,方能推进工程。

3) 设计上难题

吊顶的花格用什么材料?用多厚材料?内藏灯槽的布置如何?截面尺

寸大小？这些问题的决定不仅受到成本的限制，还受到加工工期限制和加工设备的限制。这些都是经过反复讨论，打样品后才确定下来的。这个产品在国内是创新的，没有参考的样板或数据，确定这些数据还是有风险的。这需要有丰富的从业经验，又有冒险精神的人才能承担。例如：吊顶花格的材料在深化设计中确定了一系列数据，后来事实证明是确保艺术效果的措施。

材料是厚 2mm 的 304 不锈钢板，镜面板状态。厚 2mm 是为了加强花格的刚性，最大的花格约 5 ㎡大小，若用薄板，恐怕强度不够，悬吊之后会变形。用厚板也是为了减少在加工焊接后产生板面变形，免除凹坑现象。吊顶花格因为是曲线，不锈钢材料材质坚硬，圆弧制作都是焊接法，而不用弯曲法。焊接时温度达到 1 200℃，虽然焊接成型了，但在周边的材料都变形了。简单的防止变形法就是加厚材料。

又例如，吊顶花格的表面镀钛处理。经过设计之后统计花格有 88 件，其中长 3m 以上，宽 1.5m 的有 24 件。这 24 件都是引人注目的地方。上海地区的镀钛绝大多数都是 4m 高的炉子，无法镀超过 3m 高的产品。上海只有一家有 6m 高的炉子可以加工、只能让这家去加工。独此一家，那么在价格和服务态度上一定会对我司不利。但无可奈何，这是八佰伴改造后的亮点，要确保亮点闪耀，宁可冒一些风险，也要让 24 个大花格整体镀钛。

还例如，包立柱板的设计。我司抛弃传统的焊接型做法，因为 16 边型的桶状体，这么多焊接，那么变形量是很大的，无法达到美观效果。也因为曾经研究过“苹果”专卖店的装饰，那里全采用厚 4mm 的不锈钢板，板面不折边，不焊接，保持了极高的平整度。“苹果手机”专卖店的材料是进口的，这里没有时间进口，只能在国内选适当的材料。最后用了厚 3mm，牌号 304 的材料。拼接缝设计有端边密拼和端边磨圆拼两种，自己建了三维模型来比较，并做出实物让有关方面选择，最后确定为后一种形式。主要出于在公共场所的安全思考，磨圆的拼角不会划伤人的皮肤。

4）悬吊用的丝杆问题

作为优秀的设计，会对安装过程中的问题事先研究讨论，甚至会有几种方案的对比分析。这里悬吊用的丝杆也同样展开过深入研究。

(1) 用丝杆还是用方铁管?顶部石膏板离空 250mm 的位置才出现花格顶。这 250mm 长度也是个不大不小的距离用丝杆可能会有晃动现象,于是有人提议用方铁管,用方铁管又有人反对,认为会破坏美观。双方意见争执不下,最后确定为用丝杆。防止出现晃动现象,采用上下螺帽夹紧法。

(2) 丝杆从何处引申下来?若以不负责的做法,就在石膏板的轻钢龙骨上将丝杆引申下来。这样做,短期看不出问题而长期就有可能产生石膏板吊顶下坠的现象。按规范做法,丝杆必须从水泥顶上单独生根引出来(见图 2-69)。

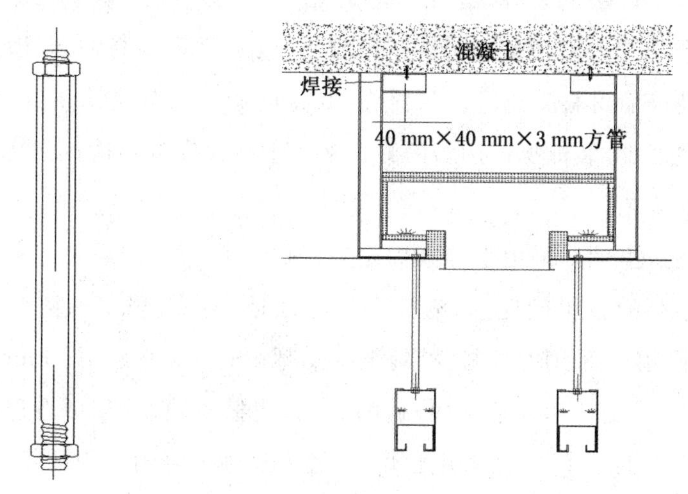

图 2-69 丝杆的引出

(3) 丝杆的垂直性如何保证?石膏板与不锈钢灯槽相距 250mm,人们的视线很容易发现丝杆的垂直问题。解决问题的方法是让丝杆的上下点都可以调节,至少下垂点可以调整。于是,我司采用的不锈钢灯槽上的挂钩件是可调的。是先调整到位,最后去固定的方法。这样基本满足了垂直性要求。

(4) 丝杆能否有平衡作用,不锈钢灯槽悬吊之后都应该保持在一个平面上,不能出现高低差,方法是将丝杆的外套管(Φ15mm)切成同样高度,由它来确保平面的一致性。

(5) 丝杆选用何种颜色?这是争论最激烈的。丝杆处在石膏板与不锈钢的中间。石膏板是白色的,不锈钢是玫瑰金色,丝杆定什么颜色?笔者的理由是让不锈钢花格顶的造型展示完美。不再节外生枝，画蛇添足，丝杆定白色，与石膏板顶同色。这样是会将丝杆的存在隐蔽掉。若用玫瑰金就将丝杆的造型突显出来，破坏了不锈钢花格完美。

5）固定结构上的创新

干挂式的安装结构。干挂式安装结构是指板块可以直接悬挂或者固定在基层钢架之上，不需要贴在用木工板做成的基层板面上。这种方式在石材和铝板材上早已普遍使用。不锈钢板的装饰却一直都是先做木板基层板，然后再将不锈钢板贴上去，这是一种落后工艺。何为落后：① 基层木板容易变形、腐烂，会使表层贴面脱落；② 使用胶水，胶水质量不易控制，由于胶水的问题也会使表面材料剥离。八佰伴在20年前的装饰都是采用这样的工艺，现在时代发展了，装饰也该用新的方式来。干挂式安装结构在不锈钢行业中是一个新的工艺。

我们在这里就是采用干挂式固定方法（见图2-70）。采用这种方法还是要解决一系列的技术问题，扫清障碍。这也是许多公司不愿用新工艺的原因。第一个问题，采用的板材要厚，至少要厚3mm，最好是4～5mm。增加厚度的目的之一，是背后焊接牢固；目的之二，使板材更坚挺，更有质感。增厚以后材料成本上升了，加工难度也增大，这对企业效益有损失。第二个问题，板块在光线下容易出现焊接凹凸点痕迹。解决的对策是改善焊接技术，在牢度与凸点之间取一个平衡点，同时进行光照试验。判断在什么条件下会出问题，而在什么环境下没有问题。最后用技术和经验解决了这个问题，使得干挂式顺利采用，成功一次技术创新。

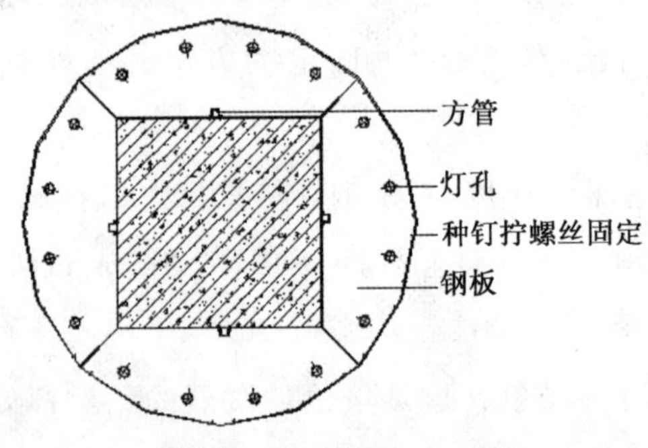

图2-70　干挂式固定方法

6）业务流程的娴熟

在施工过程中要不断发挥自己的专业特长，而且要展示自己对业务流程娴熟能力。专业特长是自己的强项，业务流程是整个施工规矩，离开了规矩，专业特长再好也不合拍。确定吊顶标高时，必须让总包和业主清楚，首肯。施工图也需经业主设计签字之后方可生产，彩色更是敏感问题，我们不能擅自做主张。让业主知道，让业主决定，这不是在推卸责任，而是尊重业主的权利。

参与工程的人员都是来自各个领域的，有的对金属装饰很陌生，专业工厂的人员有必要提醒。况且，艺术性的装饰，专业人员已经感觉棘手，非专业的更是一头雾水，善意的帮助也是有品德的表现。商场停业重新装饰是承受巨大压力的，这要通过抢速度、争时间来解决，迫切需要参与的厂商要有娴熟的技术，避免误工、返工。

7）制造上难题

这里的第一个难题主要是花格的圆弧加工。花格总长度有500m，每米有六条缝要焊接，这样在半个月内要焊成3 000m，并打磨抛光。这么大的工作量，要投入许多人工，而且不是一般劳动力，一定要有技术的工匠。焊接打磨之后要达到两条标准，一是不留明显的焊接变形的痕迹；二是不改变花格框的内外边形状尺寸。前者是依靠多投入人工解决，后者是事先做好每块花格的模板，用模板与实物一一对应核实，误差大的报废重做。

制造上的第二难题是镀钛，大件镀钛有风险，要有思想准备，上文已有交代，但真正实施起来，问题还比预先估计的多。首先遇到定颜色问题，玫瑰金色是鲜艳色，各镀钛工厂很难做成统一色，这样配颜色反复进行，浪费了10天时间。我司选用的6.5m高大炉，设备自身问题也很多，不时要停机处理，这样进度也赶不上原先的计划。

8）安装上的困难不可小觑

以往施工一些简单的吊顶都是不重视安装的，安装上问题供应商不会主动思考解决，而是推给现场的施工人员，用传统办法解决。这里是做艺术顶，据我司的经验，供应商必须重视解决安装上的一系列问题。我司在开工之前积极主动做了三件事：其一，花格的上侧有石膏板灯槽，这灯槽虽然不是我司的施工范围，但灯槽的尺寸、曲线的走向是关系到我司不锈钢花格的布置。于是，我司主动与现场安装工人商量研究石膏板灯槽在空中定位方法，妥善解决。其二，梳理吊顶上面的设备种类、数量，让有关工种提前行动，不能滞后。例如，我司会提出一份设备种类表，事先提醒相关单位将吊顶上的升降机安装好。其三，与石膏板工种协商交叉施工方法。这里的顶有石膏板又有不锈钢花格层。两层离空 250mm 两层都需要从水泥顶找到着力点，引出悬吊丝杆。两层顶的受力结构又是独立的，相互不干扰。双方协商出有三个相互交叉施工节点。第一，在石膏板工人装好灯槽时，金属顶工人立即从水泥顶装好悬吊钢杆。第二，在石膏板工人封好石膏板时，立即跟上穿过石膏板装丝杆。第三，在石膏板工人刷好乳胶漆之后，又跟上安装不锈钢花格。

9）主动纠正错误

我们在工作中也发生错误。对待错误不掩盖，而是主动纠正错误。例如吊顶的四个角有四块板切边错误，我们立即重做替换。

立柱的第六节，即镜面不锈钢板，在现场安装时发现尺寸短缺了 400mm。调查原因是遗漏了天花顶面以上的一截。有人提出现有的不报废，再加上一截完工，这样做就多出一条横拼缝。笔者不同意，坚决更换，重做新的送现场。

结束语：提笔动机

在 2016 年春节过后就传来上海第一八佰伴商厦（以下简称“八佰伴”）装修的消息。作为装修行业的从业者，理所当然会关心这件事。况且笔者是上海人，在 20 年前亲眼看到“八佰伴”开张的轰动场面。那时有报道说是 107 万人拥挤在商场内外，笔者带着女儿也在其中。“八佰伴”是改革开放后，建成的第一商场，在上海人心中记忆犹新。

到春夏之交时，市装饰 7 分公司承揽了内装饰项目后，他们的负责人与笔者洽谈，有意让我的公司来参与此项目，并且承担中厅，即最亮丽的造型装饰，我欣然同意。因为我看过世界顶级的装修场所，又在国内做过几个知名商场，如国金商场，K－11，环贸商场等，擅长于豪华商场中的“中庭”装饰。

现在“八佰伴”旧貌换新，开张迎客，拉开神秘的面纱，展现出流光溢彩。此时此刻，笔者想法是将“八佰伴”的亮点作介绍，让大家知晓亮点亮在何处？也让大家知晓这里的技术难度，更想让大家知晓一批有工匠精神的人员怎样干出来的！也有人劝笔者别做这吃力不讨好的事，这事没钱赚，还挺花工夫，写不好旁人还不满意。笔者感谢别人的善意劝告，但是还是坚持将此文写出来，此文会带来一系列积极意义：

(1) 业主花了大代价、大投入、重新装潢后的“八佰伴”，大家都会赞美一番，但是究竟是好在何处？有哪些深刻的含义？如果没有人解释出来，那么叫好声也会犹如一阵风，一吹而过。这恐怕不是业主的初心。业主希望有持久的影响力，整个商场几百家商户，他们也都盼望新的“八佰伴”能为他们吸引更多的客户，更长久地推高生意。

(2) 优秀的装饰必定是艺术性与技术性的完美结合，在“八佰伴”中庭的装饰中也充分体现了这个结合，进入“八佰伴”购物玩乐的都是“中产阶级”，他们的文化素养会促使他们去观赏和探讨那里的艺术性和技术性，甚至会与所见所闻的国内外知名商场进行比较。笔者曾经访问过迪拜，见过有类似形状的装饰，但那儿是用GRG石膏板制作而成的，不是使用金属板。用后者比前者技术难度高许多。如果有专业文章的介绍，引导他们去比较，让他们乐意往返商场，那么商场在顾客心中就深深扎根。

(3) 创新和“工匠精神”是近年来政府多次提倡的精神，也是作为中国制造由低端向高端转变的时代精神。在“八佰伴”中庭的装饰中，出现了艺术品的效果，这是蕴含着工匠精神的。装饰行业，从无到有，从粗到精，从低端到高端。“八佰伴”的装饰就是高端装饰的代表。要做出高端装饰，就要有一支有文化有素质有工匠精神的队伍，仅靠过去凭体力，凭蛮干是无法胜任的。时代在进步，施工人员的素质也需要与时俱进。

(4) 八佰伴改造是有示范性和导向的作用。改革开放后建造的第一批商场都有 20 年以上的历史了，都应该进行改造了。怎么改？就看八佰伴的做法了。

由于上述动机，笔者将参与这个项目的过程和体会整理写出来，其实也是对自己的工作做小结，找差距。

五、省市标志性建筑

（一）湖北黄石兰博基尼酒店

1. 大堂拱形顶

如图 2-71 所示为兰博基尼酒店大堂拱形顶。

图 2-71 兰博基尼酒店大堂拱形顶

1）恢宏气势的大堂借助于金属板材装饰而实现

凡中茵集团投资建造管理的五星级酒店，都有一个气势恢宏的大堂，他们在大堂的投入是不惜重金的。八年前，苏州金鸡湖边上的中茵皇冠大酒店就有一个近 2 000m² 大堂。当时笔者第一次去看工地时，就非常诧异，作为酒店，寸土寸金，愿意拿出这么大的面积做大堂是少见的。装饰结束，开张之后，那里的生意一直很兴旺，就与大堂密切有关，这表明决策者智慧和眼光。紧接着中茵投资的后续酒店的大堂都是很有气派的。这次中茵黄石兰博基尼酒店（以下简称“黄石大酒店”）也是如此。

从专业角度看大堂要装饰出恢宏气势，采用金属材料是个正确的选择。

(1) 空间的变化，现在的酒店大堂空间都越来越高大、宽敞。这大空间的装饰对材料的长度、强度、寿命都有新要求。这时，用金属材料铝板、不锈钢板、烤漆钢板就是好选择。

(2) 大堂的大空间不会是空旷的，都会在顶上空中或墙上布置一些造型。有大圆球、椭圆板、多菱形、扭曲飘带、图案标签等。这些造型可以用石膏板、塑料、玻璃、金属板制作。因为金属板材有其独特的性能，现在大家越来越多选用金属板。

(3) 装饰的风格有精致豪华和简洁优雅。现代的加工工艺已经非常发达，金属板可以做得十分精致，也可以做得很简洁。金属板的表面涂装技术也很先进，可以涂装出人们所需要的各种色彩。这也是推动金属板材装饰大发展的动力。

(4) 大堂空间内多种部位的装饰适应性。大堂中有顶、墙、立柱、电梯、旋转扶梯，还有屏风雕塑等。这些部位，现在都可以用金属板来装饰，我们原来还为苏州中茵皇冠酒店做过一批铸铝地砖，铺在迪斯科舞厅内，很有特色。

(5) 建筑装饰的防火要求。现在防火的等级在提高，在建筑装饰的室内顶部都要用A级材料，即防火建材。目前经得起检验的防火建材就是石膏板和金属板材。许多项目都选用了金属板材料作为顶部的装饰材料。

2) 大堂吊顶方案的确定

有关黄石酒店的方案，美国设计师提出了两个方案：方案一是顶部平铺长条板，长条板拼成菱形格；方案二也是长条板组成的菱形格，但是中间部位是平铺，四周是圆弧形下弯，形成一个拱形顶，也称穹顶。面对两个方案，业主犹豫不决，对第一方案认为是很容易，但太简单，没特色；认为第二方案，虽然很漂亮，不知能否做好，造价是否太高。业主高董事长，在饭厅遇见笔者，邀请笔者去黄石，评估一下两个方案。于是笔者专程赶去黄石工地现场，观察比较工地作评估。回沪后，又进行分析研究。笔者的研究结论是，赞成第二方案，既拱形顶，但又做一些改进，既节省成本，又加强豪华的氛围。

(1) 确定拱形顶(见图2-72)。拱形顶在建筑发展的历史上有辉煌的一

图 2-72　菱格拱形吊顶

页，至今保存的欧洲宫殿，大堂都是以拱形顶为荣的。拱形代表艺术高雅和技术的精湛。艺术的价值内涵是技术。人们喜欢拱形，就是因为拱形制作难度高，有技术含量。在五星级的大酒店，出现拱形顶，就会使酒店熠熠生辉，提升价值。当今国内外大商场和大宾馆，也出现过拱形顶，但他们都是以钢结构的形式出现的，裸露的都是一条条钢材。这里是用铝板块表现拱形的，所见到的都是一片片长条板，这本身就有新鲜感，会吸引顾客。现在用铝板制作的拱形顶很罕见 ，使用了拱形顶，就成为黄石大酒店的一个特点。

在具体深化设计时，我们坚持让中间的平顶尽量升高，四周的圆弧尽量加长，突显拱形的特征。

(2) 菱形格图案。菱形不是正方行而是指每个边框的四角不是等于90°，它有两个大于 90°，有两个小于 90°。菱形也是一种美丽的图案。阿拉伯文化的图案艺术是闻名世界的。它讲究排列规则和节奏感，讲究对称、均衡、和谐。菱形格是他们的主要花纹。黄石酒店大堂巧妙地运用了菱形格，吸纳了阿拉伯文化的精华。在技术上要保证垂挂的线条笔直，板下端整齐，圆弧顺畅，斜交角合缝等，才能将阿拉伯文化讲究均衡和谐的思想体现出来。

现在是中国房地产红火的时期，红火时期不要粗制滥造，不要偷工减料，而要尽善尽美，为中国乃至世界提供一些树得起留得下的建筑艺术和技术作品。这里，中茵集团做出榜样。

近年来菱形图案作为文化多元化发展，在国内也深受欢迎。过去国内较多的使用正方形或圆形图案。现在渗进了菱形图案，是有新鲜感的。

我们非常喜爱菱形格，但受成本的制约，就将菱形格放大，长短对角线对比缩小。原设计师给出的菱形格，长对角线是 1 600mm，短对角线是 600mm。我们改为 1 200mm 和 800mm，这样改动的效果是更大气一些，也更省材料。

(3) 垂挂片式样。这里的菱形格边框，不是用小条板勾勒的，而是用宽 500mm 的长条板垂挂的，菱形格变成条板格。这是打破常规的创新设计，让人看到的不仅是吊顶，还有垂挂板的宽 500mm 的面，后者的要大于前者。欧洲拱形顶有肋骨式的，即勾勒出拱形顶筋都是扁平或很少有大尺寸垂挂板的式样。垂挂是浪费材料，但从结构力学上分析，可以增加牢固性。垂挂片的建筑风格，用在几乎是正方形，标高达 9m 的大堂很适合，没有削足适靴之嫌。

(4) 加盖板兰博基尼蜂窝图案。原设计方案，在菱形框的上侧是没有盖板，全透空的。客人可以将顶部的钢架和瓦楞钢板一览无遗。全透空的式样，也是一种装饰风格，我在迪拜就看到朱米兰大酒店的顶是透空的，但是这要求顶部的管道，屋顶板都要事先作精美的设计。作为法国人的骄傲，法国蓬皮杜文化中心的顶都是全裸露的，那里的功夫就是管道设计排列非常有序，看到裸露的管道也是一种艺术享受。国内建筑行业，对建筑内管道布置是不重视的。在黄石大酒店中采用全透空法，不为业主接受。也曾提出并做用冲孔板(半遮半露)，现场装后，业主也不接受。之后，决定加盖板。加盖板也不能简单化，也要有故事可讲。于是在盖板上用白、棕、双色喷绘出蜂窝状。图案引自兰博基尼汽车的标志。也可以与酒店定名为兰博基尼的说法对应起来。

在与美国设计师沟通时，有时他们会采纳笔者的一些建议，也愿意修改一些设计。但是，对这个吊顶方案，他有两条是坚持到底，丝毫不相让:其一，菱形框每块板横向宽 500mm。笔者曾经建议改为 300mm，因为宽 300mm，就可以拉制型材，型材的几何尺寸要比铝板折弯的好许多。他不同意，笔者只能用铝板折弯，增加了技术难度。其二，拱形顶是做在吊顶的下垂完成面，吊顶背上，他要求是平铺到底，即吊顶的垂板背面是一片大平面。拱形顶的单片铝板，处在中间部位是等高为500mm的长条板，处在四周的板为外方内圆的手枪形板。如果背面也呈现拱形，此时，四周的板就变成镰刀形板。

美国设计师是有艺术造诣的。他坚持这两条，为什么？大堂完成吊顶成型之后，在现场观察，方知道他的坚持是对的。宽500mm的板若缩小到300mm，吊在8m高度中，变成一个细长条板，失去了垂挂板特色。吊顶背上平铺，大堂中间的吊顶是500mm宽，到四周，板宽度渐渐变大，最边上达到2 000mm宽。这样垂挂形状的特征更强烈。美国设计师就是要菱形格垂挂效果。

设计师的匠心还在于追求阳光射到框架板上的光谱效果。此处，光线斜射，就在菱形框的侧面有反射光，出现或明或暗，五颜六色变幻美景。这是独一无二的设计。我看过有垂挂式样的吊顶，如澳门银河宾馆。那是宽300mm，长条板垂挂，不是菱形框垂挂。看过更多的菱形格吊顶，那都不是垂挂板，而是平板铺设的。

(5) 导光孔。现代设计，越来越注重对自然界的能量利用。在封闭的大堂，预留了31个直径500mm的圆孔，设想通过这些圆孔，将阳光引入大堂(见图2-73)。笔者在上午、中午和下午这三个不同时点，站在大堂观看阳光透过圆孔照射到大堂的情景，被一缕缕光束的五光六色的美景深深地吸引。导光孔，要保留下来，要做成酒店特色。

设计导光孔，也要有建筑结构的条件。这里的主楼安排是客房为主，为开辟大堂，专门做出裙房，裙房是高10m的钢网架顶大空间，即一层楼的房。这里打开屋面，可直接将阳光引入，如果这里也是主楼，一层楼上楼层重叠着许多楼层，那样如果再想引入自然阳光也不可能。例如：澳门威尼斯大酒店，它的大堂顶上背压着许多楼面。大堂只能做假的天空，以灯光来混淆人的感觉。人工的哪有自然的美。

中茵黄石大堂酒店大堂顶，具有拱形顶，菱形格图案，垂挂板块，兰博基尼蜂窝图案，导光孔这五大特征。汇集了罗马文化风格，阿拉伯风格，德国建筑和意大利兰博基尼文化，形成如今灿烂艺术。这是当下中国五星级宾馆大堂前所未有的，也是中茵的独特，是他们的骄傲。

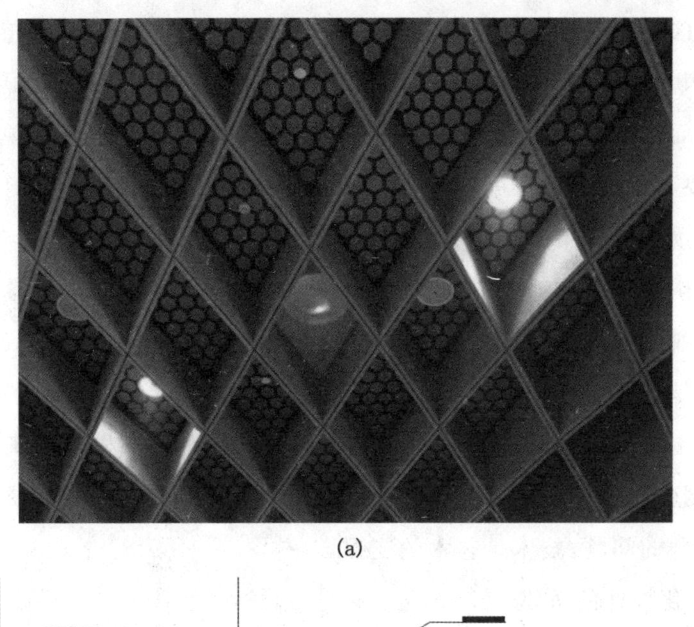

(a)

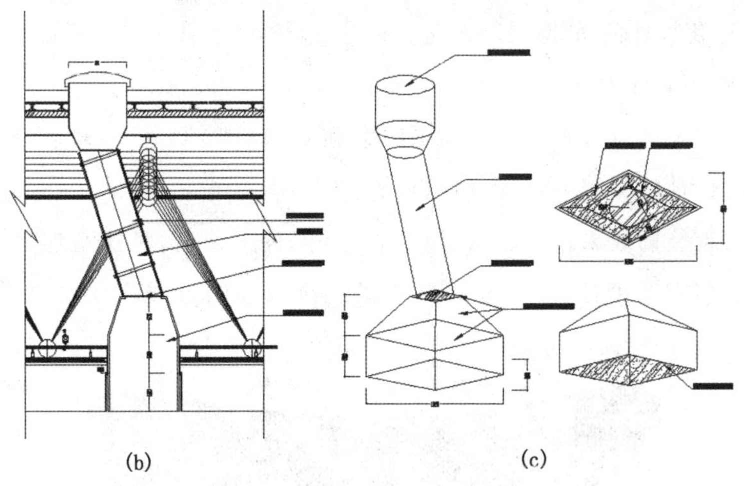

(b) (c)

图 2-73 导光孔

(a)实物图 (b)天窗节点大样图 (c)天窗节点透视大样图

3）欧洲的建筑艺术

欧洲的建筑艺术有三大组成部分：其一是拱形顶(穹顶)，其二是壁画，其三是雕塑。三者居首的为拱形顶，拱形顶最直观最强烈地散发出欧洲文化气息。如今的中国，每逢假日，大量的游客蜂拥去欧洲，观看欣赏欧洲建筑，重点就是看拱形顶。法国巴黎歌剧院；土耳其的圣索菲亚大教堂；意大利威尼斯圣马可大学；罗马万神殿的顶，都是国人必去的地方。国内也有一些建筑的外立面模仿着拱形顶。在外立面的模仿无论如何努力，都难取得令人满意的效果，因为建筑的外立面欧化，没有大环境下建筑群的衬托就显得很另类和孤单。而这次黄石大酒店，是内装上的模仿，内装可以是一个单独的封闭环境，只要其他的装饰相配，是可以产生美感的作品。

拱形顶在古代中国很少见，这与文化差异有关，也是与“几何学”是否发达有关。拱形顶是要经过“几何学”绘图，“物理学”进行力学计算方能建造的。这些科学知识，欧洲先于中国掌握，所以他们能很早就建造出拱形顶。“几何学”是徐光启在明朝末年引进到中国的。在当今，这些知识很普通，很容易设计出图纸。但是要用金属材料制作，又遇到金属材料的工艺制造问题，怎样制作出单片材料，只有为数不多的企业掌握。这里要解决艺术与技术如何结合的问题，技术是艺术的支撑。

4）深化设计的关键

结构分析：

在拿到美国设计师给出的效果图案和CAD图（见图2-74）之后，我们所做的深化设计的关键一步，即结构分析。

要实现装饰效果，应该采用何种材料，何种工艺，何种拼装连接的构造，这也是有多方案可选择，但有必要选择经济合理的方式。合理的不是唯一的，但合理的一定是优秀的。

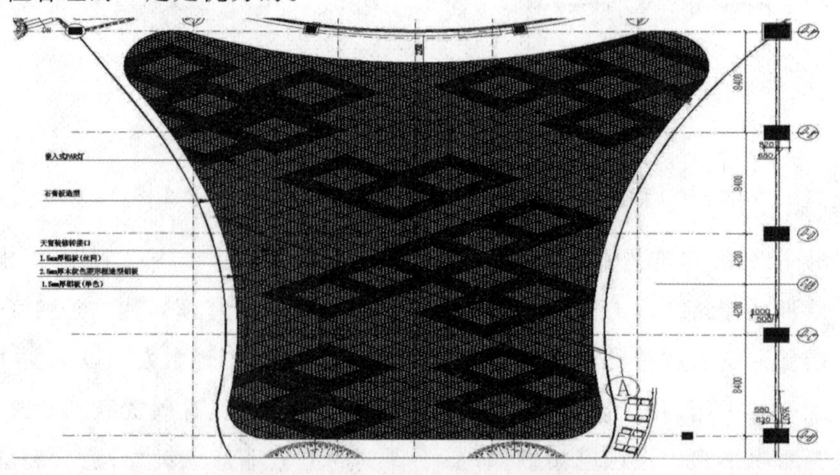

图2-74　兰博基尼酒店吊顶平面图

木材作基材：

菱形柜的基材，有人建议用木板材或木饰面制作，理由是木料价格低，木料可现场制作，于是有单位果真用木料制作了一组菱形框，悬吊在大堂中央。但是众人观看之后，认为木料制作的，太笨重，现场也不容许大面积做，消防也通不过。最终否决了木料的方案，其实木料最难的工艺是四周弧板和顶角的双曲板。木料无法弯曲，只能用刨、削的方法来完成曲面，那样时间是很长的。

铝板主辅布置：

有一家单位虽然采用了铝板做菱形框，但是采用整体排列法，向左斜的统一用通畅铝条板悬挂，向右斜的边框都用短块铝条板连接。这样做的结果，向左斜作为主板的不一定在几十米长度内能接得笔直，而右斜的边框短板作为辅板，辅板与主板的拼角很难合缝。主板与辅板又出现左右不对称的现象，让客人感觉不均衡。最大的问题，在整个吊装过程中，没有调节线条和拼缝的余地。因为整体性太强，牵一发而动全身。这家也在大堂之中做了一组样板，让众人评判，结果也被淘汰。

菱形框单元布置：

我们也是用铝板做成菱形框，但不是直条板一直拉到头，而是分解为一个基本单元来做。菱形格的图案，平铺部分，每个单元格都是一样的格式，一样的大小，分解之后可以工厂批量化生产。更主要是在吊装时，单元之间是留缝隙(15mm)，作为调节作用。最终效果要保证每条线笔直，菱形框大小相同。这个调节缝会起关键作用。也因为有高空的缝隙，使得两个相邻的框架相拼之后虽然截面翻倍，不会感觉平行边条的笨重。

悬挂板相拼一定会存在长度方向接长和斜向对接的接缝外露问题。宽500mm 厚 30mm 的条板在三维空间要切割准确并非容易，即便切准确，要拼装完美更不容易。于是，采用单元式，就是将拼缝隐藏在菱形的交角之中，避开难题。

吊顶布置面积的范围：

在整个大堂，包括二楼夹层的顶，整个投影面积是 2 000m^2。去除二楼夹层的顶，中间大堂是 1 100m²。然而中间大堂再减去周围带就变成 800m²。这样吊顶布置就出现了三种面积，是越小越难做。越小拱形就越接近圆顶。争论的结果，按最小的做，铝板的供应量减小，提升了制作难度。

为什么要缩小吊顶布置范围？这是为在大堂左右侧的夹层留出餐厅空间，一侧是 24 小时餐厅，另一侧是日韩餐厅。餐厅是产生利润的地方，换言之，这样做就提高了大堂的经济效益。对于五星级宾馆，盈利是根本目的。

收小的拱形顶是否美观，结论是仍然美丽。原因有：①收小之后拱形接近圆顶，圆顶更好看。②收小之后，吊顶投影的边框全是曲线。曲线要比直线好看。③拱形顶是顺着二楼挑台朝上收缩的，客人站立的一楼的两侧是敞开的，对人没有压抑感。

5）样板房

许多大型工程的装饰，在正式施工之前都要做样板房。中茵兰博基尼酒店也是同样的做法，他们在客房部分，做了 n 次样板套房，根据实际效果不断地修改。大堂装饰，如果要做样板房，代价很大。因为划出一个空间封闭，做出几百平方米的顶和墙是要花几百万元的装饰。样板房做得太小，发觉不了问题，感觉不到效果。他们放弃做样板房的主张，中茵领导单独找笔者交换过一次意见，就放心地将大堂顶交给我们做，并没有逐一审查细节问题。他们认为细节问题由我们把关就可以了。

不做样板房的举动确实为业主省了不少钱，但是却会增加施工者的负担。在业主充分信任的情况下，作为施工者，更加会尽责任，努力做好工程，不辜负业主的希望。在这个项目形成前，我们从专业视角出发，带着犹豫不决的问题，三次做出样板，吊在工地大堂上空，并连续放置几天，按不同时点，看光照下的效果。同时工厂内也在做样板，解决工艺的问题。结合两处的样板，研究分析，直到完全明白之后，才结束做样板，转入工厂正式制造。

没有做样板房，会增加风险。铝板装饰，在各个场合，各种款式的变化都会产生许多新的问题。对新的问题很难有统一的解决方法，而只能想出针对性的方法。如果施工者找不出办法，就要承担失败的后果。退一步说，又因铝板装饰过程中可能出现的问题是非常多的，有时，即便做样板房，还是不能解决全部问题，特别是业主提出新的修改方案，修改方案立马实施，根本没有时间让施工者做样板房找出问题。

6）慎重处理钢网架

大堂的原建筑是钢管网架。钢网架可以保证大堂的空间大跨度，大空间。但是钢网架的使用有特殊的要求，在网架上横竖相交的钢管上，不能承重、悬吊重物。施工中，不能在钢管上钻孔、焊接和敲打。如果要承重或焊接只能在圆球上进行。网架是经过力学计算之后再进行设计的。它的荷载，即承重量有严格的限制，超重坚决不行。

我们承接吊顶的施工，首先要弄清钢网架的承重量，对比吊顶的重量，看是否在负荷范围之内。如果有超出负荷的情况，就应采取对钢架的加固措施。加固也应由专业的有资质单位进行。

作为吊顶的标高问题是个大问题。有时会遇见若在钢网架下再吊顶，整个大堂的标高会变得很低，无法显示宏伟气派。黄石的拱形顶，我们坚持标高要达到 7m 以上，方法就是在钢网架上做反支撑，在反支撑上再做一层吊顶钢架，这样做法好处：①吊顶的受力点全部翻转到钢球上，而不是在钢管上；②将吊顶的标高提升到理想的高度，即 7m 以上。兰博基尼大酒店吊顶模型如图 2-75 所示。

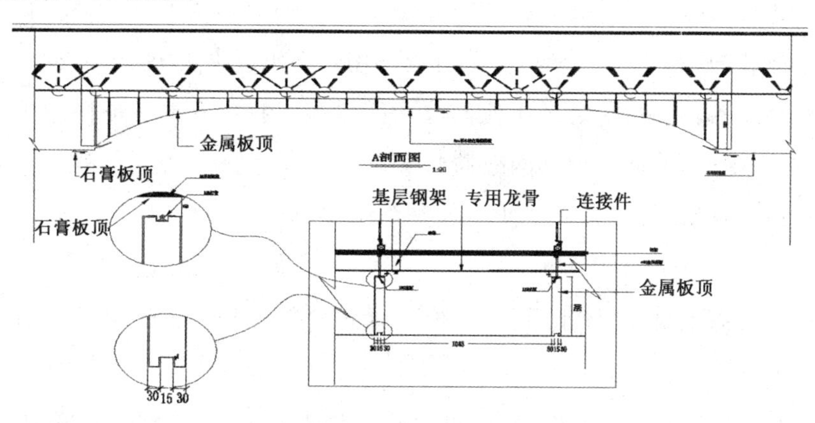

图 2-75 兰博基尼大酒店吊顶

7）装饰面的功能利用

（1）侧墙围带利用。

最初在效果图上，在吊顶的下方有一圈宽 500mm 的围带。这个围带贯通吊顶的一周。笔者看到此围带时，就敏锐地觉得这是出自美国设计师之手，是一种大手笔的设计。这围带存在对吊顶的边缘是好事，可以起收边作用，又可以将顶与墙区隔开来，让墙的款式可以单独发挥。当时也有人建议此围带用铝板来做，而我却主张用石膏板来做。石膏板现场方便处理，石膏板配着铝板也可软硬搭配，相得益彰。

在后来的施工中，将吊顶的完成面与围带的距离拉开了 600mm，将围带抛出来，形成顶的深邃感，并将吊顶板的下垂端头藏在深处，达到良好的观赏效果。

围带还可以起灯带(槽)作用，在上面装射灯，朝上或朝下照射都有美化作用。

(2) 立柱利用。

大堂两侧，各有两支大立柱。立柱不是铝板制作，而是石膏板加大理石的贴面。立柱不属于我们的施工范围，但是出于对大堂的整体效果评估，还是有必要将立柱作一些说明。

立柱是外加的装饰柱，不是土建的承重柱。加立柱可以增加大堂给人的稳重感。让人感到是通过立柱来支撑整个大堂的。形成天地的联通。我是反对单纯装饰，而立柱装饰要兼有功能作用。在大堂两侧落下四支大柱，也耗费资源，占用空间，一定要让他们起功能作用。我司有在装饰柱芯内竖 H 型钢，下端落地，上端将钢球网架撑起来，让装饰柱变成承重柱。这样可以减轻整个顶的重量，对日后大堂使用的安全性和寿命也都有益。

8) 单元式安装质量控制

从大方向上讲，选择了单元式，但是单元式要做出好效果，还要抓住细节问题。

(1) 每个单元由四片板组成，每片板是基本元素，这些板尺寸要做准确、要相同。

(2) 四片组成的菱形框，外形大小要一样，四个角度要可用工厂内做的菱形桶作靠模。每个菱形框做成之后，要用木条斜撑固定角度。木条要等到悬吊之后最后才拆除。到那时候，各个菱形框四边都紧挨着，也不会变形了。

(3) 横竖交叉的条板要笔直。方法是事先拉出每档的钢丝绳，以绳为基准，一组组装菱形框。边装边调节水平面和垂直线。千万不能等装完之后再调，那时是调不动的。

(4) 安装效果还要看平直条板与周围圆弧相接的顺畅。接头之处不能有凹凸点或残缺口。

9) 扭曲板制作工艺

垂挂式铝板的布置，如果要做成拱形，四周铝板垂直的下边必定是圆弧。此圆弧的厚度，即底边的宽度 30mm，长度方向也是一个单片弯弧。又因为是菱形图案，宽度 30mm，长度是斜切排列朝下弯圆弧，此时的单片弯弧，就变成了扭曲板。如果在直边线位置上，扭曲板是单向的。如果是四角上的，扭曲板变成双向无规则的。

从每块板的大平面看都是平板。而从宽 30mm 的边条分析，就出现了单曲板，单曲板加扭曲，单曲加双向扭曲这三种情况。又因是单元式布置，单独一块边框，又可分为半直或半曲或整块是扭曲板这三种情况。

宽 30mm 的边条扭曲图形，现在用三维软件已能正确绘制，但是要实际准确地制造出来不容易，特别是四个转角处。比较实用的方法是做靠模，依模型扭曲边条，边条扭曲完成之后，再与平板焊接起来。此时要求焊接不变形，焊后打磨均匀。

带有圆弧的板与平直板，圆弧板之间在油漆前都应该在车间内组装调整尺寸，打磨圆弧的顺畅，直到合格才能送油漆厂烤漆。

整个大堂拱形顶，在图纸上投影统计，中间平直部框板是 200m^2，四周带圆弧框板是 500m^2，按铝板展开面积计算，中间平直板是 630m^2，四周圆弧板是 2 300m^2。可见，在工厂加工过程中，圆弧板的力量要比平直板多 n 倍。

10) 适应变化的新方法

这个吊顶项目，业主的董事长提出盖板与悬吊侧板框，要分开 7cm，离空的位置要安装灯带。这个要求是可以提高顶的美化程度。但是对于安装的效果产生了威胁，很难出好的效果，因为最初的菱形框板是按单元化结构原理设计的。框板是四边形，几何学上被称为不稳定型。是借助于盖板紧贴在边框上方能把每个框架的角度固定下来。现在盖离空，必然就会出现框架变形问题。于是，就要找新的解决问题方法。新的方法就是框架的上端，即原来压盖板的地方，用一条条长扁铁与铝框架连接，边连接边调直线。

2. 大堂吧格栅顶

兰博基尼大酒店的内侧，有一个约 700m² 的大堂吧（见图 2-76）。大堂吧是当今五星级宾馆的大堂必备的场所。有的宾馆，在大堂的区域中专门开辟一块场地作为大堂酒吧。有的宾馆在大堂的相邻建筑内建一个酒吧，这个酒吧与大堂完全联通。这里就是采用后者做法。大堂吧既是吸引客人的场所，又作为大堂空间的延伸，一下子把大堂面积增加近一倍，还产生建筑空间的纵深感和层次感。这种设计与布局是合理的。笔者见过迪拜几个著名的酒店，大多数都采用这个布局。

图 2-76　兰博基尼大酒店的大堂吧

大堂吧作为大堂空间的延伸，这要求大堂吧的装饰要与大堂一致。保持一致是通过两个方面体现出来。

(1) 大堂吧顶面布置的款式风格要与大堂有相通之处。这里是用40mm×

35mm 截面的方矩，以格栅的形式布置。因为是方矩，就与大堂顶的垂挂板的宽 30mm 的条形状相呼应。如果此处是采用铝板平铺就会与大堂顶格格不入，反差太大了。

(2) 顶部的材料也做成与大堂的同样木纹色，用颜色的统一来保持与大堂的协调。

大堂吧采用格栅款式的吊顶，也是结合自身建筑的特点而定的。大堂吧位置是主楼的一层，只有 3 600mm 高度，吊顶不可能做太厚重，太严实，而只能用透空做法来缓减压抑感，也只能选择格栅款式。

格栅款式是很普通的，要做出特色，做出高档次感觉也要运用匠心，匠心是通过几个方面表现出来的。

(1) 方矩的排列，增加密度。一般场合方矩之间离空距离是与方矩底宽相等的。这里是小于方矩底宽的，方矩相隔 30mm，离空越小，方矩耗料越多。这里每平方米要用 16m 方矩。

(2) 为避让立柱和灯具，设计了许多正圆或者椭圆图案，方矩铺设时要完全按设计图案切割成圆弧轮廓，不允许出现“锯齿形”。切成圆弧，圆弧是耗费人工的。当下，人工已经贵于材料，财力单薄也是无法做成的。

(3) 方矩铺设的款式，原本是模仿木条而来的，木条的两端是实心的。现在用金属方管来替代木条，每支方矩的两端顶必须是封闭的。才能有“以假乱真”的效果。方矩封口是一门技术活。

(4) 要突显艺术的创新效果，设计师还在整个格栅顶面下加了若干个大小圆圈，圆圈是用 20mm×10mm 铝条弯制，颜色为铝本色。这个做法有人质疑是“画蛇添足”，笔者认为是“锦上添花”，区别是这里采用了铝本色而不是木纹色。铝本色可显示出金属光泽感。

格栅做法确实是很普通，于是也出现了粗制滥造的做法。大堂吧采用这种款式，一定要做出精致，做出高档次。在制作上采用了先进的工艺：

(1) 方矩材料。方矩材料，有的是采用折边机对薄板折弯而成。这种做法，优点是材料可用得很薄很省，缺点是方矩的几何形状不稳定，接长和封口做不好。我们是采用铝型材拉制法，虽然要开磨具，又要多用料，但是方矩的形状好，接长和封口也容易些。方矩的壁厚也达到 1.7mm，作用是可以焊接，可以做得笔直。普通做法，壁厚只有 0.8mm。

(2) 端头封口。方矩的两端的封口，目前的工艺有焊接法、插片法和嵌型材法。焊接法是将封口直接焊接上去。插片法是用薄板折弯成 U 字板，插入端口内。嵌型材法，是事先按照所需封端口的尺寸大小开磨具，拉出 T 型的型材，然后将型材割断，嵌入端口。嵌型材法，成本高些，但效果最好。

(3) 勾挂方式。要将每支方矩勾挂到主龙骨上，也有多种方法，鉴于铝型材几何形状的牢固性，已无法采用卡刺龙骨，只能寻找新方法。这里采用的带缺口的片状勾挂式样。在设计铝型材的截面图时，就已经考虑了勾挂方式，这个方法的好处是易挂易调尺寸易拆卸。

有关仿木纹色的工艺：

我们目前用的仿木纹工艺，是热转印技术。基本流程：①对所需加工的材料进行涂装之前的处理，即脱脂、酸洗、中和、铬化、烘干等。②喷涂烘烤油漆(粉末)。③贴木纹纸。④对贴有木纹纸的材料进行烘干。⑤将烘干后的材料浸泡水中，撕去纸皮。经过五个步骤，仿木纹色制作基本完成，之后可进行材料包装出厂等工序。

仿木纹工艺也有称“热转印技术”。其实是指第四步，在对贴有木纹纸的材料进行烘干，此时纸上的木纹纹路也是油漆绘制的，受热之后就沾染在材料的表面，完成了受热转印的工序，故被称为“热转印技术”。

仿木纹工艺的关键是材料喷涂的粉末质量，劣质粉末易老化，易变色，使用年限短。优质的粉末，质量会好许多。人们的误区是总认为表面热转印木纹色，底漆差一些无妨碍，其实大错。

以往的仿木纹技术还存在两大缺陷：其一，是只能用于室内，不适合在室外；其二，表面是平滑的，没有三维肌理感觉。如今，上海秋阳金属制品有限公司攻克了这两大难关，生产出既有肌理感，又可用于室外的仿木纹金属材料。

虽然是仿木纹色，但是与木料类产品表面涂油漆的性能还是不一样。有人装饰时，喜欢在同一区域既用真木料，又用铝板，然后把两种颜色做成一样，但不知木料和铝板两种不同材料的性能不一样，用的不是同一种性质的油漆。各自用的油漆虽然同色，因性质不同，经过半年或者一年的使用，颜色完全变得不相同，破坏了美的和谐。

3. 游泳池金属板装饰

按现行的五星级宾馆的行业验收标准，每个达标的宾馆必须有一个游泳池。游泳池成为五星级宾馆的标配。大型私人会所，也会开设游泳池，吸引客户锻炼。我们在中茵昆山大酒店内承揽过游泳池的装饰，在上海严家宅私人会所中也承揽过泳池，这次在黄石大酒店是第三次做游泳池（见图 2-77）。

图 2-77 兰博基尼酒店游泳池吊顶

黄石大酒店的泳池，美国设计师虽然出过大样图和效果图，但是由于种种原因，业主还是提出了许多修改。我们按业主的意见，在深化设计中做了重大改动，改成整个顶都是金属板，而不用石膏板。

泳池顶能不能用石膏板？石膏板带防水涂料管不管用？中茵有事实的经验教训。五年前，他们在苏州的中茵皇冠大酒店内的泳池顶，就是采用了石膏板加防水涂料。后来在使用中，出现排风量不够大的区域顶板就发黑发霉的现象。办法就是敲掉重做，并增加排风。其实增加排风也是浪费能源的。故后来在昆山泳池顶基本上都用铝板材。这次黄石酒店全部用金属板材。

虽然是用金属板材做顶，但是实际上还是做得很花哨，很有观赏性。顶的花哨与泳池地面是一一对应的。在深水池的顶上铺设歪歪扭扭的方矩，我们简称“蛇形管”。在“蛇形管”中央还镶嵌了两个不锈钢造型——“兰博基尼”标志，造型框内也铺设了许多的“兰博基尼”标志，并有灯光折射。在浅水池上空铺设白色铝板，在行人活动区顶上铺设仿木纹板，面临幕墙的横梁也用包仿木纹铝板。在泳池白色铝板的下方又悬吊了一个不锈钢灯圈。这种设计是划分区域小，品种多，制造麻烦的案例。

中茵昆山酒店的泳池的顶部装饰，采用铝板包梁，铝板平铺面的做法。由于建筑的水泥梁纵横交错，比较紊乱，设计师要求装饰是做几支假梁，使得真梁与假梁交错成“米”字形图案（见图 2-78）。增加了梁就必然增加许多斜交缝，缝要密合也是有技术难度的。建筑结构的设计时，泳池的主梁因承重量大，主梁做得很笨重。于是，在主梁的立面加了 30 个铸铝圆圈，圆圈可使人联想起轮船上玻璃窗，与水环境对应起来。在铺平板的位置，防止单调，在平板面上又布置了一层铝格栅，形成立体造型。泳池是正方形，其中一个面是连通宾馆主楼的，另外三个面都是面向大自然的。这三个面的顶下，就需要做窗帘箱，可安窗帘，形成私密空间。在现场，将吊顶板的收边与窗帘箱的制作一并考虑设计成凹槽的窗帘箱，兼顾了两种需要。吊顶的整个色调是白色与浅蓝相配，显示出宁静优雅的风格。

图 2-78　中茵昆山酒店泳池吊顶

位于上海静安区严家宅私人会所中的游泳池。这是香港设计师的作品，这里装修相当豪华张扬，透露出繁华都市气息。那里，泳池的顶部铺设了六角形黑色铝板，六角形之间有一条深20mm宽50mm凹槽。在凹槽中装一些铜灯，在六角形板面上装了n千个LED可变色灯(见图2-79)。除了铝板顶之外，在铝板面之上又镶嵌了n个不锈钢造型的透光体。这里透光板用的是云石片。制造的难点是：六角形板与凹槽的铺设效果，不锈钢造型的拼装精致。

图2-79 严家宅私人会所泳池吊顶

(二) 浙江宁波航运中心

1. 航运中心大厦金属窗帘盒

1) 窗帘盒装饰量的增大

窗帘盒的装饰原来在装饰工程中是一个不起眼的部分，都是在墙面装饰中顺便带过的，但是如今的大型办公楼的装饰中窗帘盒却成了一个主要内容(见图2-80)。原因是大型办公楼外墙都是玻璃幕墙，整个外墙都变成了玻璃窗户，窗帘盒要求环绕玻璃幕墙。每层楼窗帘盒要做100m以上，一幢40层的大楼就有5 000m，价值可达几百万元。在大型办公楼中窗帘盒装饰变成大工程。

(a)

(b)

图 2-80　金属窗帘盒

2）窗帘盒装饰材料的变化

过去装饰窗帘盒主要材料是细木工板或者纸面石膏板，外涂油漆。这些工作都是由木工在现场制作，后来发现这些材料不适应了，暴露出了问题。

其一，窗帘盒紧挨着玻璃幕墙，而玻璃幕墙是全透光，长年累月的太阳暴晒，木板和石膏板都会开裂或变形，破坏了装饰效果。

其二，大型办公楼的窗帘盒都是几十米一条通长的，在平整度和拼接缝上要求很高，木板或石膏板都难达到标准。

其三，办公楼的等级提高，采用的窗帘都是有重量的，窗帘的移动还是"动荷载"，这又要求窗帘盒的承重能力加大。一般而论，木板与石膏板无法有大的承重能力。

为解决问题，近年来逐渐用铝板或不锈钢板替代木板和石膏板，用来装饰窗帘盒。

3）实际工程案例

就窗帘盒而论，笔者承接的工程：

(1) 上海恒丰路 410 号，环智国际大厦，其中 20 个楼层铝板窗帘盒。

(2) 宁波航运中心，40 个楼层铝板窗帘盒。

(3) 昆山世贸酒店游泳池顶与铝板窗帘盒。

(4) 上海吴中路顶新办公楼的大堂，展厅顶与铝板窗帘盒。

(5) 湖北黄石大酒店大堂吧顶与铝板窗帘盒。

在这些工程中，一如既往，我们也是自己深化设计，自己制造，自己施工的，"三个一体化"做法。笔者经过这些项目就加深了工程理解和丰富了经验，有深刻的体会可以总结与人共享。

4) 窗帘盒主要功能

(1) 遮丑，就是将悬吊窗帘的滑杆，挂钩等零散的东西隐蔽起来。

(2) 在视觉空间上窗帘盒是一个"抢眼"的部位，可以装饰出好的效果，受人赞美。

(3) 稳定性，承重能力，长效性都能满足用户要求。

(4) 兼有吊顶区域的收边功能。

(5) 还有附加灯带功能。

5) 吊顶与窗帘盒分设否

现在许多大楼对吊顶与窗帘盒都是分别设计的。吊顶的布置面积很大，如果全用有厚度的金属板成本太高，业主会将这大面积板块设计成石膏板，矿棉板或者不足 1mm 的铝板，而丝毫不减少窗帘盒的用料厚度。上文提到的上海恒丰路 410 号环智国际大厦，其中的吊顶就是用厚 0.8mm 模块铝板。窗帘盒是用厚 2mm 铝板制作。宁波航运中心吊顶是用石膏板，窗帘盒都用双层厚 2mm 铝板。

吊顶与窗帘盒的构成分设之后，必然延伸出来是这两个区域的相交问题和收边问题。实际操作时，有两种方法：一种是吊顶板盖在窗帘盒之上，形成两个标高；另一种是在窗帘盒靠吊顶板一侧加一条收边条，此收边线可以是"L"型，也可以是"W"型，现在用"W"型的增多。

也有将吊顶与窗帘盒一体设计的。例如上文提及的后三个项目，这些设计是注重吊顶的高档化，不惜成本的。在这三个项目。窗帘盒成为整个吊顶与玻璃幕墙相交时的收边线。这里，设计师的匠心在于收边与窗帘盒的功能结合。

6) 窗帘盒的构造

基本形状有两块和三块类型。

两块板：A 板为一块水平向盖板；B 板为一块垂直向侧板（见图 2-81）。

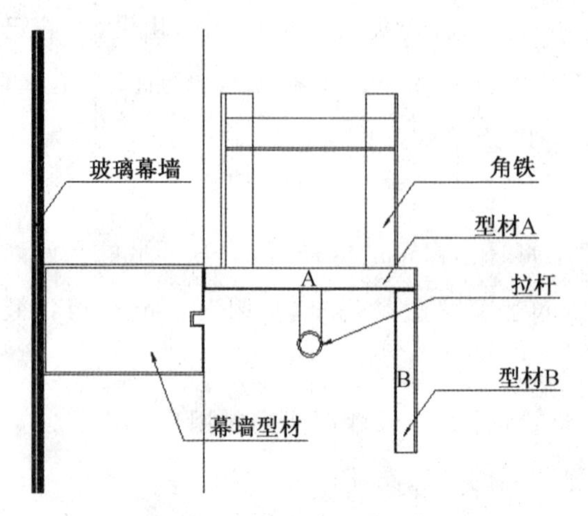

图 2-81　两块板型窗帘盒

三块板：A、B 板同上，加一块 C 板（见图 2-82）。

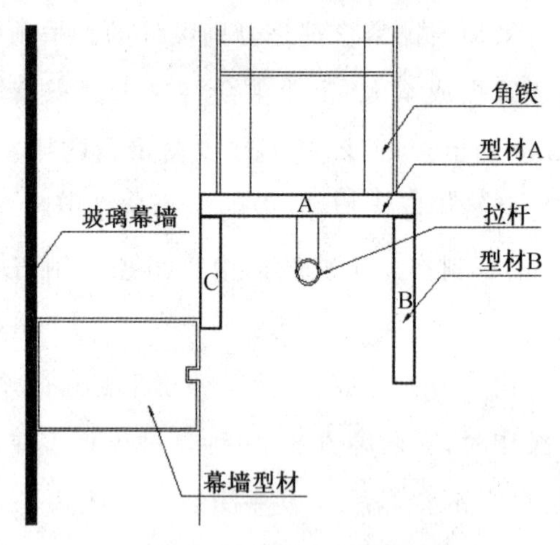

图 2-82　三块板型窗帘盒

为什么要加 C 板，出于两个理由：其一，A 板不是直接与玻璃相交的。若要 A 板与玻璃幕墙相交，因为有外框的存在，要在 A 板上剪许多缺口，才能装好 A 板，这样实际施工增加工作量。剪缺口在工厂进行，尺寸拿不准确，只能在现场实施，现在现场人工工资昂贵，商家难承受。后来改进加一条侧板，即 C 板，将 A 板同时盖在 C 板与 B 板上。C 板是紧贴在玻璃幕墙的型材框架上的，避让了开缺口麻烦。这种做法虽然多了材料，但省了人工。材料比人工便宜，总体上是划算的。这样A板就不必再剪缺口了。其二，如果没有C板，从建筑物的外界看建筑物会看到悬吊滑杆和挂钩，很零乱，加上C板，就看到整齐的一条板。

7）扩散型构造

（1）含有收边线或加收边线（见图2-83）。

（2）带有内外侧灯槽的构造。有办公大楼在繁华都市中，夜晚要看大楼的灯火辉煌，于是就在窗帘盒的下方设计了灯带（见图2-84）。

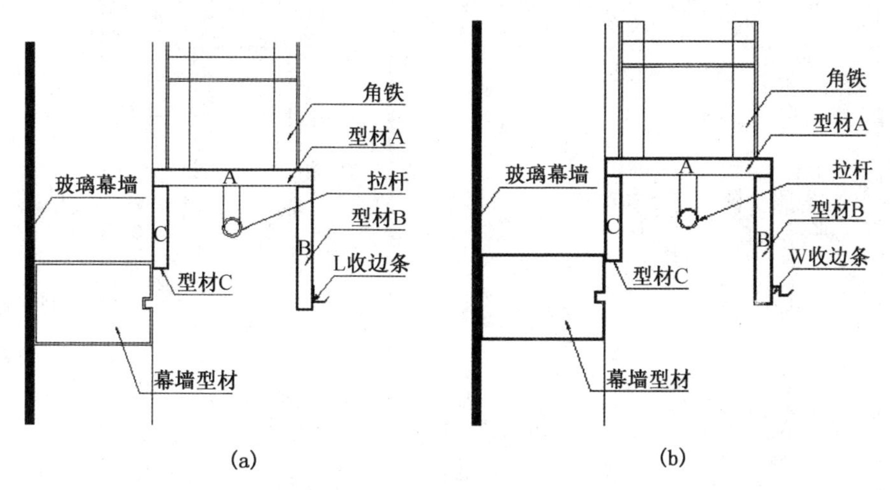

图 2-83 加收边条窗帘盒

(a)L型 (b)W型

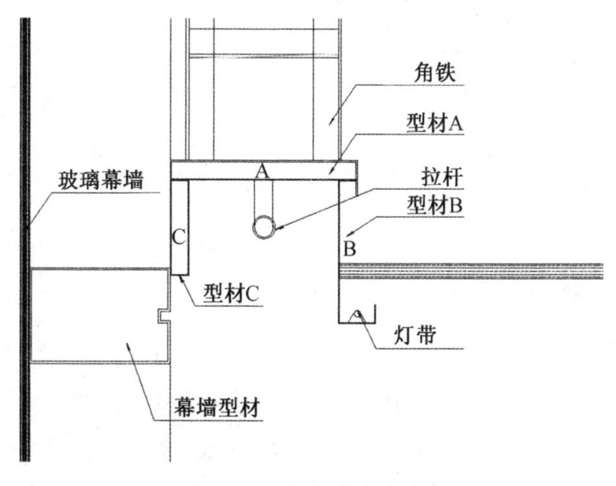

图 2-84 加灯带窗帘盒

8）悬吊结构

悬吊结构如图 2-85 所示。悬吊要解决的问题：①着力点，窗帘盒及其承重物都要有扎实的抓力；②稳定性，前后左右不能晃动；③悬吊的钢架不外露。有人是采用铝板来做遮挡板。

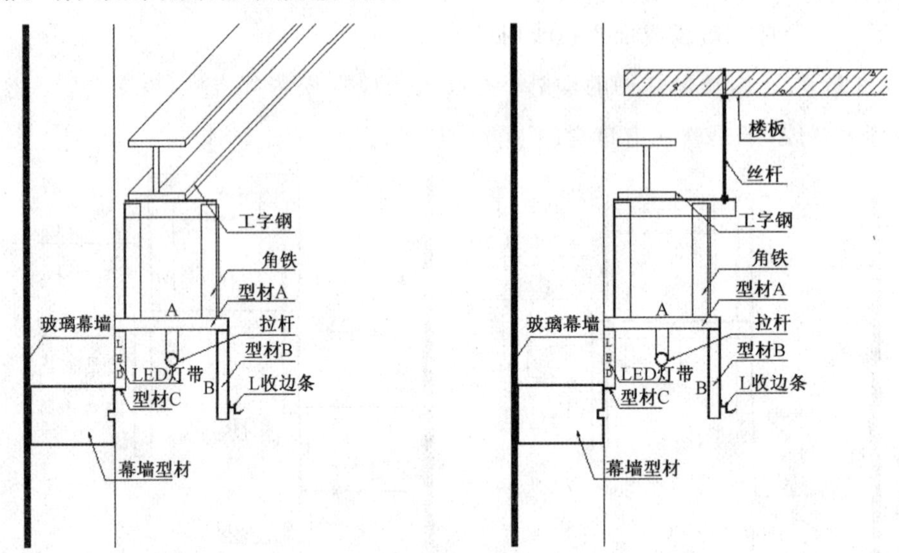

图 2-85　悬吊结构

从装饰工程的习惯而言，窗帘盒的悬吊着力点不能从幕墙上引出来，而要从横梁上引出。引出结构可以焊接爪件，也可用包箍。要看土建允许的条件。

悬吊钢架设计要考虑型材 A、B、C 的尺寸。常见尺寸：

A 板宽度　200～300mm

B 板高度　150～300mm（要视现场标高而定）

C 板高度　100～150mm　C 板总要比 B 板窄一些，理由是增大透光面。

B 板厚度一般 20～30mm

9）窗帘盒的观赏面

窗帘盒 A、B、C 三块中，B 板是人们在室内的观赏面。如果窗帘盒的标高与吊顶的标高相差无几，此时，B 板的下沿口就是一个外露的看面；如果窗帘盒标高低于吊顶，B 板完全暴露，那么 B 板整个立面就成了观赏面。窗帘盒装饰的品质就是表现在B板的立面效果好坏上。

B板有用铝板制作,也有用不锈钢,我们经过多次工艺试验之后是采用铝型材(空心扁管)制作。铝型材比铝板硬度高,直线度好,供料长度可达6m以上,拼接缝密合,可以做出理想的效果。

2. 宁波航运中心指挥室

在宁波航运中心大厦内,设立了一个指挥室。指挥室的布置是由专业公司设计的。对金属板要求特别高,特别精细。该装饰任务因太复杂,几经周折,最后还是交由笔者公司承担。

1) 正立面墙上凸层钢板

如图2-86所示,墙面由两层构造,基层为铝板,叠加层用钢板。叠加层形状似船形,采用钢板制作,外烤油漆。用钢板的理由是可用磁铁吸纸标签,随时可变动。我们实际上是将钢板制作成蜂窝板,再将蜂窝板挂到墙上去。钢板表面烤漆防锈,不影响磁性吸力。

图2-86　宁波航运中心正立面墙

2) 弯曲的灯槽

在圆立柱下端局部再包一层圆弧铝板。在铝板与柱子之间放置灯带。

这个局部包圆板其实是一个双曲面。灯槽的盖板是亚克力材料。比较难处理的问题是亚克力的灯槽盖板与铝板的吻合密缝。

3）电视屏幕外围不规则圆弧板

调度室正面是一块几十平方米的调度显示屏，在它的四周都设计一条内藏式的灯带，让灯光朝内反射。这灯带的走向是不规则弧形，这样就要金属板也制作成不规则的弧形板。

（三）苏州中茵皇冠大酒店——梭形梁的艺术

1）大堂吊顶描述

进入苏州中茵皇冠大酒店二期的大堂，最引人注目的就是拱形屋顶的装饰。

大堂的拱形屋顶，前后排列的十一支钢梁分别用仿柚木颜色和纹路的铝合金板包裹吊装，顺沿原钢架的形状变化，形成中间大，两头小的梭子形状（简称梭形梁）。

梭形梁的截面是一个五面体，每个面的梭边都要按一定的规律，向中心线，水平方向弯曲，收小。同时，每条梭边还要按同一半径，垂直方向弯曲，形成拱形。这种需要向两个方向同时弯曲的线条，吊顶专业的行话称为“双曲面”，是最高难度的加工工艺（见图 2-87）。

图 2-87　梭形梁吊顶

每支钢梁上采用296块仿柚木的铝合金铺设。这些木板的铺设是每块相隔15mm的空间，并非一块紧挨一块，拼得严严实实的，这种抽离的拼接给人以轻快活泼的感觉，丝毫没有压抑和沉闷感。

铝合金条板做成的仿柚木面，既可以满足人们对柚木高档、温馨的偏好，又可以与墙体、地面的界面装饰材料对比映射，形成和谐的装饰空间。

梭形梁之间布置了玻璃采光天窗。白天阳光通过玻璃折射呈红、橙、黄、绿、青、蓝、紫七色，这七色再从吊顶板上反射出来形成五光十色、绚丽多彩的幻境。晚上夜幕降临，嵌入在梭形梁上的灯光同时打开，犹若满天星斗，闪闪发光，给人以无限的遐想。

毗邻十一支梭形梁的东西两侧是用白色条板铺设，也是水平向与垂直面均呈圆弧的"双曲面"。弯曲的弧度要与梭形梁的弧度保持一致。白色的条板与东西两侧的室外白色露天顶棚同色，透过玻璃幕墙，形成一个自然和谐的过渡，让室内与室外的空间浑然一体，延伸扩展(见图2-88)。

图2-88 室内到室外的过渡

2）后现代主义艺术的表现

据了解中茵大酒店二期的概念设计是由德国的大师担纲的，从建筑的总体效果看，大师所采用的是欧洲后现代主义艺术的表现手法。笔者在观察中，认识到这个艺术特点，故在大堂吊顶装饰上，同样要采用符合这一艺术的表现手法。

（1）用装饰提升建筑档次：裸体的钢架，若用现代主义艺术流派表现手法是不必装饰的，现代主义艺术的宗旨是越简洁越好。但是钢架如不装饰，就难显高档宾馆的豪华，况且这些钢架原有的支撑管看上去比较杂乱，不能产生现代主义艺术流派的简洁风格效果。

对钢架进行装饰，既要符合整体的艺术特点，又能彰显宾馆的档次。

（2）用规律与变化的适度来体现艺术：我国建筑学家梁思成说过，艺术就是重复与变化的适度。"只有重复而无变化，作品就必然单调枯燥，只有变化而无重复，将陷入散漫零乱。"中茵大堂的吊顶严格遵循这一教诲。有规则的装饰做到：①顺延钢架的本源变化而变化，没有节外生枝、画蛇添足的迹象；②无论单只梁的弯曲，还是全部梁的弯曲半径都是以同一半径尺寸展开的，十一支梁是有规律的组合；③每只梁采用的铝板的尺寸、颜色是完全一样的，符合同一的规律。

（3）用象征主义来烘托装饰效果：中茵大酒店建在苏州金鸡湖的西岸边，设计师将酒店建成仿船形，将临水的出口建成游艇码头。林林总总的装饰，就是使人想象这是一艘停靠在岸边的巨大豪华游轮，在这游轮上的大堂吊顶采用有木质感的材料，采用长条板形状，自然使人感觉是在温馨豪华的游轮中。

（4）用环境的和谐来张扬艺术的匠心：室外，从西侧进入大堂，一路上有铁锚、仿船标和游艇建筑；东侧向进入大堂，首先映入眼帘的是真实小游艇和码头。大堂吊顶仿木纹的装饰，就自然而然地将室内的豪华吊顶与外界高雅环境连成一个高档次的享受区域。这就是后现代主义艺术家的灵感。

3）众人智慧的创作

二期大堂的宽敞高大的拱形建筑空间，这在同类的五星级宾馆中是罕见的。宽敞的大堂不直接产生收入效益，是一种奢侈的豪华。此举目的是提升等级，营造气氛，扩大影响，谋求长远的利益。这是一种大手笔的投资理念。吊顶是大堂装饰的画龙点睛之处，怎样实现投资者的理念，大堂吊顶呈现了重头戏。围绕吊顶的方案，业主、设计师、承揽商等相关人员经历了半年的构思酝酿，方案迟迟难定局。

在捕捉灵感中的创作。设计总图中第一次定出吊顶的基调即要做艺术化的吊顶。设计师大胆引用抽象概念,提出过“船撸形”“飞艇型”“风扇罩形”等方案。这些方案哪个会产生强烈的艺术感染力呢?

在比较中创作。当时上海浦东机场二期扩建完工,候机楼的吊顶颇有新意。有建议者希望借鉴并超越浦东机场的吊顶。但是,机场和宾馆功能不同、形状不同,怎样借鉴,又是一个难题。

在摸索中创作。每当有新方案提出时,总要求承揽商在现场做一块实样。先后吊过四次实样,最后一次是用22块铝板包裹吊顶。现场工人做了两天,大家看了基本满意后,决定采用,这就是如今实施的方案。

在众人的参与下创作。当吊顶方案迟迟未定时,大家都焦虑万分。高董事长在百忙之中每次都亲临现场看样板,讨论修改方案。徐总裁鼓励大胆创新。采购部领导到市场上找来7种颜色的色版贴在样板上观察效果。项目部和采购部的许多工作人员都为吊顶献计献策,每当有一点进展,大家都会奔走相告。

综上所述,如今的大堂吊顶是业主价值的追求,是众人的智慧创造(见图2-89)。

图2-89　大堂吊顶最终呈现效果

4）吊顶装饰的科学内涵

艺术离不开科学,优雅的艺术吊顶要符合科学的原理。金属艺术吊顶技术在国内方兴未艾,在实际操作中还有许多误区和偏差,真正能使吊顶与建

筑完美结合的实例不多。在承接中茵大堂吊顶时,我们努力创造更符合科学的吊顶。在细化深化设计时,我们坚持如下原则:

(1) 尽高原则:建筑高度是高昂的投资结果,是业主的追求。不能由于吊顶,而降低室内建筑的高度,故没有采用水平的平板制作方案。后者可以工厂化制作,成本低。我们采用的是现场作业法,虽然成本高,但可以保证吊顶的足够高度。

(2) 透空原则:有的设计方案,为了使吊顶板能够遮盖屋顶的物体和设备,于是就做成完全封闭的隔离板。这样,虽然杂物被遮蔽了,但是却使人产生压抑感。这次中茵大堂采用每块条板相分离拼接,于是避免了压抑感。

(3) 采光原则:室内采光面也是一个反映建筑等级的主要指标。采光面越大越好,要做到装饰面尽量不减少采光面。

六、定制金属装饰件

在诸多的工程施工之中常常有业主会要求定制一些金属装饰件,以满足设计的创新需求和实际现场的情况。定制件比市场产品要昂贵一些,但是适应性强,有特色。我们设计制作了不少金属件,效果都很好。其中数量大,影响大的有四处:第一处是苏州中茵皇冠酒店迪斯科舞厅的铸铝地砖;第二处是上海环贸广场商场吊顶灯槽盒;第三处是上海环贸广场商场斜格屏风;第四处为上海国际舞蹈学院的拉伸网。下文逐一介绍。

1. 苏州中茵皇冠酒店铸铝地砖

如图 2-90 所示为苏州中茵皇冠大酒店铸铝地砖。

苏州中茵皇冠是一家五星级酒店,在装饰方案中设计师提出在迪斯科舞厅的地面要铺金属地砖,于是工程部就寻找供应商。有厂家送来铸铁的方板,也有厂家用钢板折成地砖形状来送样,还有就干脆送来在水泥板上油漆金属漆的材料。业主对这些都不满意,认为没有档次和品位。那时,笔者正在主持施工大堂吊顶,他们就找到笔者,要送样。笔者经过研究,用浇铸铝材

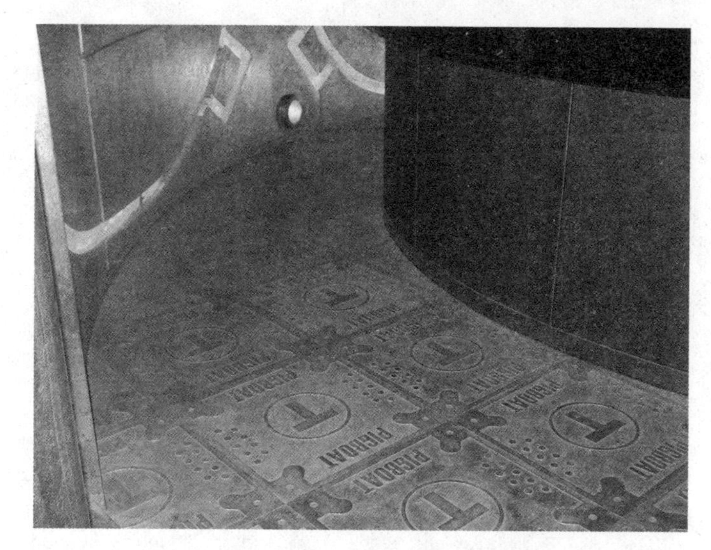

图 2-90　苏州中茵皇冠大酒店铸铝地砖

的工艺制作了一片样板，样板上还浇出业主需要的文字和图案。样板送达后，业主和设计师喜出望外，异口同声赞扬，当场决定采用这个产品。后来整个迪斯科厅地面满铺这种产品，200 余平方米。

笔者当时的设计参数：板块面积 600mm×600mm；参照地砖的大小，也考虑板块面积太大会引起成本上升和现场切割浪费大。

每块板侧面高是 30mm，增加板块的稳定性，也利于地面铺设。板块的材料厚度选用是 6mm，有局部会厚一些。用料太厚同样会引起成本上升。为保证使用中的承重能力。在板块的背面还多浇了五个铸点。铸点可直接连到地基上。承重能力测试的标准是两位成年男性同时在一块板上蹦跳，铸铝板不变形，更不会开裂。

在铸铝板的表面浇上设计师给的英文字母代号，并将表面作切削处理，保证整个地面的平整性（见图 2-91）。

铸铝地砖的铺设，我们准备了两种方案：方案一是像铺地砖一样用干沙浆；另一种方案是用螺丝固定在地面上。实际施工是采用了方案一。

2008 年，中茵皇冠酒店开张时，因铸铝地砖的出现吸引了不少客户，后来也看到有几个地方模仿了这个产品。2015 年笔者又回去看过这个产品，虽经过 8 年依然如新。

图 2-91 铸铝板细节图

2. 灯槽盒

地处上海淮海中路上的环贸广场商场，是豪华顶级的购物广场，它需要的是高档次的装饰。在公共走道的吊顶上要布置许多灯具，这些灯具要显示与众不同，就设计成一个个灯槽盒，而且是定制的灯槽盒。起初图纸下达后，有厂商用铝板折弯成型灯槽盒送去，设计师看后认为灯盒的材料不平整，菱角不清晰，不接受。为改进这些缺点，我们用铝型材切割，组装了灯槽箱。当设计师见到后一眼就看中了，说这就是他所需要的灯槽盒。我司一批共送了400只，布置在商场二楼至六楼的公共走道顶上，地下商场也有布置。

灯槽盒的外形尺寸，高 50mm，宽 150mm，长 1 200mm。

空心的铝型材是拉制的，加上一根竖向的高 6mm 铝条，是从精装效果考虑，不能让边框直接碰撞在顶面石膏板上，破坏顶面平整性。这个细部处理，设计师也很佩服。

灯槽盒内的散光片也是用厚 3mm，宽 25mm 的铝型材拉制的。整个灯槽盒的组装材料都是用铝型材，这样的拼装效果平整性好，菱角清晰，远胜过用铝板折弯的产品。

3. 金属屏风

在上海静安区严家宅小区内有个游泳池，泳池的休息室内设计了一个金属屏风(见图 2-92)。金属屏风有人是用不锈钢折成条板来拼装,但无论怎么做还是存在拼缝不密合,焊接点明露等缺陷。笔者得知之后,就用铝浇铸成型工艺,分两种规格浇铸,再作表面处理,最后拼装。

图 2-92 金属屏风

两种规格:方形和六角形。相接是内销钉方式。

屏风有一个大边框,相当于窗框,也是用铝型材制作。这样的屏风可以单面观赏,也可以双面观赏。

在上海环贸广场商场的四楼和五楼,贴近玻璃幕墙的位置有两处安装了斜向格栅屏风是模块式的。每块宽 1 000mm 长 2 500mm 外框是正矩形的,没有倾斜。正矩形内的条板是斜向对接或交叉的。因为斜接,故对条板需要切斜角,切斜角又会遇到斜向拼缝如何密合问题。众所周知直角对拼容易做好,斜角拼很难合缝。这里条板的截面尺寸又是 25mm×100mm 的。合缝要求四个面都要吻合(见图 2-93)。

格栅形状的每条板的对接用什么方式?国内的通常做法是在拼接点焊接固定。这种做法,无论如何都可以看见外露的焊接点和材料的微变形。精细做法是内加套管,先将一支材料上开孔套管固定好,然后再将另一支套上去,完毕。内套管做法工作量大,对工人的技术要求高,需要有工匠精神的人方能胜任。

图 2-93　环贸广场三角形屏风

4. 拉伸网

上海国际舞蹈学院刚开始装饰时,美国方面的设计师带来一张“拉伸网”图片,要我们制作实样。他所说“拉伸网”在美国的学院、舞台、健身房等处广泛使用。后来经过仔细研究,弄清了事物的真相。其实,就是一个槽钢的大框内,纵横交叉串联钢丝,形成一个网状。可按承重量大小,用钢丝的粗细和定方格的间距来决定“拉伸网”的制作具体尺寸。

通常可采用直径 3mm,多股钢丝绳,网格是距离 50mm×50mm。定这样大小的距离可让灯光透过拉伸网照射下来没有阴影。直径 3mm 钢丝绳可以承重 250kg 以上,每平方米“拉伸网”还要求每支钢丝绳可以调节松紧,甚至可以更换。笔者的公司成功开发了此产品,可向客户积极推荐。

第3章　深化设计

一、深化设计概念

深化设计，也有称细化设计。通常是指在大型精装饰工程中，进入施工现场的公司，并不是在拿到设计院或设计师给出的图纸之后，立马按图施工，而是需要将图纸先交给专业工厂，或者自己的工程师进行详细化的设计，直至图纸细化的程度足以指导工厂生产和现场施工时为止。深化设计是从概念到实现的全过程的设计。也有人说是“无中生有”造物的设计。

深化设计是金属板材装饰的重要课题，也是精装饰的重要课题。它的重要性不逊于以前所讲的“项目管理”。深化设计在整个项目管理的体系之中处在核心地位，起到灵魂作用。以前引进项目管理时，国外在项目管理中运用的案例都是工程技术项目，并没有将装饰工程的特点涵盖进去，所以并未涉及深化设计的研究，也就缺乏对装饰工程的指导作用。

为什么项目管理理论的研究忽略深化设计？此问题涉及工程技术项目和装饰工程项目的区别。前者是追求特定功能的实现，将需要的功能分解成若干个系统和设备，项目管理只是综合成套形成能力。这里形成功能是重要的，美观是次要的。

深化设计事关企业的根本利益。许多工程，因为深化设计未做好，延长工期，返修产品，造成了许多经济损失，原先预算是赚钱的，结果是赔本的。这个过程给客户和相关单位还留下了不良的印象，损害了声誉，造成了今后承接工程的困难。工程不顺畅，自己的员工也会产生抱怨情绪，弱化了公司的凝聚力。

在实践中研究课题。什么是深化设计？怎样做好深化设计？为什么要深化设计？围绕深化设计有一系列问题要我们去思考、研究、解答。要找到正确的答案，只有投入实践之中。在我们成功的几十个项目中，基本上全由笔者来领头做深化设计，在做的过程之中有关深化设计问题进行探索。工程做多，思考的内容就越来越丰富，越来越小心，越来越周全，越来越明确。

初示图纸是概念。设计院第一次给出的装饰图纸，包括大样图和效果图。大样图是 CAD 图纸，图上有范围、线条、尺寸、符号及文字说明。大样图是一种方案图，是概念性的提示。效果图是配彩色、配灯光的形象图，可以仿真地表现装饰效果，人们可以一目了然地看清装饰的形状要求。原来的效果图仅仅是表现形象，不能表现具体的尺寸和相互之间的关系，如今有了新的设计软件，可以将这些整合在一起。更先进的，还会出现 3D 打印的模型。

我们所见到的大样图、效果图，有整体形状，没有单元板块；有表面色彩，没有内部结构；有图面尺寸，没有符合现场的尺寸；有最后的效果，没有中间的过程。拿到大样图和效果图只能告诉我们业主要的是什么，不能告诉我们从何开始？怎样做出来？所以仅凭大样图和效果图是无法展开实际施工的。解决问题的办法，就是深化设计，出施工图。出施工图就需要将解决的方法完善化和具体化。

深化设计是一个多层次众人合作的过程。深化设计的结果是装饰施工图，这是参与装饰工程的公司都很关心的问题，都会指示各自的设计师积极参与，并为自身利益把关。

(1) 境外设计公司。目前国内大型高档的工程都是委托境外设计师进行的。他们在交出大样图和效果图之后，自然会关心后续深化设计。他们的理由是对总体效果负责。他们认为无法实现所要的效果的任何措施，一律不予采纳。效果是他们的名声，是他们的财源。

(2) 国内设计院。按照现在国家政策的规定，装饰图纸需送政府审批，要由国内设计院把关。境外设计师为节省开支，也愿意将一部工作量划给国内的设计师干。此时，国内的设计师最关心的是设计规范要符合中国政府颁发的标准。

(3) 业主设计师。大工程的业主都会有自己的设计师，设计师参与图纸的讨论与审查。此时他们关心效果和成本。当资金宽松时，偏向要好的效果。当资金紧张时，偏向降低成本，希望用最少钱完成装饰，早日开张。装饰工程的费用弹性是很大的，钱多能用完，钱少也能凑合。

(4) 装饰总包设计师。他们的设计师关心工程进度和降低成本。希望用最便宜的材料，最快速度完成任务。

(5) 各专业厂家设计师。厂家的设计师会用自己最适合的方法，交出客户能够接受的产品，最快地完成任务，保证利益。

深化设计的工作效率。各家合作参与深化设计，好处是可以集中众人的智慧，提高水平。缺点是沟通的工作量大，重复劳动多，争论不休。在争论中，要有专家定调，权威拍板，方能保证进度和效果。项目管理为了追查责任还规定了许多流程，如，文件传递、反馈、签字、确认等环节，客观上又会影响工作效率。

深化设计的里程碑。大样图、效果图、三维模型、样板房、现场放样、专业厂家出施工图、装饰总包出材料清单、合成各专业的设备布置图。

深化设计的程序：①阅读图纸；②熟悉现场；③结构分析；④业主交流；⑤做样板房；⑥效果评估；⑦现场放样；⑧各方沟通；⑨出施工图；⑩板块设计；⑪出材料清单；⑫工艺评定；⑬安装设计；⑭业主审查。

深化设计的实质：①将原方案具体化完善化；②材料，标准国产化；③专业化设计。吸收专业厂家知识，达到可做出来，可安装好的效果；④符合现场条件的设计；⑤投资预算的测试；⑥诸工种的协调设计。

深化设计的关键：①熟悉图纸和现场；②效果预测；③理解业主的要求；

④方案的结构分析;⑤专业知识和经验的运用;⑥灵活性和创造性的发挥。

深化设计思考分析:

①抽象的几何形状分析;②受力系统分析:包括原建筑与钢架,钢架与面板,面板之间(见图 3-1);③节点分析:拼装、转角、跌级、收边等节点构造;④数据的思考:材料的厚度,板块的尺寸面积,空间的限制,可行尺寸,镶嵌的尺寸。

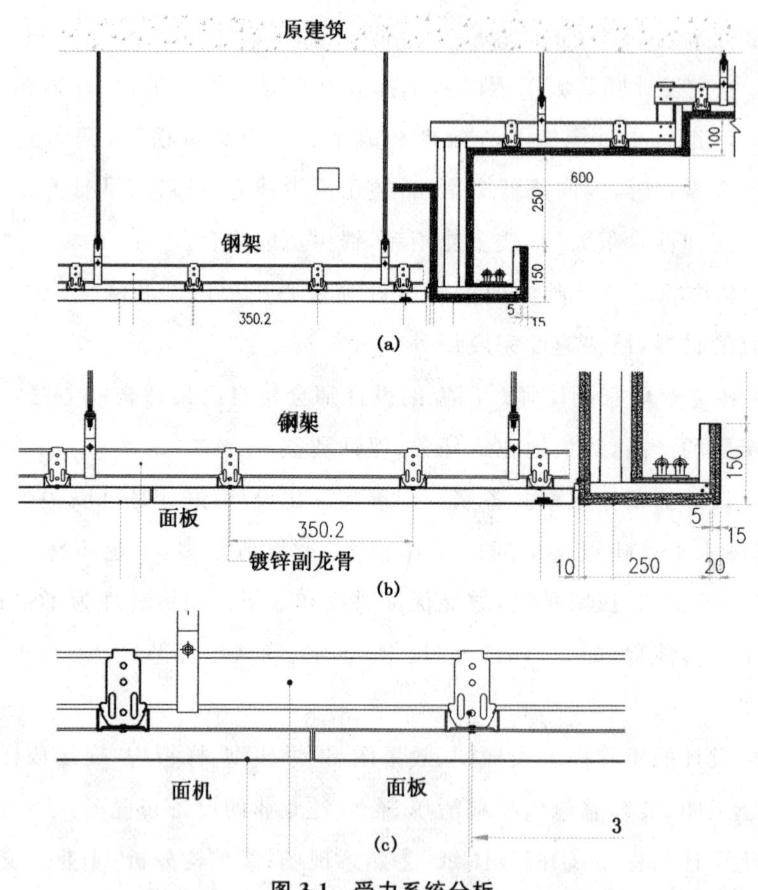

图 3-1 受力系统分析

(a)原建筑物与钢架 (b)钢架与面板 (c)面板与面板

分专题的设计包括:表面设计;节点设计;钢架设计;材料设计;工艺设计;安装设计;包装设计;运输设计。

为什么要重视深化设计? 以木板,石膏板为主的装饰并不重视深化设计,而用金属材料为主的装饰项目就十分重视事先的深化设计,这是为什么?

木板,石膏板按图纸加工可以在工地上由工人用简单的工具完成,而金属材料由于其坚硬,贵重,表面处理的复杂,无法在现场加工,只能送工厂,由工人借助于机械进行。复杂的成品甚至要经过几个工厂的合作才能完成。金属板材的成品,运到现场,还要完全符合要求,若有错误在现场无法修改,修改会越改越糟。另外,施工工期,劳动成本,运输成本等限制,根本不允许一边工厂制作,一边工地量尺寸出图纸,慢慢供货。要将工厂与现场无缝对接,并提高工作效率,唯一的方法就是事先的深化设计。这就是为什么要十分重视深化设计的原图。

深化设计是企业的核心竞争力。在初始状态上,每个工地的状况大致相同。工地现场是客观存在,等待施工人员去识别。各工厂的材料,设备都是相同的。施工队也都是农民工。为什么有的工程完成时装饰效果很好,而有的很差?为什么过程中有的很顺利,而有的反复多次?差别就是深化设计能力高低,强弱的差别。工地上80%以上的错误都是来源于深化设计的错误。例如:尺寸错误,有缺件,有多余件,造型不符合等都是深化设计的错误。从确保工程质量和提高经济效益的视角衡量,深化设计是企业的核心竞争力。

深化设计是服务业,从事深化设计的人员要热情地服务两头,一头是工地,一头是工厂。要掌握工地情况,要与工厂厂家人员沟通。在这个过程之中,要发挥自己的专业知识和聪明才智。技术人员在为两头服务的过程中可学到许多东西。

工艺方案是否应该属于深化设计的范围,有人主张工艺与深化设计并列,有人主张从属于设计。工艺是指工厂内加工方法,这本身也是一个大课题,搞设计的人无法掌握这些知识。这就是主张并列人的理由。

工艺方案的选择包括:材料品种的选用,材料规格的确定,工艺成型方法,加工设备和模具,油漆的要求或表面处理方式,外协采购的技术要求,工厂拼装,包装设计,这些都是与深化设计有关的,也是主张工艺应该归并到设计之中的原因。

笔者主张深化设计与工艺应该分设。随着日后产品越来越复杂,客户要求越来越高,分设的必要性更明显。

深化设计需要知识和经验的积累,深化设计本身的过程比较长,涉及的业务面广,关系的单位多,需要许多知识。而且,金属板的装饰款式和尺寸,在每个工程中要求都不一样,千变万化。面对工程,有哪些问题要求防范?哪些问题要求控制?这需要有丰富的经验来支撑。刚从校门出来的学生是无法承担的,要有三年以上的工作经历方能开始。有五年到八年经历的年轻人是骨干。

金属板装饰会出现许多常见病和多发病,例如:平整性差、几何尺寸误差、拼接面高低差、缝隙对缝隙错位、颜色的误差等。作为有经验的工程师是能够掌握发病的原因的,故在动手设计时所选用的方案一定要能够控制、消除、避免毛病的发生。设计要走平坦大道,不能走进"死胡同"。"死胡同"是指,明明知道会有问题,还是带着侥幸的心理走下去。

大格调做像,小细节做精。"精致"是室内的装饰与室外装饰的最大区别。室外的装饰是让人远看、粗看、瞬时看;室内的是让人近看、细看、长时看。室内装饰唯有精致才能让人接受。

二、有序的深化设计

1. 设计的前期工作

第一步,了解建筑的功能,这里是指吊装区域的功能。功能分为:会议厅、报告厅、接待大厅、休息厅、走廊、便道、会议室、办公室、卫生间、茶水房、运动吧和游泳池等。

功能与装饰效果,是建筑上的矛盾对立统一体。功能离不开装饰,装饰服从功能。作为吊顶的效果要与建筑的功能保持一致。例如:接待大厅要宽敞、高大,吊顶要有特色,顶要吊高。作为休息厅就要有适当封闭区域,产生温馨感;作为走廊就要有宁静感;作为卫生间就应该有较好的抗污染性能;作为游泳池要有防止冷凝水腐蚀的措施。适应不同的吊顶形式、造型、节点材料、颜色、纹理都要作系统的思考。

第二步,阅读工程的图纸,一般在内装饰的工程图集中可以找到对吊顶有价值的四种图:①顶面图;②立面图;③剖面图;④节点图。图纸的详尽程度是由设计师对吊顶的熟悉程度决定的。

顶面图是仰视或俯视视角图,可以反映信息:①吊顶区域面积、尺寸、范围、形状;②吊顶板块的厚度和分割的要求;③同在顶面的灯、空调、喷淋的布置方位和数量;④吊顶与四周墙体的连接状况;⑤吊顶的标高:最低点、最高点、几层标高。

立面图:是指该吊顶区域的围边侧墙体的设计要求,吊顶区域形状是几个面,那么侧面图必定是几张。它们可反映的信息:①吊顶每个靠墙侧边的截面图及形式;②吊顶每条曲线的标高;③吊顶背面,即离开水泥楼板的高度;④吊顶与周边墙体的连接;⑤金属顶与其他材料顶的相交方式。

剖面图:要标出不同级次的标高,连接线要通过剖面图线条来表达。

节点图:除了在立面图上可以反映出吊顶的一些节点之外,设计师还会画出若干节点放大图。节点图是指金属板之间及金属板、龙骨、收边线等配件的连接方式。节点图是设计师提供的参考,变通性很大。

检查原设计图的正确性:不合理之处要求改正,不清楚之处要求明确。在看过现场之后,审查图纸,有异议点要逐条列出,找设计师认真讨论一次。

第三步,观察现场,按吊顶图纸的方位,在真实的工程建筑中找到需要的吊顶区域,深入该区域现场进行查看。目的是:①增加感性的认识;②注意该区域与周边区域的关系;③测量吊顶区域正确的标高、背高形状、面积和尺寸;④测量吊顶区域周围墙体的装饰方式和尺寸;⑤弄清吊顶区域的水泥楼板状况;⑥测量吊顶所要遮盖的管道电缆桥架的高度和宽度。

增加感性认识:从现场联想到场合的功能,装饰怎样服从功能。可了解吊顶场合的朝向、见光程度。见光越强,对吊顶的平整性要求越高。可了解在吊顶背面有无窗户,有窗户会有光线穿过吊顶板的拼缝,有碍人的视觉。发生这种状况窗户用黑纸封住或者对板缝密封。还要求了解该场合的开门位置。当人进入房间时吊顶板是横向铺设为好,还是纵向铺设妥当?

区域之间的关系:可以注意进入吊顶区域的通路如何;吊顶背面是否要与其他区域相分割;若要开检修孔,是否能借用别的区域。

土建结束时的毛坯房，有多种空间，多种尺寸，究竟吊顶装在何处，哪些是必要的尺寸，都应有所思考，有的放矢去量尺寸。

第四步，测量吊顶的需要数据。原设计图纸上的标高与现场实况是不相同的。原因是：施工中有许多修改没有及时反映在图纸上，空调、灯具等设计落后于土建的设计，它们所占据的空间未能表达出来，同时，标高又是客户非常关注的问题，客户是花钱买高度，买大空间的。确定标高一定要慎重，一般要来回现场三四次，并与设计师交换意见两次以上。

(1) 标高：在扣除横梁、手工操作面、管道、电缆桥架、龙骨、板折边的高度之后实际标高尺寸，是否能达到原设计图纸的要求。连同标高一并量得，吊顶背面距水泥顶的高度。特别注意是否超过1 500mm，因国家规范超过1 500mm，一定要做钢架转换层

(2) 形状：形状是影响吊顶工作量多少的重要问题。有长方形、正方形、圆弧形、曲线形等，属于方形容易分割、容易制造，属于圆弧形的工作量就要翻倍。

(3) 面积尺寸：实际建筑面积与原图纸的面积必定有差别，到现场一定要量准尺寸。测量方法如下：先取一定基准面，沿基准面分若干点测量，取点越多越密越好。例如有一条 80m 长的走廊，要量出宽度，若仅量两点宽度是不行的，要每隔 3～5m 量出宽度，因为 80m 的长度中间难免有弯曲现象。在土建中误差 20 mm是允许的，而对吊顶不能相差这么大。量尺寸至少要有两个人协作进行，并要量两次以上。

(4) 收边尺寸：吊顶板与周边墙体相交的位置。墙体有做涂料的也有做木饰面，还有做金属板的，石材、玻璃也是有人喜爱的。用不同材料，有不同的墙体凹凸的尺寸，这与吊顶有关。例如：木饰面的界面离水泥墙一般是60～70mm，金属板、石材是 80～100mm，吊顶板都要能够遮盖。

(5) 水泥顶状况：检查水泥顶是新的还是旧的，水泥顶的厚度，原来有无预埋铁件。新的可以用膨胀螺丝，旧的要慎重。水泥顶厚要超过 80 mm，才能植钉，有预埋铁件尽量利用。曾经有某个工程吊顶，当完工之后发现吊顶中间下坠。查原因是楼顶是空心水泥板，膨胀螺丝脱落了。

(6) 管道、横梁的尺寸：这里是指高度能否影响整个吊顶的标高。它们

的宽度是否会超过丝杆之间的宽度。如果无法吊丝杆,则应做横向铁架来过渡,绝不允许在管道、桥架上打螺丝孔。

2. 多方沟通

(1) 了解业主对项目的要求:作为项目使用者的业主,对建筑物吊顶的要求认识是不尽相同的。项目完工之后要交付前的验收标准也是不同的。要能满足用户的需要,事先一定要摸清用户的要求。

中国用户与国外用户;内行和外行;临时使用与长久拥有者都有不同的要求,在选材料制作工艺和安装工艺上都有不同的考虑。最好有机会直接与业主沟通。

设计师和施工项目经理普遍缺乏对吊顶的认知,在深化设计时要详细地向他们提供咨询服务,必要时可书面报告。他们提出的意见要反复考量,敢于驳斥,不能完全采纳他们的意见。

(2) 与设计师沟通。结合第一、第二、第三步的工作,已经可以看出设计师提出的方案是要反映什么意图?要形成何种特色?要达到什么艺术效果?设计师的每一笔都是有企图的,不是盲目的,都含艺术匠心。

作为施工的深化设计,一定要在理解的基础上,与设计师沟通。设计师的艺术匠心,一般可以区分为:

简朴型与豪华型:受经济造价的限制,设计师会采用简朴型的设计,没有此类限制时,设计师会采用豪华型设计。即便有看似简朴,其实在用料、造型等方面还是很昂贵的,追求新、特、奇是设计师的本能。

吊顶与建筑功能的一致:视不同的区域功能,吊顶款式也应该是不同的。施工完毕之后的吊顶应该能适应建筑功能的需要。

吊顶的艺术流派:在装饰工程中,有古典风格,现代风格,还有后现代主义风格等。吊顶是整个建筑装饰的一个部分,也应该有这些流派之分。代表何种流派,要服从整个装饰工程的需要。每位设计师都有自己的艺术偏好。

(3) 与行业专家沟通:如何完成施工,如何达到效果?这都需要用吊顶行业的基本知识、技术来保证,要充分听取行业专家的意见。包括:材料的规格和性能;常规的处理方法;容易出现的问题。尽可能去制造工厂看加工,有许多细节问题都需要专家参与,如:①板块的选择、长宽的确定、大小面积确定。设计师希望越大越好,但是制造上行不通。②平面上分割:直线分、曲线分、平行线分、射线分、统一性分、间隔花样分等。每种分割会有不同的安装方法。③板面的折边、折边与龙骨、龙骨与丝杆的连接。④保证吊顶板的水平高度。⑤吊顶板的隐蔽工程,受力牢固、平整性好、灵活可调。⑥检修孔方位、大小、结构。⑦安装的方便、可靠性。⑧阳极氧化板。铝型材可以做阳极氧化,而铝板很难,因铝板打磨留下痕迹后续处理难消除。铝板的材料质量也达不到要求。⑨与灯具配合,反射灯槽不能遗光。⑩与其他材料配合。⑪天地对应:吊顶板的拼花与地面砖的拼花要图案一致,形成天地对应。

在整个过程中,要保持与设计师、业主、制造工厂、安装经理进行沟通,引导他们采用简洁的方案,吸取有益建议,修正完善方案,达成共识。

构思过程中有条件可以画出吊顶的三维立体图,让各方容易理解吊顶的要求。

3. 效果的预估

吊顶装饰内容,在保证质量的前提下,越来越注重整体效果。对于效果的优劣,可以用两句话来表达:大格调要像,大格调要新颖和谐;小细节要精,小细节要精致耐看。前者是给外行看,后者是给内行看,好的吊顶要雅俗共赏。

大格调效果:这是指吊顶整体上与建筑的各个界面装饰保持的协调效果。

吊顶的造型效果:这是映入人眼帘的最初轮廓线,轮廓线要有序,平滑。

吊顶选用色彩的效果:色彩的文化艺术性。

吊顶选用材料纹理的效果:木纹、拉丝、花纹、冲孔等。

细节效果:板块拼接、缝隙、转角、不同高低差过渡、收边等细部处理的功夫与技巧。细节效果还包括远距离观看和近距离观看;行走中扫视,停留着凝视;正面看,反面看;一个多面体的六个面观看。每一种观看,效果都要有品位。

对每个项目都应该深思熟虑,总结出达到效果的要领,行之有效的方法。

(1) 避开工艺上的弱点。无论在工厂加工过程之中,还是在现场安装中,金属板都会将本身的优点和缺点暴露出来。设计师要善于利用优势,避开劣势,对于无法达到良好效果的手法不能采用,对于不成熟的设想,要通过做样板房检验后,才能正式采用。不提倡贸然创新。例如条扣板在强光,长度大的,高光漆面,直角款式的几种情况同时出现的地方避免使用。

对于做样板房原来大家都很重视,现在却忽略了,图快图省事。不做样板房风险很大。

(2) 降低成本的概念:施工是商业行为,商业行为的宗旨是赚取合理的利润。采用何种材料,何种方式、款式是都要经过成本核算,保证原先的成本控制计划。

4. 绘制具体施工图

(1) 隐蔽工程中的图:①打膨胀螺丝图;②主龙、辅龙布置图。

(2) 吊顶板的布置图:①板块分割图;②收边线图。

(3) 节点图:①板与板;②板与龙骨;③板与收边;④板与灯具等。

全部图纸都是应该经设计师和业主确认签字之后生效。千万不能自作主张,擅自决定。

5. 实施前的交底

向制造工厂交底:有些制造工厂有技术力量,会派出设计师一起参与前期的深化设计,而大部分无技术力量。对于有参与深化设计的工厂交底工作已经在深化过程中解决了,而没有人参加的,一定要详细交底,要图文并茂地进行。

对工厂要告诫注意:材料的厚度,材料的牌号,材料的平整性,折边线条,焊接点及打磨,几何尺寸的精确,形状的稳定,必要时在工厂式拼装之后再喷涂漆面。有些常见问题要消除。对漆料的要求,涂层厚度,色差值的限制。对包装的要求,以及运输中如何防压伤震动开裂,摩擦损坏等。出厂的清单要求。

安装施工的要求:要求安装人员理解图纸,按图施工,遵循安装程序,保证隐蔽工程的质量,注重辅料的质量,施工中的安全和成品保护,开孔方法和要求。在过程中和完工之后,按照标准检验质量。

三、深化设计前怎样阅读图纸

刚开始承接某项吊顶工程时,必须要阅读业主、总包或设计师给出的图纸。图纸上有大量的信息,可以反映出对此吊顶的要求。

1. 阅读齐全的图纸

可以传递吊顶信息的图纸有:效果图、顶面图、立面图、剖面图、节点图等。大项目正规公司图纸齐全一些。外国设计师出手的详尽一些。初次接触时,要尽量阅读全面一些。

(1) 效果图:一般是用彩色,三维技术画出来的,可直观逼真反映吊顶的状况。通过此图可以理解吊顶的整体效果,施工时不会发生"牛头不对马嘴"的错误。对于造型复杂、多层次、多体形组合吊顶,此图是十分有益的。深化设计时还可以借助于此图来讨论、思考、分析归纳一些问题。如果没有效果图,有条件的话可以补画出来。

(2) 顶面图:在建筑装饰图集中,一般都会有地面铺设和顶面布置图。要挑选出顶面布置图细读。注意,此时要首先搞清顶面的投影角度。因为有设计师惯于画俯视图,也有画仰视图。俯视与仰视,千万不能搞错。在国金认识的香港设计师,他们第一件事就是提醒我们注意要搞清楚图纸的方向,因为他们经历的工程曾有这样的错误。

以俯视图为例,是利用原土建的图形和尺寸,从顶上朝下看的。此时都是将顶背上的设备、管道省略,单独画出顶面分割轮廓线。顶面图是最重要的图。顶面图透露的信息:吊顶区域分割、吊顶板款式、板块初步分割、主要设备布置、标高。此图也会对材料的厚度、颜色有要求。

(3) 吊顶区域的分割:整个建筑吊顶有几个区域,有几种造型。出于审美的不同和功能不同而不同。现在通常是在不同区域用几种材料，如石膏板、木饰面、玻璃、亚克力、铝板等材料组合使用。每种材料也有他们自己的造型。目前出现的潮流是金属板与其他材料混合使用，可称为“镶嵌型”“组合型”。这类吊顶需要多工种协调施工。

(4) 吊顶板款式：铝板如今也发展成品种繁多的行业。大类有模块板、异形板、线条板、雕花板。每个大类中又有许多小分类，如模板中就分正方形、长方形、长条板、冲孔板等。从顶面图可以看出拟采用铝板的款式。在不同的区域会有不同的款式，要能划清区域，进行编号，并记录采用何种款式金属板。

(5) 板块初步分割：指要求每块板宽度和长度尺寸，板块和灯具，空调口的对称性，板拼缝与其他建筑或设备的协调性等。越是高档的吊顶对分割拼缝要求越高。

(6) 主要设备布置：在吊顶上有越来越多的设备要布置：如灯具、空调、消防喷淋、音响、监视器、感应器、报警器、电线、网络线水管等。有的设备是与吊顶完成面共处一个平面，有序组成一个图案。要成图案，铝板分割的麻烦会增添许多。

标高：指地面到吊顶完成面的高度。高度是一个空间的价值指标，标高高一些，空间大一些，人的感受会宽敞明亮舒适。当设计师初定标高时，都会是定得较高，较理想的，真正实施时，顶背上水泥梁、空调管路都会超过控制线，往下沉，造成吊顶完成面低一些。不同的标高对吊顶制作要求不同：高，要求造型美观；低，要求细节精致。制造商是怕低，不怕高，因为标高低，容易暴露吊顶自身的问题。标高低于 3.5m，属于低的；3.5～5m，属于适中；超过 5m，属高的。

(7) 立面图：建筑物有几面(墙)，就应有几个立面图。借用此图反映出吊顶剖面的构造、灯槽的构造、吊顶标高、吊顶与墙体的收边形式、门窗大小、位置等。每个墙面或每段墙面装饰要求和材料都不相同，要多看几张图，有深入了解。

吊顶剖面构造：它可以反映吊顶完成的不同位置，标高的变化，线条凹凸的规律。

灯槽的构造:灯槽有直射式、反射式、双侧反射等,在立面图上都可以解读。通过立面图,还应该注意立面上的开窗,自然光和人造光射入对吊顶产生的影响。从立面上射出的光是斜光,是会严厉地检验金属板的平整度。

吊顶标高:标高可以与顶面图上标高相互验证。

(8) 收边形式:吊顶与立面装饰材料相交的做法有:碰撞式、离空式、压盖式、插入式等。是否借助于收边条,收边条又有五花八门的款式。墙体装饰常用的有石材、涂料木饰面、玻璃、金属板等,他们的完成面是不在一条直线上的,这样也会增加吊顶板收边麻烦。门窗大小位置会标注在立面图上,门窗大小关系到光线的强弱,直接影响到吊顶的美观。

(9) 剖面图:对于复杂的吊顶会有针对吊顶的剖面图。此图可以放大,反映单片的造型要求,整个体形的构造要求。这比隐蔽在立面图中要醒目得多。

(10) 节点图:属于图纸中的特写镜头。有反映悬吊接点,有收边点,有铝板折弯接点,有造型相接的接点,有铝板拼接缝接点等。节点图有参考价值,但可以根据实际情况在深化设计时由工厂改变。

2. 分析思考

阅读图纸之后,在了解的基础上要思考。应思考一下问题:

(1) 装饰的档次和风格:使用金属板的面积、材料厚度板块形状、油漆面种类等,都可以反映出装饰的档次。如大面积使用 3mm 厚板、蜂窝板、氟碳漆等是有一定档次的。

风格可以通过造型、拼缝、颜色表现出来。如采用双曲面或者多菱形的,一定是追求艺术美感的。

(2) 设计师的意图:读图可以看出此图是抄袭的还是独创的,看出设计师是在草率应付,还是在做艺术品?设计师想表达何种意思,要达到什么样的效果?设计师对金属板工艺的熟悉程度。设计师出图的深度。思考这些之后,继续思考我们怎样做才能使设计师满意?

(3) 图纸上数据合理性:作为专业人员不能被动接受设计师的数据,要结合专业、经验,实际提出一些修改意见,便于施工,更优化效果。

(4) 容易出现的问题(难度)主要是制作和安装上的难度。超宽板是无法制作的。无拼缝接也有难度,并非美观。

(5) 布置保证质量、效果的措施,与设计商量、妥协的结果是双方让步,但必定还有难题,还会触发常见问题和易发问题。对这些要有准备有对策。

四、规范画图纸的格式

金属板装饰图是介于建筑和金属加工两者之间的图纸,目前没有统一、规范的画图要求,各公司是自行发挥的。图纸是交流的语言,由于不规范,常常产生各自读图理解上的错误,造成损失。我司也有这方面的教训。故要重视规范画图的格式问题。

1. 图纸是技术交流的语言

自从有制图技术问世之后,技术交流的施工问题就有了简便的沟通语言,一张图纸即可以代替千言万语的文字描述。学会画图利用图纸进行交流,也是掌握现代技术的一项重要内容。如今从事金属板装饰行业,也应该学会用制图技术进行交流。

制图作为交流语言,就应该使旁人看得懂,理解一致。参与交流的人具有不同文化程度和不同的工作背景,要使大家都能正确理解。制图的人员一般按自己的想法来动笔,假想其他人的想法会与自己的想法一致,其实是错误的。动笔的人要使大家能读懂是最重要的。

金属装饰图涉及的人群面是:

(1) 内装设计师:通常内装设计师是总体布局,并对总体效果负责。他们对金属板这一块是尊重专业设计和制造工厂意见的,希望由后者进行设计的深化、详化和补充。

(2) 工程总包方:这是签约的甲方,他们要了解你们如何做?用什么材料?成型的式样?可以以此控制领导,并作为核价的依据。

(3) 工地监理方:监理需要图纸来检测,考核施工的质量、评判优劣。

(4) 诸工种合作:金属板与空调、灯具、喷淋、音响等工种在一个面上是无法分割的。设计并对金属板的尺寸、分割线与这些设备组成的图案、式样布置时必然离不开金属板图纸。

(5) 公司本部需要:公司有关人员都必须按图进行报价、采购、备料、施工直至存档。

(6) 对制作工厂的要求:金属板的专业加工厂,更需要详尽的加工要求,没有图纸他们是无法下手的。

(7) 现场安装队:安装工人在现场放线、布置钢架、安装金属板,均以图纸为依据。

2. 图纸修改问题

现在的工地,特别是内装饰工地因种种原因一般会出现一边施工、一边改图纸的现象。这样的现象一旦时间久后,图纸已改得面目全非。改图纸的前提是要有图纸,要修改前期的图纸要准确,不能以修改为借口,可以对前期图纸马虎了事。每次图纸修改,要通知相关的配合方(填写图纸修改单,有关方签字确认),这样才能保证步调一致。工程上出现修改的图纸表达不到位的情况是比较多的。

3. 图纸和类型

按施工方位区别:有顶面图、立面图、地面图三类,这三类各有不同。

(1) 顶面图,又名吊顶图,又有三种之分:总顶面图或局部区域图、单块板图、节点图。

第一,总顶面图或局部区域图。一般是按俯视图(顶视图)方法画,即从金属板的顶上,居高临下观看的投影图,此时是省略、简化了金属板背面的设备和管道,突出板块分割线条而制成。在画此图时要说明俯视图,若阅读别人的图纸也应该询问对方。在画俯视图的同时,最好要配几张立面图或剖面图,这样也可以全面正确反映状况(见图 3-2)。

第二,单块板图。这是给制造工厂看的图,要制造工厂按图生产(见图 3-

3)。金属板有独特性与一般金属零件不同,它主要反映正反两面的造型和尺寸,不需要六面体的尺寸,可学习的画法基本思路是:①画出主板的展开图;②主板的成型立体图;③后焊接件展开图;④焊接件完工之后成型立体图;⑤纵横两个方面的端面图;⑥特殊部位的剖面图等,还需要加注一些文字,如喷涂面(见光面),加强筋方法等。

有厂家的三维图要画两张,因为他们是自画自生产用。如果是自己画,由别的厂家生产,厂家生产加工的延伸系数是厂家的经验数据,由厂家自定。可以将两张立体图合并为一张。

在实际施工中,发现铝板的加工误差还是很大的,令人不悦。今后可在图纸上多标注一些尺寸数据,特别是对角线尺寸。

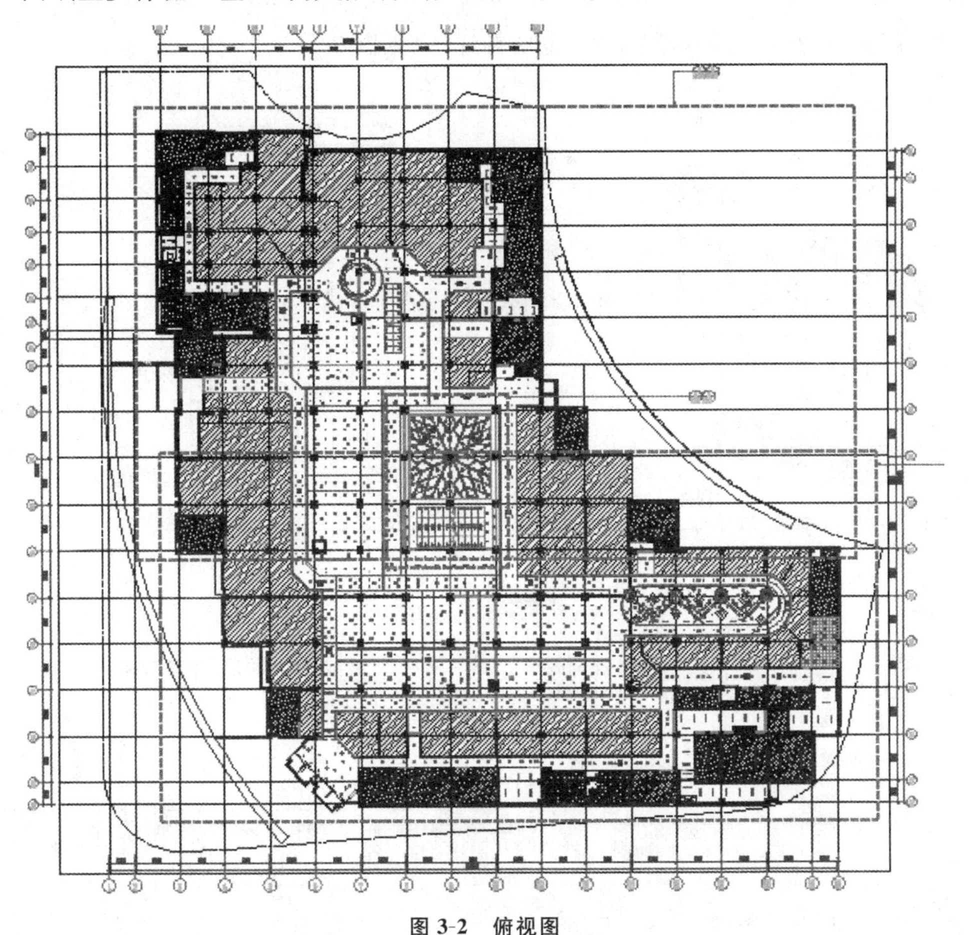

图 3-2 俯视图

图 3-3

第三,节点图。板块之间相接,要有图。板块与悬吊件相接也要有图。板块与收边条或其他材料相接,也要有详图(见图 3-4)。

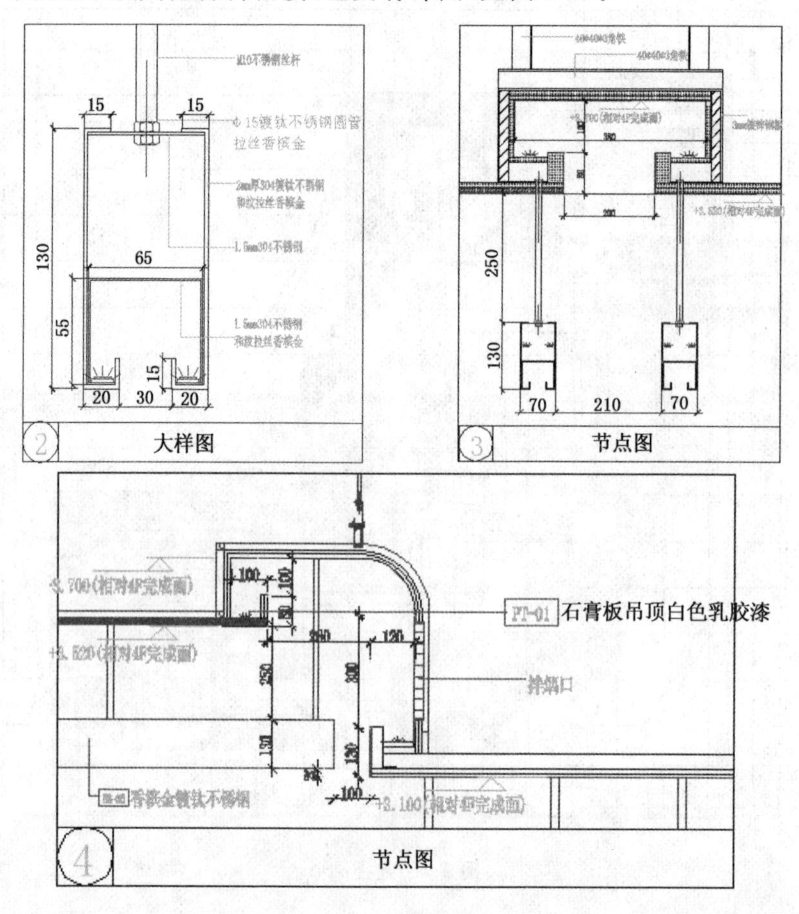

图 3-4　节点图

第四,剖面图。剖面图是反映金属板造型的重要手法。较为复杂的造型都要有剖面图,越复杂的越要多。有一个变化曲线,就应有一个剖面图。要有两个方向以上的剖面。

(2) 立面图,又名侧墙图。这里面也有总图、单块板图和节点图。因为是立面图,总图可按机械制图中的正视图要求来制作和解读,一般很少有差错。单块图和节点图也与吊顶板一样制作。

(3) 地面图,又名朝天图。这里的总图是由下朝上的,故称朝天图。我们在承揽铸铝地砖时遇见过。此图上出现的花纹、图案、线条都是可见的,踩在脚下的。

4. 图纸的细致程度

笔者有时会听到埋怨我们国内技术员画的图纸不仔细,不如境外设计师。例如,画铝板应该装角码的问题。这简单的一句话,延伸到图纸上就是一连串的问题。角码自身有材料种类、材料厚度、长和宽尺寸、有孔形状、有开孔的尺寸;对铝板而言,有安装的位置、安装是否要打沉头孔、用焊接法还是用螺丝紧固;安装的地点,是出工厂前安装好还是到工地后安装。遇到类似问题,境外设计师一般会考虑周全些,图纸出得仔细些。

结束语:

笔者为什么要写制图规范问题,并非是闲得无聊或小题大做,而确实是有犯错误的教训。

第一件,在做国金中心小椭圆时,生产车间放错了样,俯视图读成仰视图,他们认为我们沟通不明确,错误要我们承担,当时赔了6000元材料费。

第二件,在喜来登酒店施工时,我们出的图不规范,对方工厂不能正确解读,造成产品方向做反掉,损失又是近万元,还影响总体效果。

第三件,在上海国际舞蹈中心做一批灯槽板,由于角码的尺寸用小了,只能将产品拉回工厂重新加工。

五、拼接缝的深化设计

金属板材装饰设计时,拼接缝是一个重要深化设计内容。最初设计师出效果图或大样图时，会有造型，界面的尺寸标注，而不会对造型或界面内的板块排列分布，以及分割缝隙作详细的规定。因而若要作分割规定会涉及许多具体问题，设计师一般不会去触动。板块排列、分布，以及由此引起的拼接缝却成为深化设计的一项重要内容。

1. 拼接缝概念

拼接缝是指金属板在安装过程中都是由一片（块）片拼装组成一个平面或一个造型体，在单块之间都会接缝，这个缝隙被称为拼接缝，也有称工艺缝的。

拼接缝有几种表现：

(1) 密拼接（见图 3-5）。板与板之间亲密无间，紧紧挨在一起。拼接缝表现为一条线。

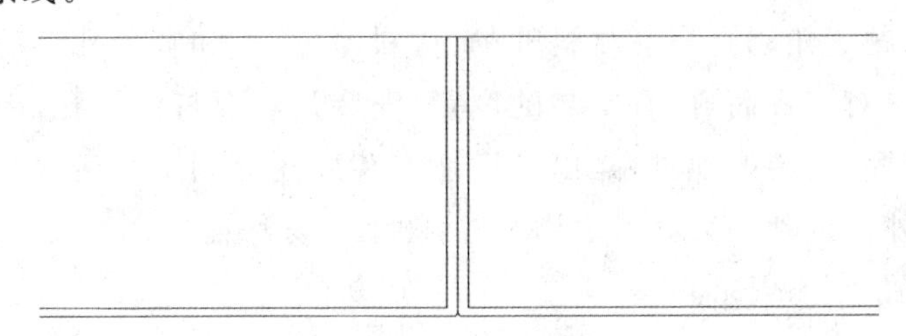

图 3-5　密拼接

(2) 离空拼接（见图 3-6）。板与板之间，离空 2～4mm 排布，板缝是一条细带。因为离空拼，这细缝就变为黑颜色。

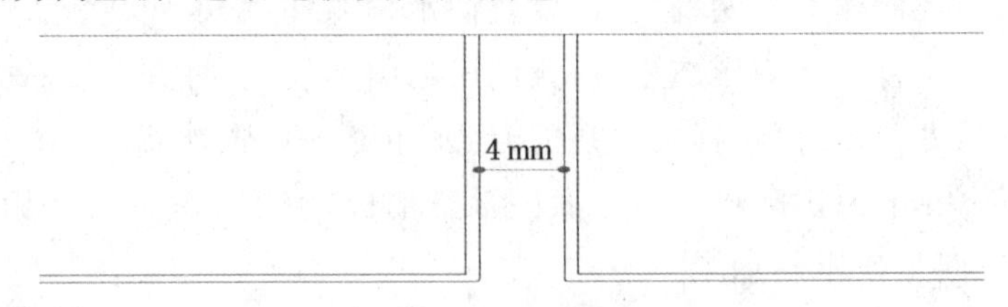

图 3-6　离空拼接

拼缝的位置：①在宽度方向拼接为横拼缝；② 在长度方向对接加长为对接缝；③在某个框架内拼接为镶嵌缝。

三种拼接，难度是递增的。

拼缝要勾勒出带角度的平面，常见的带角度拼接的形式有：①转角拼；②“丁”字拼；③“十”字拼；④菱形拼；⑤六角拼；⑥N角拼。

凡是小于90°的角，或者不规则的角，拼缝难度都是很高的，难免中间留下孔洞。

拼缝都是折边或加边框连在一起的。金属板材由于材料薄，易变形，故在边沿处都会有折边来强化材料的刚性，即便没有折边，也会在背面加框架来达到强化目的。

在板块拼接缝时，就必然带着折边或框架去对接。此时，折边或框架的尺寸和角度状况都会影响拼缝的效果。通常会要求折边角度小于90°，背框移进2mm，都是为减少拼缝时的麻烦。

深化设计时必须要考虑折边对拼缝的影响，在尺寸上要作调整。例如，勾挂式板的外翻边，由于折边角度误差，油漆的加厚误差，都会引起尺寸变化。要留有宽松的余地。

2. 拼接缝现象分析

(1) 拼接缝的普遍性。金属板材与木材、石膏板的区别在于前者是工厂化生产，后者可以在工地现场制作。工厂化的产品总是有形有样，有界有边，不可能是无限宽，无限长。前者材料(产品)发到现场组合拼装悬吊，完工之后在装饰面上必然出现拼接缝。后者可在现场制作，即填原子灰，做油漆，将拼缝遮盖掉，变成无缝拼接的装饰面。

(2) 拼接缝的必然性。有人会追问为什么金属材料一定要有拼接缝，原因是制造工艺条件、运输、进场通道等条件的限制。制作工艺，包括材料采购有宽度和长度的限制，加工设备的台盘有大小的限制，加工手段有局限。运输包括车辆大小，马路的允许通行量。进工地条件限制包括多大的尺寸可以搬进去，或者可以乘电梯。现实的各方面条件都会限制着金属材料尺寸的大小，不可能做“天衣无缝”的装饰面。

(3) 拼接缝的艺术性。既然拼接缝不可避免，聪慧的设计师就会将拼接缝设计成图案，提高艺术价值。最基本的方法是等分成正方形、长方形的几何形状。进一步做法是划成三角形，菱形。还有做法用直线或曲线勾勒出图案。像阿拉伯文化中的纹饰美一样。艺术性的张扬，有时会受到工程师的抵制。因为有一些拼接缝在实现时很难达到完美。例如六个三角形拼成一个六边形，这个圆心始终会出现一个孔洞，而不是一个点。

(4) 拼接缝的经济性。拼接缝的经济性是指在确定划分缝隙时，具体怎么划定会引起成本的变大。最常见的是确定板块大小问题。常规有 600mm×600mm 方板，如果想将拼缝划成 680mm×680mm，那么要重新开模具，或者单片折弯，那将引起成本翻番。其次，在用单件板制作时，选用宽度1 200mm 和宽度 1 800mm，成本不一样。宽板是要加价的，越宽越贵。目前我们在市场上采购铝板，基准价是以宽 1 200mm 设定的。在此价格基础上，每增加 100mm 宽度就要加价几十元，最宽板已达 2 000mm，要加上百元。

3. 拼缝的基本要求

(1) 拼接缝要等宽。装饰完工之后，所见到的拼接缝一定要是等宽的，而不能有宽有窄。等宽要求是指从正立面观察的感受。

(2) 拼缝同平面。拼缝的两个或者若干个平面都要在一个平面上，不能有高低差。发生高低差，拼缝就变成宽窄不一，线条不清晰。

(3) 线条的平、直、弧、曲都要符合图纸的要求。

(4) 拼接缝要有始有终地贯通。

4. 拼缝缺陷

(1) 不等宽，不平整。

(2) 不流畅，该直的应该直，该弧的应该弧。

(3) 接缝处有缺角现象。常见的是自动扶梯二侧面的外包板，在分割成菱形拼接时，很容易出现小于 90°的角有缺损现象，即一个尖角断掉。这表明菱形板比直角板拼缝难处理。

(4) 不吻合。这是指立体面相接出现的情况。立体面如方矩或 U 形槽，有三个可视面，对接时会出一个面或两个面接平，留下一个面还是有开裂口。

这表明多面体比平面难接好。

5. 拼缝缺陷产生的原因

(1) 金属板材自身不平整,有弯曲,翘边现象。

(2) 金属板材在加工过程中的精度问题。这是指长、宽、角度、对角线的几何尺寸。在加工中一定要重视这些尺寸的控制。特别要检查对角线尺寸,现在普遍用塔冲或雕刻机来替代剪板机下料,目的就是提高精度。但对塔冲和雕刻机本身要经常调整精度,防止因设备运动产生偏差。装饰板材的工艺条件相比精密机床的加工精度要粗糙许多。装饰板材的精度等级是毫米(mm),精密机床是微米(μm),甚至更小单位。装饰板材加工尺寸能控制在毫米之内已是优等品。现实中大多数会有 2～3mm 的误差。若有 $2m^2$ 大小的平板,对角线误差能在 2mm 以内,安装之后的效果是可接受的。

(3) 材料本身的刚性问题。装饰材料主要是不锈钢板和铝板。这两种都是金属材料,自身的硬度高,不锈钢还要强于铝板。但在实际使用时,受成本限制,都会选用一些薄板类的材料。材料越薄,材料刚性就越差。一旦材料变形,安装之后拼接缝就走形变样。

(4) 下料尺寸数据也会有差错。在生产时,钣金加工,会有两个数据,一是成型尺寸是"上公差"还是"下公差";二是折边的延展系数。这两个都是经验数据。因人因设备因工件都是不同,也容易出错。

(5) 焊接、打磨会产生材料变形。目前的钣金加工的主要手段,还是离不开焊接和打磨。焊接产生高温,材料相应会变形。打磨是工人手动的,会有深浅和弯曲。这引起的结果就是会出现在拼缝上不美观。

(6) 安装定位的尺寸不精准。常见的是安装墙板,会出现竖向拼接缝有高低差现象。

6. 拼接缝的改进

(1) 板块的固定点加密。金属材料安装是固定在钢架上的。要保证拼缝的背面都有钢架依托,一旦发现拼缝有问题,就增加固定点进行调节。

(2) 选用“板形”好的材料。“板形”是指材料的平整性和适当的硬度。

(3) 材料加厚。金属板材要按设计要求厚度订购，不能再减薄。有条件时候，还要加厚。

(4) 制作工艺，尽可能用铝型材来替代板材。铝型材有两大好处。①用模具拉制的，尺寸精度高，无论对接缝还是横拼缝都容易达标。②自身刚性好，不易变形。例如 300mm×30mm 的方矩，若用折边机加工铝板，成型之后对拼无论如何对接不好。反之，采用铝型材就不会有大问题。

(5) 将拼缝设计为槽沟。槽沟的宽度和深度，都要在 15mm 以上。这样做好处就是将板块的几何尺寸误差转移到宽 15mm 的槽沟内。

(6) 设计安装的专用配件。

7. 缺陷的避让

(1) 分析装饰面“阴角”或“阳角”。这样的造型，可以用两片板拼接，但拼缝一定要布置在“阴角”上。

(2) 凸面与凹体。在曲面体上留出拼缝，尽可能放在凹面上。圆球面避免不了放在凸面上，那么就将拼缝变为槽沟，因为简单的拼缝是很难成功的。

(3) 主看面与次看面。装饰效果观赏时，会有主看面与次看面区别，也有先看面与后看面的排序。在设计初期就会考虑这些问题。最常见的是大堂立柱，大堂门进入，是将立柱的直拼缝正对人的视觉，还是避开人的视觉(转 90°)，当然避开好。

8. 拼缝的利用

通过上述的讨论没有弯曲和翘的现象。既然拼接缝不可避免，在专业技术设计时就对拼接缝加以利用，扩展其正面的用途。

(1) 拼接缝作为加强筋。若一块大面积板块，在悬吊时会下垂，板面变形。于是可以用两块小板折边后拼接成一块大板，这大板虽然多了一条拼接缝，但不会变形。

(2) 拼缝处带有吊装结构，使板块能安装。

(3) 艺术渲染。在拼缝上做文章,加以艺术渲染。

(4) 整体效果的修补手段。也有人用开辟假拼接缝,或用故意增加拼接缝的手段来转移人们的视线,达到完美的效果。

9. 分缝设计的最终结果

(1) 要确定分缝在图面上的具体位置

(2) 要表达出分缝的整体效果。

六、节点图

节点图这一名词最初在建筑上的解释是反映两个相交面的构造图。在形式上节点图是从总图或区域图上挖出来进行放大绘制的。当下,在装饰业中节点图被赋予许多新意义,并更广泛地运用。

金属板装饰方案的设计师在见到专业厂商时,最关心是要厂商提供节点图。为什么他们要这样做? 这是因为他试想通过节点图看到专业厂商解决问题的技术方法。“外行看热闹,内行看门道”。方案设计师是内行,他要关心自己的方案用什么更具体的措施来保证实现,这是他所想了解的“门道”。方案设计师是优秀人才,但不是万能高手,他需要吸收更专业的技术来支持他。

节点图除了方案设计师需要之外,其实参与工程的许多方面和人员都需要,他们都必须通过节点图了解装饰面是怎样组成的。

概念纠正。节点图常被误认为 n 个相邻相交的材料的组合方式,其实这还是片面的认识。节点图是反映整个金属装饰面的组合吊装系统。节点只是将这个系统局部放大标注出来。设计师要看节点图不只是看一张,而是要看多张,就是想全面了解这个组合吊装系统。有时候设计师会要求画出一张或两张,这并非多余,而是对要求画出的内容有疑惑,应弄清楚。

在组合吊装系统中包括 ①金属面板材与板材之间的连接;②金属板材与钢架的连接;③钢架之间的连接;④钢架与墙(顶)之间的连接;⑤金属面材上灯槽、灯带、开启门、检修孔等附加物的结构;⑥金属装饰的收边处理;⑦金属面板材与其他材料(玻璃、木板、石膏板等)连接。设计师看节点图就是想要了解关于这些细部问题的具体解决方法。

细部问题的具体解决方法:

(1) 金属面板材与板材之间的连接:整个装饰面是金属板材,而金属板材又必然是一片片拼接的,这就产生了连接问题。可以密拼(见图 3-5),也可以有离空拼(见图 3-6);可以相互搭接(见图 3-7),也可以独自固定(见图 3-8);可以有翻边拼,也可以是端头(无翻边)拼。

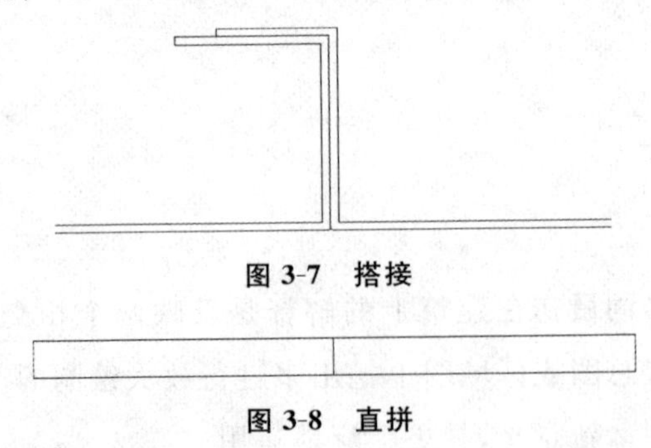

图 3-7　搭接

图 3-8　直拼

(2) 金属板材与钢架的连接:金属板材不可能悬浮在空中或者贴在墙上,而是通过钢架来固定的。这样又引申出金属板材与钢架的关系。这种关系也有多样化方式,如图 3-9 所示,有用螺丝连接,有用插件,还有直接焊接法。在工程中具体用哪一种方法在图纸上要表达出来。

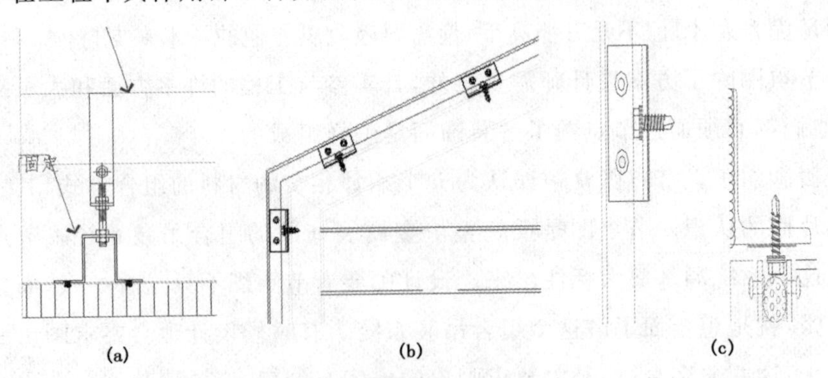

图 3-9　金属板材与钢架的连接

(a)利用插件　(b)插件打螺丝　(c)焊接打螺丝

(3) 钢架之间的连接;钢架不是简单的几支钢管,而是由长短尺寸不同的钢管纵横交叉组成，要达到一定的承重能力的系统，这个系统本身也要有图纸能反映出来。

(4) 钢架与墙(顶)的连接：钢架与墙(顶)是通过预埋件或嵌入膨胀件连接的，膨胀件用何尺寸，埋多少深度，这都关系到受力的能力大小问题，这也是各方都关心的事。

(5) 金属面材上常常会出现灯槽、灯带、按扭板、开启门、检修孔等附加物。这些设备与金属板相互连接的关系要清晰。

(6) 金属装饰面的收边处理。金属材料装饰是分区域进行的，每个区域结束，总会有一个圆满的收笔，这收笔被称为收边处理。收边处理的方法也是五花八门。用哪一种方法，也要注明。

(7) 金属面板材与其他材料(玻璃、木板、石膏板等)连接方法。现在装饰是多种材料广泛使用的。有时候一种材料限制在一个区域内，有时候又是几种材料互相镶嵌，渗透在一起的。不同材料究竟如何布置连接也要有节点图反映出来(见图 3-10)。

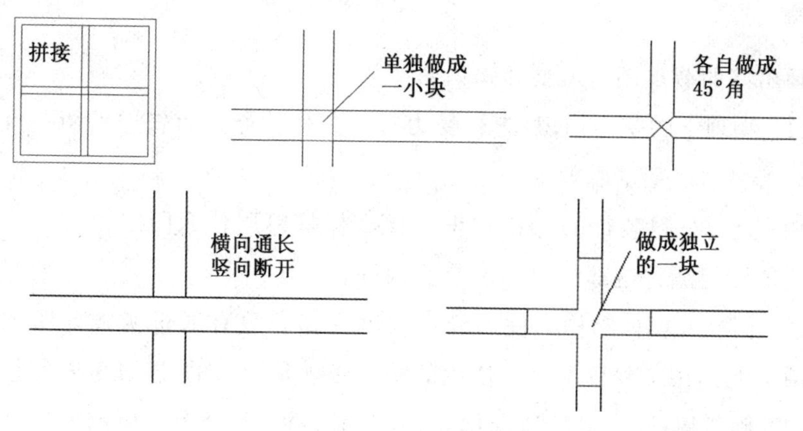

图 3-10 不同连接方法

从上述 7 个侧面来说明“节点图”的内涵，也只是常见的工程出现的案例。实际工程中更复杂，变化更多，要反映的节点更丰富。

节点图表示的详细程度。图纸表示越详细越好，还是点到为止即可，这是两种不同的作风。举例；铝板用角码固定在钢架上，有两种画法，如图 3-11 所示。一是在铝板翻边上画个角码，在节点图出现角码的线条即可；二是在

(a)的基础上,将角码厚度、宽度、长度尺寸都标注出来,甚至将用螺丝的规格也写出来,拧紧几牙也有说法。图 3-11(b)比图 3-11(a)又更深入,更细致了。我们要看具体工程的需要而定。

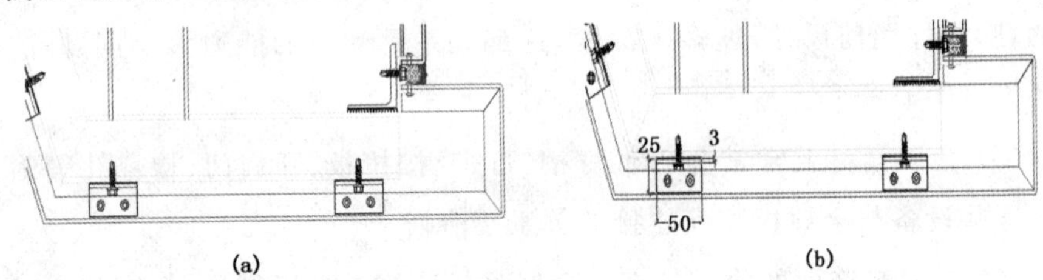

图 3-11　角码的画法

可商榷的问题。一个节点上能解决的问题多少,能解决的问题是指上文提到的 7 方面细部问题。有人认为一个节点最好能解决的问题越多越好。笔者认为解决问题越少越好,不能超过 3 个问题,太多了会顾此失彼,起不了作用。

通过对节点图的讨论,笔者对节点图的名词定义为:细部问题的解决方法。

画出好的节点图所需要的知识:

(1) 物理学的基本知识:怎样受力? 力怎样传导? 力怎样平衡? 力怎样分散? 都要知道基本原理。

(2) 金属材料装饰的专业知识。什么样材料用什么固定方式? 多大面积设几个固定点? 这都需要受过专业训练。

(3) 同类或相似结构的使用经验。理论知识只有通过实践证明才能放心使用。尤其在工程技术上所使用的结构必须是成熟的,经过考验的技术。

(4) 创新精神;艺术吊顶变化大,每个都不相同,个个有鲜明的特色。这里的创新主要是指灵活性、实用性和奇特性。

比较选择。节点图不是随便画出来的,而是先经过深度思考,然后列出几个方案,再从几个方案中比较选择的。例如:墙板的安装方法,可用角码钩挂,可用压条盖缝,还可以用硅胶直接贴上去,究竟用哪一种方法合适,这要经过比较才能选定。

在比较选择时,实际经验非常重要。许多事情只有亲身经历过才能深刻

理解，用经验来判断优劣是一个主要方法，有些方案被经验证明是错误的，一定不能再冒险采用。

节点图代表企业技术水平。上文从各个方面对节点图进行讨论之后，大家明白了节点图是代表企业技术水平高低的标志。现在具备进一步深化讨论归纳节点图的条件，目的是将企业技术水平继续提高。

(1) 汇合点：在节点图上一定会出现两种或两种以上材料或款式的形状与之交接，不同形状材料通过节点来结合成一个整体。

(2) 独特点：在一张图纸或一叠图中，各种线条或图案都可以有部分可复制，都可以与其他图纸雷同。唯有节点图是独特的，是要将关键问题反映出来的，区别于其他依样画葫芦的图。

(3) 安全点：金属材料因自身的特性很少会在板面上开裂，断裂，发生问题都是会集中在交汇处，即在节点上。考虑金属板的安全性，是从节点图上入手的。

(4) 观赏点：节点处是有缝隙，有材料边缘，有材料翻边，这些都是体现技术功力的地方，内行就是通过观察节点来评价工程的优劣。

(5) 智慧点：好的节点图充满智慧，是包含经验，勇于创新的。

节点图检验标准，笔者提出判断标准两种。其一是图面标准；其二是实质标准。两种标准不可或缺。

图面标准：① 全覆盖，凡有节点的，都要有图出现，不留盲区；② 看得清，就是让别人能看清，明白意义；③ 讲得通，即自己为什么要这样画，要有充足理由来讲述。

实质标准：实质标准是检验节点在实际上可行性如何？这应该达到：① 安全性，不能坍塌，松动脱落；② 美观性，在整体效果中有观赏性；③ 经济性，即成本可接受；④ 简便性，安装中工人能够简便操作；⑤ 可调性，在安装之中要可调节，在长年使用之中也要可调。

七、如何达到满意的效果

金属板装饰工程完成时一定要达到满意的效果，业主才能验收通过，并同意支付货款。之前的全部努力才有价值。如果效果不佳,业主不满意,要么重新做,要么反复整修。

什么是满意的效果,并没有统一的理论解释。业主比较多是凭感觉和经验来判断。其来源于设计图纸效果图,洽谈过程中各厂商的介绍,过去做项目的经验,看过其他公司做过的优秀案例等。

深层次分析业主的满意度是包含着一定的社会时代的要求和专业化的眼光。要达到业主的满意程度,一定要有更高的专业化水准和更优秀时代观念,要能破解"满意效果"的内涵,然后实现这些内涵。什么是满意的效果,业主往往自己也讲不清楚的,是要专业厂家去破解的。有能力破解,才有可能做好,达到满意的效果,否则无法达到。我们破解是从以下几方面进行的。

1. 大格调做像

这里的格调是指装饰体的造型、图案,要达到业主事先想象的要求,是方、是圆或是多菱体,都要有根有据。大格调做好做像,有一些主要的内容:

(1) 尺寸定位符合图纸要求:装饰完成的顶、面或造型,要按图纸的尺寸要求进行。决定限制装饰体的尺寸有① 标高;②完成面;③轴线位置;④零米线;⑤踢脚线;⑥界面尺寸;⑦收边方式;⑧造型体表面尺寸的变化。

(2) 装饰面或造型的逼真。装饰面有平面、斜面、单元面、双曲弧面、多菱体等几何形状,实际施工一定要按设计图进行。做出逼真的形状。

(3) 轮廓线要贯通。无论哪一种造型都有构成其特征的轮廓线条,这些线条都要贯通,顺畅。轮廓线有勾勒形状的外围线,有表面分割线,凡显眼的线条都要重视。

(4) 配合界面的清晰。几种造型或者几种材料的相邻装饰时,相互间的交界,配合之处都要清晰可分。

(5) 装饰体的同种颜色无色差。

(6) 装饰面的设备布置和谐。

2. 小细节做好做精

内装是使人们细看、近看的。装饰完工之后,要经得起观看,特别是内行同仁的观看、点评。关键是每个细节都要做好做精。做精的要求是落实到每个元素的精致处。

① 板块的基材,板形好;② 单块板的尺寸精致、长、宽、对角线误差小;③ 板与板拼缝之处宽窄一致、等宽;④ 同类板的组合尺寸偏差小;⑤ 同类板组合成大平面或圆弧面,没有明显的高低差或硬角;⑥ 整体安全牢固;⑦ 收边(界面)精细。

3. 光线下美

室内装饰的照明是以人工为主的,为了营造商业效果,光线都是特别明亮。在强烈的灯光下、装饰面或造型体都要无明显波浪形,凹坑、折痕等等是非常不允许的。在自然光下,平面高低差超过 1mm 时才能被发觉,而在强光线下,若有 10μm 的差别就会露丑。在墙角上装灯,照射墙面,被称为洗墙灯,墙面的平整度是一半通不过的。光线下美,以前是不要求的,现在客户成熟了,同样作为要求内容。

4. 施工对象个性化分析

(1) 建筑物:顶、墙、梁、柱、灯槽;

(2) 物体功能:灯箱、屏风、地砖、门框、门扇;

(3) 造型:平板、单曲、双曲、多菱体、圆锥体;

(4) 材料:铝板、型材、铸铝;

(5) 型材:单片、U 型、方通、直条、弯弧、造型。

5. 技术上难点

(1) 双曲面的表面圆;

(2) 多菱体的菱边;

(3) 平面、斜面的相接。

6. 常见工艺病

(1) 焊接变形;

(2) 打磨不平整;

(3) 切角、斜度难控;

(4) 折边尺角大;

(5) 镀钛激光雕刻变色;

(6) 水刀有斜角。

八、影响效果的因素

影响效果的因素是指有可能损害整体装饰观赏效果的细节问题。控制好细节问题才能保证最终的效果满意。这里因素或细节是很复杂繁多的。我们可以通过几个层面的疏理,将这些细节问题归纳起来,这样做理解深刻,容易记牢,措施有力。

笔者也曾关注过服装的效果问题,哪些是会对服装整体效果产生影响的?人们又是从哪些方面去评判服装效果的优劣?将这些理论分析方法借鉴到装饰效果中来更生动。分析服装的视角:① 材料(面料)的质感;② 成衣款式;③ 缝纫做工精细;④ 尺寸与着衣的相符;⑤ 颜色与图案的内涵;⑥ 不同材料搭配风格。这些是用传统观念分析出的结论,也许无法解释当下时尚潮流的衣着现象。

金属板材的装饰效果是由八个层次因素综合形成的:① 材料表面质感;② 加工工艺精湛;③ 成型状况;④ 安装位置;⑤ 排布条理;⑥ 组合成图;⑦ 收边有匠心;⑧ 饰面处理高雅。下文分别论述;

1. 材料表面质感

铜、铝、不锈钢都有不同的牌号、等级、厚薄、硬度的区别,这些在设计时都有规定,不能随意改变。每一个规格都涉及材料质量。例如不锈钢指定用 304 牌号,就是避免表面不生锈,若用 201 或 202 牌号代用,不出半年就有生锈斑点浮出表面。例如铝板规定用厚度 3mm 的,这种厚度材料在焊接之后变形量小一些,即便有变形不容易表面有高低波纹。材料用薄之后,还会被人们诟病为“偷工减料”。金属板材料即便不作任何机械加工,从板形状上,从材料的感觉上看厚板要比薄板好许多。

2. 加工工艺精湛

用于室内装饰的金属板越来越复杂，表现在工厂内的加工工序越来越繁多。工厂内许多加工工艺的优劣都会影响到装饰效果上来。

(1) 用剪切机下料会影响板块的几何尺寸。

(2) 折边前开槽是可提高美观度，而开槽也会引起尺寸误差变大，还会引起折边条开裂。

(3) 折边角度是否到位，若折不到规定角度，板块无法装好。

(4) 焊接是在高温下进行的，金属板一旦遇上高温就会变形，变形就会露丑。

(5) 打磨是为消除焊疤，但技术不高就会将表面打凹下去，损害平整度。

(6) 生产运输过程中的材料或成品搬运，稍不注意就会损伤材料，特别是碰撞“尖角”。

(7) 板面开孔，会有毛刺，一定要有消除毛刺的工序。

(8) 装角码是一个必须工序，这里又涉及怎么装法？要不要打孔等。不注意就会出问题。

3 成型状况

这是指金属材料装饰最终安装之后都会形成一个固定的形状。这个形状是平面，或斜面，或圆弧面。无论哪种形状，成型的状况都应该“逼真”。该平的就平，该直的就直，该圆的就圆，不能混淆。这成型的效果是一个反映装饰大格调的效果，是一个主要指标。成型状况的缺陷产生原因有设计问题，也有制造问题，还有现场安装问题。这三个方面都要加强专业化训练方能改观效果。目前的趋势是深化设计在提高，制造水平也能维持，而现场安装能力在下降。原因是老一代的“农民工”渐渐退出市场，农村的年轻人也不愿意来工地当安装工，他们宁可收入低一些，进工厂打工。“农民工”稀缺的局面自然影响到安装质量。

4. 安装位置

每个金属板材的装饰都可以被看作是一件有空间尺寸的实物嵌入在墙上或顶面上。这个嵌入的尺寸、方位，一定要符合图纸要求，不要有偏差，不能有缺失。若发生问题就会装不好，或者碰撞其他材料。产生问题的环节是出在现场放样上和安装的误差调节上。重视安装位置，就要表现在非常谨慎地对待一些涉及空间尺寸的数据。例如，平面图上的轴线位置，立面图上标高位置，地坪图上的完成面位置，零米线的标志，扶手高度。这些线条至关重要，千万不能弄错。

5. 排布条理

排布条理是指整个金属板材区域内的板块分割，线条排布是否合理，是否美观。板块大小要均匀，上下左右要对称。线条要贯通，要对齐（对缝），也有分割按图案进行，在安装之后要能将这设计意图完整表现出来。排布条理是源于设计师的逻辑思维和严谨的工作态度。德国的“包豪斯”设计学派就是这种风格的代表，现在许多人都在学习。

6. 组合成图

当今的饰面装修之后，在某个具体面上绝对不会没有其他东西。而必定有各种设备和灯具。笔者已有专门章节讨论。每个行人在观赏这个装饰效果时，一定是将各种设备和灯具放进装饰面，作为一个整体来观赏评判的。设备装偏了，灯具装歪了，都会损害整体美观。

7. 收边有匠心

收边是指在装饰面不同材料不同区域相连接时都有一个各自结束的处理，这种收边处理是衡量技术水平高低的活，一般成熟的公司都会重视这项工作，要表现独具匠心。笔者也有专门章节讲述这个内容。

8. 饰面处理高雅

金属材料装饰都是带有表面处理方式的，具体讲是用油漆，还是氧化，还是蚀刻。这在设计时都一定遵守规定。规定的工艺方法不能变。采用的涂装材料不能换。加工条件不能降低。

影响装饰面质量的,常常出现的毛病:颜色有色差,油漆面有灰渣,有挂柱,漏涂等。现在大家在金属材料上贴木皮追求仿真感觉,但是很容易出现木皮起鼓泡,边缘开裂等问题。这都是工艺不过关,选材不好引起的结果。

当人们在观赏效果时,还有一些环境条件的影响在起作用:

(1) 观赏的距离远近。远看一些装饰很好,但近看又会发现不少细部毛病。要把握让人远看还是近看。吊顶的标高如果小于4m,那一定是近距离的观察,在细节处理上要更谨慎。

(2) 视线的平视与仰视。看墙是平视线,人能轻松地观赏;看顶部是仰视,看久了就会觉得很累。人们很容易发现墙体上的装饰毛病。这就是为什么墙体装饰要比顶部更要注意细节问题。

(3) 多个视角观赏的效果。理论上一个装饰体有六个面,这六个面只要是暴露在视线中的,都要可观赏。安装一个屏风,正面、反面看都要美丽。一个跨越几个楼层的共享空间(杯口、中庭),在每个楼层都要可观赏。

(4) 大空间与小空间的不同。当走进大空间。如北京"鸟巢"相当宏伟,当人们进入后会被震撼,很少会去注意装饰的细节;而在小空间中没有大气场的震撼作用,人们会充分发表意见,批评指责。犹如淮海路K-11商场面积比浦东国金中心小许多,人们对K-11的装饰细部要求就比国金中心高。

(5) 装饰面是高光,还是亚光。若是高光面,那么反光强烈,很容易暴露装饰面上的瑕疵。亚光面的会好许多。

(6) 光线明亮或暗淡。在明亮的光线环境中装饰,更要小心。在国金中心装饰时,亲眼所见,有两支立柱,柱顶上有灯光照射,每次装饰好铝板,当灯光照射下时,拼接缝弯处都会出现凹凸坑,连续返工做了四次,最后顺利通过。

九、装饰面上兼容的设备

在吊顶板中客户会提出许多设备布置的要求,在墙板和立柱上也有一些，横梁上少一些。一旦有设备，就要预留地方或现场开孔，还要布置有秩序或成图案。作为金属板装饰者，要事先提请业主注意，并要求协调。如果没有事先的计划，会出现边做边改或者停工等待的状况。

常见设备有线路布置和表面开孔，电器设备的线路布置问题也会影响吊顶和墙面的装饰美观。十几种设备的管线穿梭在空间内，虽然是在吊顶的背面，但是在空调（出风口、回风口、新风口、排风口）、照明灯具、舞台旋转灯、消防喷淋、消防水炮、消防卷帘门的导轨、烟感器、音响喇叭、监控摄像头、指示排架、逃生指示灯、警报器、门控、电子锁、电视机架、录音器头、信号放大器，升降吊钩、检修孔等十余种孔，都需要在表面开孔，布置出口。究竟需要几种设备，事先要规划好，不能事后补。对这些设备业主关心的是齐全、能用、美观。

吊顶如果是满铺平板时，上述设备只要落实点位；如果吊顶是透空板，还要区分各种设备的标高的不同，有的是藏在顶部，有的是放在表面，还有装在中间的。不同的标高对安装来说顺序不同。

空调风口罩和检修孔盖，市场上有成品可以购买。有的业主要保持个性，还要求定制。金属板厂家可以结合吊顶的造型设计把检修孔藏进去。常用的手法是制作一块可以拆卸的板。

施工顺序上，空调风口、消防喷淋、照明路线是先于吊顶进行的，其他基本上是同步的。诸设备中，消防系统是最难协商的。

设备布置需要开孔，开孔由谁来进行？个别工地是请专门队伍干的，大多数工地是委托金属吊顶的工人干的。后者是在自己的产品上开孔，比较熟悉和复杂。

工作方法：

(1) 事先让各家提交图纸，金属板厂家再进行板块分割和排版，征求各家的意见。

(2) 要求排出各家施工前后顺序。有的是有前后，有的是要同步的。

(3) 各家提供要求开孔的实物和尺寸，以免开错尺寸。明确开孔的费用和责任。

(4) 开孔是在工厂进行，还是在工地进行，工厂也要有判断。标准板，相同的位置和相同的孔，可以在工厂进行。

(5) 现场开孔的工具主要是开孔器和曲线锯，事先要准备好。

专业厂家的原则：

① 不允许在板块上承载重物，以防板面变化。

② 不允许在板缝上开孔，以防破坏板块结构。

③ 不允许倚傍在板块上施工。

④ 不允许其他工种人员擅自拆卸板块。

专业厂家可用的手段：

① 可以要求有关设备适当移位。

② 可以布置假样，即没有作用的东西。

装饰面上设备越多对安装麻烦越大：表面开孔要多，安装碰撞多，背面生丝杆或钢架避让多。

在顶面上布置设备，常常会影响吊顶的完成面的标高，逼迫降低标高。降低标高是业主最不愿意接受的事。空间高大是为了空气流通，光线充足，视野宽广。

解决问题的方法有的是修改设备管道的高度，有的是分区域来定标高，不追求统一的标高。万不得已的时候，才同意降低标高。

施工或维修的过程中施工人员会碰撞、拆卸、踩踏，造成板块的损伤，破相。一般，金属板在使用中是不会损坏的，都是人的行为不当引起的损坏。较好的解决问题办法就是用线槽或支架统一布线。有条件的，还可以增加"走马道"来连接每个角落。

在高档办公楼中，由于在吊顶上需要布置的设备和线路繁多，板面上开孔很零乱，既不美观又浪费。于是有的项目采用设备带，也有称集成带，即将需要开孔的设备集中在一个区间内。

设备带其实是一种结合布线法，是装饰工程的标准化设计，也是工程装饰高档化和工厂化的趋势。美国苹果手机专卖店是样板工程。(详见设备带专题)

在大厅等大空间设计吊顶还会遇到自然光源的利用问题。有的是整个采光玻璃顶，有的是局部开天窗，还有是孔洞型。对于这些情况和具体尺寸一定要掌握。

自然光源一定要利用，这也是一个大原则。但是光源也有副作用，太强烈的光源会刺激人眼和产生高温炎热。装修设计也要能够控制好自然光源。控制的办法，有的是装电动窗帘，有的装软膜天花，有的是封亚克力板，还有的用冲孔铝板或铝条板来遮挡过强的光线。每一种方法都有利弊，每一种方法都有一个流行期，现在大家都推崇用冲孔铝板。采用何种方法，要经过成本研究和效果评估。有难度的问题是如何确定透光率，15%，25%，30%，35%，哪一种更好些。

高档建筑都要装空调，就要研究节省能耗问题。会在吊顶背面再加一层保温材料。延伸问题是何种保温材料经济适用，健康环保。

十、设备带(集成带)

1. 产生缘由

在高档办公楼或营业场所，由于在吊顶上需要布置的设备和线路繁多，在吊顶板开孔很零散，既不美观又浪费(见图 3-12)。

图 3-12 在吊顶板开孔

于是，在有的项目中采用设备带，也有称集成带，将需要开孔的设备集中在一条区间中。设备有：消防喷淋、照明灯、音响喇叭、空调出风(散流器)、空调回风口、应急照明、报警器、监控摄像头、信号放大器、检修孔等。

设备带是随着工程装饰的高档化和工厂化的趋势诞生并发展的，是工程设计和施工的现代成果。这里是与民用建筑的“集成吊顶”有同工异曲之处，但有本质的差别。关键区别在设备带需要单个工程的前期深化设计。

最初的设备带是出现在“苹果”手机专卖店。这里的设备带是有照明灯具，但是还外加“LED”透光板。这是为强化商场的亮度。这里的设备带面板使用的不锈钢冲圆孔板，表现出整齐简洁的装饰风格(见图 3-13、图 3-14)。

图 3-13 “苹果”手机专卖店的设备带

图 3-14　设备带上的消防喷淋

2. 设计要点

(1) 结合现场,结合市场材料价格,结合各专业要求进行设计。确定在设备带内究竟要布置多少设备,哪些设备? 要了解这些设备的功能上的技术要求,布置的密集度或间隔距离。

(2) 排版设备带的宽度,要适当容纳相关设备。

(3) 设定哪些设备是暗藏的,哪些需要明装的。

(4) 内藏的要保证管道或电缆在设备中穿梭畅通。

(5) 选用材料的种类、厚度和档次。

(6) 有利于单元化、工厂化生产,现场组合拼装。标准单元长度有2.4m、1.5m、1m 等。

(7) 需要固定和可拆卸的不同结构。日常维修是在设备带下方可更换灯管或清理散流器。

(8) 设备带与吊顶板的收边和接口。

(9) 表面颜色的搭配。

(10) 功能与美观的一致性。

3. 基本结构

设备可分为:悬吊结构、背盖板、线路托架、面层板四种。

(1) 悬吊结构:是指用丝杆或钢架,在楼层板上找到着力点,然后悬吊下来。此时设备带的背盖上也应有着力点。

(2) 背盖板实为底板,要将各种设备包容起来。

(3) 电线托架,这是为防止电线下垂压在面板上。

(4) 面板,指可视的表面。面板包括灯格栅、散流器、透空板等。面板也是几块板的组合。

4. 主要材料

(1) 钢板。镀锌板加烤漆,厚度在 0.7～1mm 范围。烤漆是深色或黑色的。一般都是制作背盖用,面板少量用。

(2) 铝板。采用阳极氧化的铝板。阳极氧化铝板有抗静电能力,不容易被污染,照明灯的反光板、空调散流器都是用这类板。

(3) 塑料。也有采用 ABS 塑料作为散流器的材料,理由是 ABS 材料在冷热空气交换时不易结露水。

(4) 铁丝。用铁丝穿在背盖板上,既有固定强化背盖板的作用又可支托电线。

5. 工厂制作

设计设备带的前提都有一定的任务量,最少的有几百米,最多会有几万米。有数量,就具备工厂化、批量化生产条件。也会达到规模化、经济化的目标。主要工艺有:

(1) 零件供应,将自己能制造的安排好,余下不能制造或自己做不方便的分包出去。如灯具、阳极氧化板等。

(2) 模具设计和制造,依靠模具冲制的零件、尺寸标准、外形美观,是一般手工不能比拟的。

(3) 散件成套,自产和外购的零件齐全之后,要工厂组装、检验、配套出厂。

6. 安装顺序

(1) 放线、定标高,完成面标高、设备带背板标高,管道标高

(2) 设备带上的管道、水管、电线管都要布置好。

(3) 悬吊丝杆放下来。

(4) 装上背盖板。

(5) 铺设有关设备的电线。

(6) 设备就位。

(7) 嵌上面板。

十一、周全的项目分析

在熟悉图纸,看过现场,理清楚业务(设计)要求之后,应该有一个对项目总体的分析评估。这里涉及的内容很多,如果仅凭头脑的即兴思考难免有漏洞,故将可能遇见的问题全部罗列出来作为提示。但是也要防止另一个倾向,抓不住重点。

(1) 项目描述:房屋楼宇的类别、装饰区域的功能、空间面积的大小、高与低、装饰的造型、主要材料类别、材料款式、文化风格。

(2) 板面造型:平板、圆弧板、斜切板、扭曲板、双曲板、雕花板、多菱体。

(3) 型材造型:格栅、条型排、平面上分切图案、高低差组成图案、长条板轮廓线单曲、长条板轮廓线双曲。

(4) 主要材料:铝板、铝型材、铸铝、铁板、不锈钢板、铜铝复合板。

(5) 装饰区域:大堂、大堂吧、中庭、走廊、会议室、报告厅、健身房、游泳池、门前厅、雨棚。

(6) 装饰单件:横梁、立柱、服务台、屏风、灯罩、地砖。

(7) 文化风格:欧式、美式、日式、中式都是可参考项目。

(8) 材料表面处理:刷漆、阳极氧化、仿木纹、贴膜、喷漆、预辊涂。

(9) 板块结构:板块分割单元、单元拼装、单元与造型关系、每个单元中

的每片板作用。

(10) 单元构成:铝板、型材条、单元盒。

(11) 每片板的作用:功能、美观、定型。

(12) 收边:不同单元、不同造型、不同区域的交界处理。

造型有何特点,有何新意,有何难点,个性特点,存在哪些疑问:要通过做样板或工艺试验解决,通过大家讨论解决,争取与设计师交流。装饰效果可从多角度来观察,可视面分为主看面和辅看面。共享空间要观察从一层、二层及三层的效果。在大格调上包括板块表面,板棱边的轮廓线,在小细节上包括拼缝、收边、辅角和镶嵌边条。要求在光照下平整、润滑、无色差、无凹凸、无硬角。

保证效果的控制措施(视觉效果):①几何形状的尺寸控制;②表面成型的美观控制;③安装时的牢固、安全、可调性、方便性控制;④涂装面的色差控制。

1. 深化设计的开展步骤

(1) 现场的勘测(放样):①实际状况的调整,方位、尺寸的检查;②新装饰的空间定位、标高、完成面、踢脚线、扶手栏杆高度等确定;③配合界面的划分,不同装饰材料的分界线;④放样,轴线上取点,起线条,做模板。使用工具有直尺、长卷尺、测距仪、3D测绘仪。

(2) 基层钢架设计:①单件悬吊勾挂;②轻钢龙骨;③钢架转换层。

(3) 节点设计:①板与钢架;②板与板;③板与边条;④多件组合;⑤收边;⑥跌级。

(4) 单元设计:①根据形状、大小、长短、厚度来划分单元;②造型是密封的还是透空的;由材料面构成还是由材料轮廓线构成。

2. 材料确定

①材料性能的限制;②材料尺寸限制;③加工设备条件限制;④运输,搬运限制;⑤工期限制;⑥成本限制。

3. 制造工艺

①下料，保证尺寸，可用雕刻或剪切方法；②切割，要求直、快，几种方法可选(激光、机械刻、水刀、线切割)；③开孔，要求没有毛边，不变形；④开槽，要求同深度、笔直、表面不开裂；⑤种钉(点焊)，要求牢度、表面不开裂；⑥焊接打磨，要求牢、美观、不变形；⑦折边拼和端头拼选择；⑧板面平整性：国标板板型好，折边高一些(长边的2%)，可加筋，存在替代的可能性(瓦楞板，蜂窝板)；⑨工厂拼装；⑩工厂整体组装，分拆送工地。

4. 安装方法

(1) 人的操作：①能否在顶或板背上操作；②有无人手的操作空间；③人眼可见否；④工具的使用空间，自攻钉、拉铆枪、手动螺丝；⑤可否焊接。

(2) 连接件使用：①丝杆；②角码；③挂片；④搭接；⑤勾挂。

(3) 装配分工：①工厂与工地分工；②工地现场地面与空中分工；③空中安装秩序。

(4) 安装中的调节：①牢固性上可调节；②前、后、左、右、上、下，六个面的调节；③调节之后可以锁定。

(5) 检修孔或可拆卸板的安装：①特殊设计要求；②特殊安装。

(6) 填胶、打胶的慎用。

(7) 装饰面上兼容的设备，设备的种类、尺寸规格、数量、重量、标高要求。装饰中的常见问题的防范和新问题的出现。针对不合理设计的改进意见。装饰空间的限制尺寸。平面设计到空间设计。笔者选两份项目分析报告作具体示范。其一，上海中心一楼大堂金属板方案；其二，SOHO虹口项目方案。

示例a：上海中心大厦一楼大堂金属板装饰方案

笔者已看过现有的图纸，图纸并不齐全，缺少立面图和节点图，更无CAD图。笔者也带着图纸去现场查看，增加感性认识和空间的真实想象。而后提出过若干疑问，请求答复，未果。现在仅能根据掌握的情况，做一些初步分析，希望有机会得到更详尽的资料并能与设计师面对面地沟通，这样才能做出良好的深化设计。

1) 项目描述

大区域是核心筒一层、二层的顶并与外围裙房连通的挑空的顶。拟我司的金属板可装饰7个区域：

(1) 外围挑空区。这里是五楼檐口的顶板，立面是裙楼的三、四、五层的侧封板和二楼的檐口顶板，垂直方向剖面是个“乙”形状，又像一个倒放的“圆边帽”。这里采用三角形板拼装，缝隙是贯通的曲线。因区域有上下和左右的转角，必然出现双曲面板和多曲面板。

(2) 展示橱窗。在挑空区域的侧封板面，开辟了若干个展示橱窗，窗孔内也要求用金属板装饰。橱窗的板与侧面三角形板衔接是个技术活。

(3) 一楼大堂吊顶区。在玻璃幕墙内到电梯厅旁的区域，吊顶的平面也是用三角形板按曲线来布置的，板块都是单曲板。

(4) 二楼大堂吊顶区。从图纸和现场看，二楼是最精彩的装饰区，因为两侧各有一个中庭，直接与一层连通，形成一个共享大空间。

(5) 一楼大堂共享空间区。一楼的区域是两个中庭的杯口下侧，与玻璃幕墙围成的区域，也是用三角形板按曲线来布置。

(6) 一楼和二楼的电梯厅。二层的电梯厅设计是相同的，都是直边的三角形板块来拼接的，难度相对小一些。

(7) 大堂立柱。与大堂金属板相交的大立柱有8支，立柱的直径达到6m以上，分四种式样装饰，每种式样中又有不锈钢和铝板两种材料搭配。

2) 装饰的亮点

作为中国第一高楼，总要有耀眼的装饰亮点：

(1) 大量的大面积采用金属板，这要有雄厚的财力支撑。

(2) 从裙楼的檐口开始，约20m高度一直延展到二楼和一楼顶，这恢弘的气势让人震撼。

(3) 在金属板满铺的基础上，又突出了由曲线勾勒出的图案，有阿拉伯文化图纹美的含蓄。

(4) 设计是做出自己独特的风格：基本风格是曲线加三角形板，这里要求夹层与室内完全一致，一楼与二楼一致。

(5) 装饰要出现优雅的效果，必定要有思考周全的深化设计、精湛的制造工艺和合理巧妙的安装方式，要展示中国制造的魅力。

3) 用心深化设计

我司的装饰工程都要努力达到“大格调做像、小细节做精、光照下无瑕疵”的要求。在深化设计前都有一个“视觉效果”的分析，按完美的视觉效果要求来展开设计、制造、安装的各个环节。深化设计是工程实施全过程的设计。

(1) 渲染线条美。线条是贯通交叉的，贯通要顺畅，相交要均匀，线隙要等宽。总之要按曲线的轨迹来做拼缝。缝隙的设定，可根据区域的高度不同，宽度也不同。缝隙的宽度与装饰体的高度成正比例关系，越高缝隙要越宽。在室外挑空区是高 10m 以上，间隙可设计 20～30 mm 宽度。在一楼二楼顶可设定 10mm 宽度，在电梯厅顶只需要 5mm，用宽度来渲染线条。缝隙之间要加背板不让透光或露钢架。坚决不打胶。

(2) 板块做精致。分割的板块是根据布置的空间造型进行的，空间是一个有规律的体型，但是分割的圆弧线条是以圆心向外围每 600mm 距离设定的，这就造成分割的板块在同一圆弧上是相同的，反之不同。结果，大多数的三角形板是不相同的尺寸。无论相同否，每块板尺寸做精致，才能保证缝隙构成的曲线美。吊顶采用 2mm 铝板，并冲直径 2mm 的圆孔。

(3) 板面单曲、双曲、多曲的争议。要达到优美的视觉效果，在吊顶的平板区域应该会做曲线边的三角形板，在两个面相交的地方应做双曲板，而在三个面相交之处要做三曲板。双曲板和三曲板仅限于室外挑空区域，数量占百分比很小。双曲或三曲板虽有难度，但我们有技术能做好。在国金中心的双曲艺术顶就是成功的案例。也有一种意见，全部做直边三角形平板，可降低造价。在室外的装饰体是球面体，如果用平板做，那么勾勒的缝就不可能是曲线，只能是直线(几何原理表明两个平面相交的交缝是一条直线)。用若干直线段来连成曲线就不顺畅，有硬角。

(4) 分割线条曲线或切线的定夺。吊顶的表面分割有图是要求曲线，也有图是直线。虽然曲线是优美的，但是分割的工艺是麻烦的。切线分割工艺简单，但是不流畅。

(5) 钢架设计。在需要装饰金属板的地方，都有基层钢架，这个钢架不允许胡乱搭建，都应经过设计。在挑空区，要有大钢架与水泥结构连通，也要有小钢架做成与金属板完成面一样的曲面，便于安装金属板。钢架做不好既不安全，又安装不出效果。钢架设计中有两个问题：① 在挑空区域需要有受力计算书，通过计算决定钢架采用何种规格钢材；② 大钢架的着力点，按严格规范应该从水泥立柱或楼板上引出，不能从幕墙的圆管上引出。这在个别地方又要自身挑出空间，也是有难度的。

(6) 专用连接件。钢架与金属板之间也需要有专用连接件固定。这里的连接件要兼顾6片板，又有单曲、双曲、多曲的不同需要。

4) 现场放样

设计师会提供CAD图，此图是建筑物未出现时的尺寸图。现在建筑物耸立而出，一定要按现场放样，对照设计图看差异，重新调整图纸尺寸。

现场放样可以委托专业放样公司进行，最好的专业公司是用大数据原理来测量的，那是要付费的，也可以自己用测距仪放线，自己做需要有脚手架，在室外和中庭都是要满堂架的。

5) 工厂制造

因为是大型工程，在工地安装和工厂制造两者的分工上应该让工厂有更多的担当。工厂做试拼装或单元式组装，尽量减少工地的工作量。要发挥工厂化的加工精确，安全稳定，效率高，工费低的优势。

工厂制造的重点：

(1) 选用平整度好的材料，特别是在经过冲孔之后，要加整平工艺。

(2) 下料尺寸要精确，长度、宽度的误差要控制在1mm以内。

(3) 需要焊接的部位，都要防止焊接变形问题。

(4) 大量的半成品到现场，要有详细明显的编号，不要混杂、弄错。

(5) 不同批次的产品进场，油漆颜色不能有色差。

6) 现场安装

(1) 解决大面积连片装饰面的办法是化整为零，首先将大区域划分成若干小区域，控制好小区域之间的误差，然后再对每个小区域进行安装。这样可防止连片安装的误差产生大偏差。因为是曲线，小区域的分割也要成曲线，这也是有难度的。

(2) 这个项目唯一可找的规律是六个三角形构成一个六边形，对于平面板，可以在地面上先将六片拼成一个单元，然后向上吊装。双曲，三曲只能一片片安装。

(3) 初装的板块都需要经过调节。

(4) 每个区域都设定一条中心线，从此线开始两组人可同时背向展开安装，缩短周期。

(5) 安装过程中顶部的各种设备管道，板面布置开孔方位是很麻烦的事，要提醒有关部门尽早协调好。

(6) 脚手架使用量大，高空间用满堂架，在4m高度用活动架。

7）可能出现的问题

因为装饰面积大，单块铝板面积小，又要拼成圆弧形，可能出现板块支离破碎，线条歪歪扭扭的现象。要有解决的措施。

8）施工周期

签约之后，应有一个月的准备时期，进场施工到完工需要4个月时间。这是精细活，希望工期放宽松一些。搭脚手架，出加工图，工厂制造，安装，收边整改，拆除脚手架，这些都是很费时间的。在深化设计过程中要与多方沟通，也是费时的，要有个答复的时间限定。能否按时付款也是影响进度的大问题，资金不到位，难保材料及时进场。

示例 b:SOHO 虹口项目顶和墙的铝板装饰分析

SOHO虹口项目自从参与一建的深化设计，长达半年之久，过程参与“新丽”的正式深化设计，也受SOHO邀请参与了与日方设计师进行三次面对面的讨论，又做过多种样板，最后还投入资金，做宽1m，高3m，由5片双曲板扭成的墙板。以后，在工厂内进行多次工艺试验和样板制作。故对此项目有深刻的理解，也有成功的经验。

1）项目描述

一楼顶：

办公楼有1个大堂，大堂一半是连同二楼挑空的，让室外的光线可以直接照射进来。从一楼顶部图上看是无顶的，大堂的另一半接通商场走廊顶，是用铝板条垂挂的。

商场端头也有一个大堂，该大堂一半是二楼挑空的，让二楼屋面玻璃直接采光。另一半是用铝板条垂挂的顶，顶与走廊顶统一布置。

二楼顶：

(1) 办公楼的顶部，即一楼大堂挑空的顶部，连同二楼走廊，也有垂挂铝板。

(2) 商场二楼是采光顶，空间做成垂挂片，圆球状的顶。

(3) 办公楼核心筒的三个墙立面，是用竖行铝条板布置的墙板，竖形条板与吊顶之间用灯槽隔断。

(4) 商场的采光顶两侧是镜面玻璃墙，在墙外又加一层直斜相拼铝格栅。此处，要求采光顶的垂挂板与铝格栅一一对应贯通。故整个铝板装饰可分为四种款式：

①暗光吊顶 2 235m^2；②采光顶 130m^2；③立面墙体 1 365m^2；④直斜格栅 180m^2。

2) 难度分析

吊顶部分

(1) 基本材料：采用厚 3mm 铝板，垂挂，悬在人的头顶上的不是铝板块，而是细长条线。这打破过去装饰是以板面构成可视面的习惯，是一种艺术和技术上的创新。因为是片状，在长度方向弯曲不可能，只能用大料分割。在长度方向接长，也要更精细。垂挂片接长也是个工艺问题。

(2) 垂挂片的走向上，除有平行等间距的布置，还增加斜切走向的布置。有斜线条，就出现直、斜相接的“三叉头”或“四叉头”。

(3) 垂挂片的完成面，不是平面，而是双曲面。要达到双曲效果，就要解决双曲的放样问题。

(4) 顶上垂挂板与部分墙上竖形板还要一一对应，形成顶与墙的立体空间布置。

吊顶部分为什么要增加斜切走向的条板？

(1) 因为单纯使用平行的条板，条板间距是200mm的透空面，这是个很宽的空间，当人的视线转到与条板平行时，就会毫无阻挡地将顶部的杂物看得一清二楚，此时吊顶的美化作用趋近为零。只有当人的视线回到与吊顶条板垂直时，吊顶方能阻挡顶上的杂乱物。结合两种视觉效果，吊顶板的美化作用仅有一半。如果增加了斜切走向的板，就会在人的视觉与条板平行时也起遮挡作用，提高了吊顶板的美化程度。

(2) 单纯使用平行的条板，人们在吊顶下站立时，仿佛会感到头顶上有一片片悬挂的刀片，有人会忌讳的。增加向板，会将单片连成整体，消除刀片杀气感。

(3) 增加向板可以圆了设计师一笔画顶的梦。在与设计师面对面讨论时，他曾几次用铅笔在纸上一笔不间断地画出整个铝挂片顶。

墙体部分

在含电梯的核心筒的墙面上，设计了用长条板，厚3mm，宽195～200mm，高7 000～9 400mm的铝板布置。

铝板非平面，而是一边为轴心的扭曲波浪形图案。每块板从长度方向看，扭曲的角度都不相同。为防止制造成本过大，扭曲板限制在15种规格，因为要扭曲，一定要借助于模具。如果真要开15种9m长的模具，费用是惊人的。只能用技巧做简易模具。条板嵌入在墙上，也要防止人体碰撞变形。

核心筒的墙面围成的完成面，要恰好能被宽200mm的铝板等分很难，这里涉及现场土建施工的精确度和完成面至墙体的距离可调整范围。完成面靠墙太近，没有调整的余地；太远，进出电梯的通道会变窄。

高9m以上的条板，在搬运、安装中都会有许多麻烦。组成同一墙面的多条条板还都要平行等宽。这对安装提出严格的要求。

核心筒部位有升降自动电梯、门、柜、消防箱，还有安全电梯门。铝条板设计安装时，都要考虑仔细，装饰面美观与门框的尺寸要平衡。

我们做过许多五星级的宾馆、写字楼、豪华商场，还见过更多的这类建筑，这次SOHO虹口的装饰前所未有，是超高难度的等级。

3) 吊顶背上的钢架和设备设计

这里的吊顶是片状垂挂，片与片间隔200mm左右。行人朝前看，会看到吊顶背后的部分钢架和设备，如果立停抬看，就会看得一清二楚。这要求美观设计，不仅是铝板垂挂完成，而要进行二次设计。即顶背上的东西设计。

吸取别人的教训。关于透空的造型吊顶，做过比较相似的方案讨论，也做过样板，后因种种原因未能参与实施。现在，该工程完工了，去现场参观时就发现吊顶背后设计没有用功夫。六楼大圆顶上悬吊是用40mm×40mm的冲孔角铁在现场拼接的。角铁用的数量多，布置混乱，看上去丑陋。这样的顶，站在一楼中庭，或至四楼杯口看，很美观，但到五楼六楼简直无法看。

4）细部质量控制

（1）墙板部分：①每条板一边嵌入墙中，另一边是扭曲离墙，嵌入的一边，一定要笔直，嵌入的槽缝要细小等宽。嵌入的一边，表面也要光滑，不出现凹凸折痕。嵌入的板要牢固，不出现左右晃动现象。②竖条板是以一条线为轴心朝上朝下扭曲的，扭曲角度在0～52°之间。分布在9m长条上，不同扭曲角度，出现另一边不同翘边高度，也就是样板图上标的数字。翘边要达到要求也是很难的。这里要克服金属反弹问题。翘边是随长条板长度方向渐变的，翘曲面要光滑，不能有突变的疙瘩。上方恰好装射灯，俗称洗墙灯，光线会毫不留情的显露铝板的瑕疵。

（2）吊顶部分：①垂挂板要平直，要用强度高3003系列的铝材。工艺要精致，若用铆钉或螺丝，尽量小型化。②三叉头、四叉头，若用焊接连接，焊接之后打磨要精细，不露焊接疤痕，还可以采用更先进方法。三叉头、四叉头数量很多，弄不好必定影响整个顶。③在暗吊顶面上排布不锈钢架会出现管道阻塞，无空间伸展情况，此时，可以直接用丝杆悬吊，不用钢材。④阳光顶，要用钢方管，每支画出图纸，进行双曲弯。

直斜格栅：①长度方向要用吊紧螺丝拉紧，要拉直，靠自然伸展是不可能的。②中间横向拉杆要少而精，拉杆的紧力量是很大的。③上口与吊顶板连接要齐整。④下口固定在一个托架上，要牢固。

（3）生产型材：作为墙体上用的竖形条板，我们是选择铝型材拉制。这技术有一系列难题。其一，一般型材工厂产品是6m长，超长之后，熔化炉吨位要大，时效炉、清洗槽、烤漆炉都要加长，连在车间中搬运的工程器具都要加长。其二,3mm厚片材形状,拉制的平整度是一个难题,不能产生卷缩现象。其三,我们要求的片状还带一个折边,这是嵌入墙体用,这个折边与片状板有一个夹角。要保证这个夹角角度不变。

(4) 条板上墙固定。9m长的铝条板,固定在墙上,即要牢固,又要在三维空间上笔直,这也要有技术。这要求基层钢架做平整,铝条板上墙之前有加固措施,上墙之后与基层钢架的接触呈八字形,有支撑力。

(5) 墙面基层板。基层板用石膏板,还是用铝板做,尽管大家讨论都认为铝板方便一些,其实在每隔200mm的长度中要镶嵌铝板,要达到美观精致也不容易,同样的镶嵌,我看到国金中心的接通地铁的通道,别家厂商打了螺丝。我们镶嵌一定不出现明螺丝。

5) 表面处理问题

对于铝材表面油漆喷涂,招标文件提出如用“阿克苏粉”或“老虎粉”等进口粉末。进口粉末比国产粉末好许多,但是还应该向供粉厂家,提出增加油漆的硬度,变亮光漆面为亚光漆面。

“硬度”是因为墙体上的竖行铝板,特别是在电梯口,行人进出难免碰撞。“硬度”高的漆,耐撞击,耐磨损。“亚光”是为了减弱金属环境的冰冷感,多一些温馨,同时也防止高光面折射出铝板的瑕疵。

6) 工程亮点

因为有难度,物以稀为贵。该工程完成之后是有一些亮点。亮点一:直斜丝盒,片状垂挂结构的吊顶式样。亮点二:商务楼大厅挑空空间的雄伟气势。亮点三:商场大堂阳光顶。作为非专业人士会感到新颖,兴奋,关键要让专业人士看到巧妙的构思,精湛的工艺,有发自内心的钦佩。亮点四:核心筒墙体的竖形扭曲板。

7) 日本设计风格

我们在BENOY贝诺遇上过英国设计师,国金中心遇到意大利设计师,中茵兰博基尼酒店遇到美国设计师。这里是日本设计师,KKAA日本隈研吾建筑设计事务所,简称KKAA。各国设计师有不同文化风格和理念。提出的方案不同,各有特点。

日本设计师的设计特点:后现代主义风格,线条简洁,长线条贯通到底,大面积满铺,造型看似简单,其实难做。他们这次拿出全新的设计,制作安装难度更高。日本设计师会怀疑中国公司能否做好这样的项目。也曾听说有些境外设计师抱怨过,他们的设计在中国做不出效果。

8) 挑战中国制造

SOHO 虹口这样高难度顶和墙,是中国企业没遇见过的。中国企业喜欢做简单的、批量的产品。

中国企业缺乏高级技师人员与日方对口,执行深化设计。我相信 SOHO 业主寻找合适的供应商也费尽心思,会有同样体会。不依靠专业厂家,而去依靠装饰公司来完成任务更不靠谱。国内装饰公司缺乏工程技师人员,又会急功近利,没有能力和耐心来完成。境外低价中标也是一个坏风气。像虹口项目的价比普通铝板要高许多,低价是做不出来的。有单位会报低价,那是不明情况,不知深浅。依靠这种单位施工,是要失败的。装饰公司能做,但是"天价"。三年前装饰公司做 X-3 的扭曲板,起初的厂家不做,被删除,设计师请香港队伍,装饰公司怕付高价,所以找到我们。

工期问题。在国内干的每个工程,都会赶工期,结果损伤质量,希望这个有难度的项目不要再赶工期。留出一个宽松时间,让厂家做出一个优秀作品。

在我们接触这个项目,做样板的过程中,发觉原材料是能国产化的,不像有的项目一定要从国外进口,如阳极氧化和不锈钢厚板,产品或样品基本能做像样。余下问题,正式产品大型化和安装之后整体效果。这些,经过试验,已有解决问题方案。我们有把握做好这项目。

十二、在深化设计中如何避免差错

装饰是一个灵活多变的行业,每个工地情况都不一样,每年的流行都不一样,每个客户的标准都不一样。主要是依靠经验去应变,去创新,去完成。笔者主张没有从业经历的人,或刚从业的人不能单独负责一个项目的深化设计。刚从业两、三年内当别人的助手或学徒,参与几个项目的全过程。满三年之后方可单独操作深化设计。所涉及方面越来越多,所包括的内容也越来越丰富，面临这种处境，对负责深化设计的人员要求也越来越高，责任也越来越重。深化设计师很容易出差错，一不小心就会跌“跟头”。也因为深化设计师的工作是前期工作，若前期发生差错，则后续工作都会白干；深化设计是核心技术，若有差错就会伤害企业的形象；深化设计错误产生的后果在现场很难纠正，一般都要回工厂重新制作。优秀的企业会严格防范深化设计中的差错出现，也很少发生这方面差错。

1. 尊重各方面意见

每个装饰工程都是各方意见的物化，反映了各方意见的综合效果。对于来自各方意见，深化设计师都应该引起重视，听取分析吸纳他们的意见。若有相悖的看法也要与他们讲清楚。忽略任何一方意见，都会给工程带来损失，给自己的公司造成负担。

来自各方意见有：

(1) 业主或投资者。他们是物业的主人，他们对装饰作主张是理所当然。他们对装饰的要求可以通过设计师表达出来，也可以直接表达。

(2) 设计公司的设计师。大项目都会有设计公司，在设计公司内有专门负责此项目的设计师。他是专业的，专门的人员，故他的意见一般是比较全面的，比较具体的，比较权威的。与他沟通，统一有关设计问题是主要工作内容。

(3) 现场监理的意见。监理是工程施工的一个重要角色。政府的法规赋予监理很大的权力。对监理所提出的意见要有问必答，落实行动。

2. 设计思考的限制

作为深化设计师而言是一种执行性质的施工设计。他们的设计受到许多方面的限制，不能“天马行空”，任性发挥。

(1) 现场建筑状况的限制。装饰都是后于土建结构工程的工作，当装饰开始时，土建结构都已既成事实，此时的深化设计师必须将土建结构的情况弄清楚，方可行动。虽然土建也会有图纸，但现状与图纸是有差别的，要将差别弄清楚。当发现差别时，业主都会迁就现状，要求装饰修改方案。很少有情况要求修改土建结构的。土建结构的情况掌握都是通过现场调查,现场放样来解决的。现代手段还加上“点云扫描”,测绘现场。

(2) 装饰造型的吻合。装饰图中出现的装饰图形,在现场能否被容纳,能否被镶嵌,这需要在调查现场之后再对照装饰图纸来确定。要保证装饰的图形能完整出现,而不能有其他东西碰撞或阻隔。解决这个问题的先进手段是用 BIM 技术,将土建和装饰物都建三维模型、通过模型观察若有碰撞就一目了然。

(3) 国家法规的限制。有关消防、承重、有害材料、有毒气体等问题。政府有许多规范,作为设计师要熟悉这些规范,在设计中贯彻这些规范。

(4) 本专业常识。这是指设计师应具备的本专业知识。例如,每种材料的性能,每种工艺的优势,每种设备的功能。又如,可能出毛病的原因,焊接会引起材料变形,折边会有“R”角等。具备这些知识,就会努力去扬长避短,做好深化设计。

(5) 熟悉加工基地的情况。这里不仅是指自己的工厂,而是包括本次图纸所落实的加工单位和设备。现在的设计多样化,复杂化,一个项目不是某个企业的加工能够完成的。而是通过多厂的协作来完成的。就常用的设备折边机而言,有的工厂是长度 4.2m,有的长度 3.5m 的,少数有长 6m 的。此时,在决定产品的设计长度时,要弄清是放在几米的机器上加工,否则就无法加工成型;又如烤漆炉的炉门大小各工厂都不一样,所设计的产品要能顺利进出炉膛,而不能挡在外界。

(6) 成本预算。每个项目都有事先的成本预算、设计师要在这成本预算中做事,不能突破成本预算。就选择材料厚度而言,理论上讲材料越厚,板面平整性就越好。装饰效果也就越好。但是材料加厚,成本就会增加,就会超预算,甚至引起亏本。成本控制是公司核心利益,无论设计师有多么好的方案,也不能威胁公司核心利益。

(7) 各专业的要求。在装饰工程中,与金属板材料相关作业有许多工种,如:电、水、空调、音响等。这么多的工种,在图面上有冲突,在现场有碰撞,在施工时还会有先后顺序,这些都要弄清楚,以免徒劳。有些专业的图纸都需要与金属板材料装饰图合成在一起,查看排版效果。例如:灯孔不能开在板拼缝上，应当是在板块上居中，喷淋头下端不能有遮挡等。

3. 设计外部依据

设计师可以主动与有关方交流沟通获取信息和要求，但在实实在在推进设计时必须有书面依据，供检查或追溯责任。依据：

(1) 业主设计师下达的尺寸的大样图或总图，这是深化设计的源头。

(2) 自己的深化图，但是经过业主设计师或甲方设计师审查签字的图。

(3) 过程之中，甲方下达的通知书，修改单据。

(4) 金属板表面处理的“色板”。业主的色板、工厂的色板、加工基地色板“三板一致”。

(5) 样板或样板房的签字或照片，自己手中保留有设计师签字的“封样板”。

4. 设计内部流程

在公司内部也会有一些环节和流程来帮助设计师或规范设计师。

(1) 深化设计方案的审查会议。市场日趋成熟，客户日益挑剔，要有好的装饰效果是非常困难的。略有疏忽就会产生许多麻烦。

为减少差错，像样的公司都会有方案审查会议，让公司资深人员参加，从各个方面对方案提出建议。这样做既可以减轻设计师的压力，又可以维护公司的利益。每个设计师要重视这样的会议，认真听取他人的意见。

(2) 工艺样板。做样板给业主或甲方看，是经营中不可缺少的一个环节，而做样板给自己看是一个确保质量的环节。设计师要更重视后面这个环节。在大批量生产前，多几次做工艺性样板，暴露问题，发现问题，找到解决问题方法。工艺样板检验合格后方可大批生产。

(3) 检查展开图。在行业中，深化设计师出图的工艺范围是金属板的排版图和单片图，这样的图纸还需要有专门画展开图的技术员来画成带有折边的平面图，之后才能交给工人生产用。虽然画展开图的依据是深化图，但是因为多了一道程序，多了一个作业人员，也就有产生错误的可能性。所以，要求深化设计师对于后续其他人画出的展开图也要进行检查，以防差错。

(4) 向生产工人介绍产品加工要求。一旦正式生产,公司都会有程序让设计师向当班的工人们介绍加工要求,解释他们的疑问,让他们更顺利地生产。

(5) 现场向安装工人介绍吊装构造。现场安装是二次生产,是保证质量的重要环节,设计师要带着图纸,到工地现场,逐一向安装工介绍吊装构造,并提出检验的标准。

5. 图面上要求

深化设计师画出来的图纸,是指导约束后续人员作业,施工的依据。图纸准确、清晰、无误解。具体要求:

(1) 符合大家熟悉的画图规范格式和语言。大家都能看懂。

(2) 图画的工作范围是本项目本合同的施工区域,不能有遗漏或增加。

(3) 图画上板块排列,分割清晰,尺寸数据具体。

(4) 配有必要的文字说明来补充说明线条的含义。

(5) 所采用的代码符号必须是规范的,在图下角要有说明。

(6) 自己对每个区域和每块采用统一的编排号码,要符合逻辑性、要有编排目录可查。

(7) 有完整板块出现在图纸上。都必须标注完成面或见光面,也可标喷涂面。

同行企业中,有的对画图要求特别高。例如,画一块板的加工图,会要求画出:① 板块展开平面图;② 板块成型的十字线条图;③ 板块成型的三维立体图。实际工作中,都受到抵制,大家认为繁琐了,工作量太大。笔者认为应该坚持这样画图。

笔者在几次追溯设计师差错原因时,发觉设计师为提高效率,会从旧图上复制或拷贝原图来翻新用。复制后有时疏忽了对原来尺寸的修改,造成新图的尺寸差错。

6. 设计师的素质

减少或避免差错最好的方法还是不断提高设计师的素质。找到好的设计师或者培养出好的设计师。素质表现在三个方面。

(1) 工作态度。深化设计已是一种相当繁忙劳累的工作,贪图享受,害怕担责任的年轻人都不愿意干。不愿意干就无法做好。干这一行就要不怕苦、不怕累、要细心观察,深入思考。还要耐心听取各方意见,还要督促别人按图施工。

(2) 科技知识。工作接触的都是现代建筑和工业材料,这里都包含了现代科技知识,要运用自如,游刃有余,就必须有丰富的科技知识。这里包括物理学中的经典力学,材料力学,也包括化学中的涂装技术和表面处理知识。这些知识的量是浩如烟海的,单就材料的涂装技术就有几百种,需要长期学习。所设计的产品最终是从工厂出品,对于工厂生产的一套又得系统学。这里包括,设备的功能和使用范围,材料的性质、尺寸厚度、加工手段。加工工艺的个性、流程等。只有熟悉了工厂生产,设计师的图纸才能进入工厂加工。

(3) 从业经历。从业经历表现在对这个行业的了解,对现场的知晓,对安装的掌控上。做项目,单干的时候最好也是从简单的开始。据笔者的观察,能够应对复杂大项目的设计师应该有五年以上的从业经历。

7. 工程笔记

一边实践,一边总结经验,这是提高素质的最好方法。如果有五年的时间,大小工程参与过十个。加上个人的勤奋工作和努力学习,进步是飞快的。提倡每天就项目上发生的事情进行分析思考,并参照有关知识,整理成工程笔记。

经过几年又将这些笔记整理成专题研究课题,进行模块化的知识储存,甚至于有系统解决大问题预案,今后若遇到问题就会有办法解决。工程中不可能不出现问题,而是看问题的多少和问题的严重性。还要看有无解决问题的途径。

工程笔记多了,还可升级编为“设计师手册”,放在案头,常常翻阅。那样,展示在设计师前的道路就是一条成就专业专家的途径。

第4章　技术研究

一、承接高难度项目的技术功底

我们事先对上海中心大厦等项目进行研究，计划，这些并不是纸上谈兵的高谈阔论，也不是门外汉的胡说八道，确实是一个行业专业人士对项目的深刻认识和充分准备。没有这些认识和准备，这样高难度的工程是无法进行的。

深层次的分析，要具有对项目的深刻认识和充分准备，还是要有技术功底的。在实际施工工程中更需要有真本领，因为实际中出现的问题必定要比事先预测的多出许多，也会有一些棘手的问题。这时求助别人，无人可求，只有依靠自己的知识和经验来想办法。做好工程，解决问题，我们是有能力的。我们的能力来自四个方面：

(1) 已经成功的装饰工程案例的经验教训；

(2) 源于实践的理论研究成果的知识力量；

(3) 在实践中形成的深化设计能力；

(4) 当今世界高档装饰视野。

1. 已经成功的大堂装饰工程的经验教训

已经承揽了金属板材装饰的项目几十个。每个项目都是本公司深化设计,制造产品,负责现场安装的。对整个设计、制造、安装的全过程有真实的,深刻的认识。在这些工程实施过程中,也犯过错误,有过失败,也发现诀窍,取得成功。总之积累了丰富的经验和教训。这些是承接新项目,大项目的资本。如果我们从未涉足过,这种复杂造型装饰的项目是不敢承接的,更无法做好的。

承接项目是由小到大,有简单到复杂。这是符合认识论的规律的。

起步是在十五年之前的浙江下沙工业大学的报告厅,张家港步行街街面冲孔板,后到苏州中茵皇冠大酒店,再到江阴国际大酒店,之后是上海国金中心商场,上海环贸广场,上海 K-11 商场,黄石大酒店和上海顶新商务楼,最近的是上海中心大厦。

纸上谈兵总是空,做与不做大不一样,实践出真知。刚开始做几个项目时,起初的想法太粗略,太偏颇,实践之后,出现许多意想不到的问题。根源在于没有认识本质,更没有掌握规律。想找有关资料或书籍来参考,可惜无处找,只能在实践中苦苦摸索。

在承接黄石酒店时,我们是底气十足的,因为我们已经做过大大小小的大堂有十余个,苦尽甘来,积累了许多经验与教训,许多技巧与方法,基本不会失败。如果有问题,也有办法纠正解决。面对上海中心大厦更是信心满满的。

我们成功的项目除了上海国金中心之外还有更早的一批项目:

张家港扬子江大厦。此大厦是一个 5A 的办公楼,在楼内我们做了“大堂顶”“报告厅顶”“会议室顶”等共五个顶。大堂顶是用铝板做成正方格布置的。怎样解决拼缝的严密性,多种工艺试验得到成功。正方格和菱形差别只是角度的变化不同。它们的长条板拼装的规律是一样的。正方格顶历来都是用石膏板制作的,这里我们是采用铝板来完成,装饰效果比石膏板好许多。

张家港文化中心大厅,此大厅由 18 支横梁加钢架玻璃组成的。我们的任务就要装饰这个18支横梁。装饰采用铝板加型材组合进行。

浙江余姚金马实业公司大堂。这个大堂是全不锈钢装饰,不锈钢材料厚度达2mm,用料是上品的。有吊顶,有立柱,有墙壁的装饰,还有金属屏风等摆设,是综合性的装饰。通过该项目对大堂的各个组成部分的作用,美化作用都有进一步的理解。

苏州中茵皇冠酒店。酒店大堂有九支裸露的钢架梁,装饰就是要解决九支横梁的美化问题。用什么材料?选什么款式?定性颜色?当时笔者参加全过程讨论。争论总是越争越明,越争越统一,最后意见就是现在的式样。完工之后,效果很好,既保证了大堂的气势,又有了美化的氛围。也因当时猛赶工期,留下的遗憾,是有些细节未处理好。所以告诫我们,五年之后在黄石大酒店要更注重细节问题。

张家港行政服务中心。这里有个1 000m^2的大堂,大堂顶一半是玻璃采光顶,另一半是水泥顶。不同的顶要统一布置。最后设计成为9mm×9mm的81个方格铝板。每个方格又是跌级式的造型。整个大堂使用了7 000余平方米的铝单板。

2. 理论研究的知识力量

现在人们常常在讨论我们的工程技术与西方发达国家的差距是什么?笔者认为是轻视理论的作用,不善于在实际中总结理论,也不善于用理论来指导实际。没有理论研究成果,指导不了实践的发展。最让笔者刻骨铭心的事,十几年前,笔者在国企工作时,当时联合国教科文组织进行资助的项目有名额,让我们工厂派出几名设计师去丹麦学习锅炉工程技术。几位工程师学习完毕回来时汇报,说这些丹麦工程师实际设计的锅炉只有几十台,而我们是几百台,实际案例比我们少得多。但是,他们对每一台运行都有十年以上的记录分析。当时,笔者十分惊讶,深感我们思维习惯的落后,造成技术的落后。工程技术的进步,其实是理性力量的胜利,是行和知的结合。

工程项目开始之前,做方案,多分析,有系统地实施计划。这些计划并不是抄袭旁人的,并不是上报领导或投标做样子的,而一定要真实的,针对问题的解决方案。有这样有质量的方案，其实已是成功的一半。用这样的方案指导后续工程的展开，基本是成功的。

金属板材在装饰中容易出现毛病，也是理论研究的重点。有什么方法避免？有什么方法解决？都有相应的对策。

造型体有多种，有方形、圆形、菱形、扭曲形等。要做出每种形体的工艺诀窍和经验有哪些？都进行了日常积累。造型体设计是容易的，毕竟是画在纸上的，至多用上三维软件。真正制作是很难的。

创造性的设计。越是高档的装饰，越是会出现一些奇怪的装饰要求，即高难度的问题。解决高难度的问题也是要有创新精神的，但是创新精神不是豪言壮语，而是建立在对问题认知深度和掌握知识的广度基础上。有深度和广度，才有创新。灵感就是深度与广度的化合反应。

流程的研究。发达国家实施工程很讲究流程。流程设计是多年来经验积累，流程规定了应该做什么？应该做多少？先做什么？后做什么？这实质是事物行动规律的反映。工程师按照流程走，基本不会出差错。若有难度，也会及时暴露困难，提供解决问题条件。笔者比喻，按照流程走，就像一支好的球队，能把球踢到对方的球门前，此时创新就是临门一脚。如果没有按流程走，球到不了球门，创新喊得再激烈再凶狠也是无法实现的。我们对金属板材料的深化设计、制造和安装各环节都有流程的研究。

十五年前，笔者做过一些简单的工程，当时就感觉这些看似简单的东西，其实也蕴含着深刻的理论。于是，边做工程边做好笔记，最终将笔记整理成书出版，即《金属吊顶——设计，制造，安装一体化》。这是行业中少有的理论书籍，成为初学者的入门教程。现在又继续写笔记，整理出版新书。笔者愿意做个边实践边研究的模范。

3. 影响思维创新的坏习惯

(1) 不愿意接手有难度的工程。国内的企业喜欢做简单的活，大批量生产，一张图纸可出 100 件产品。对有难度的工程，既没有人才，又不愿意投入，一般不会积极争取。不敢挑战，不去面对困难，就永远不会提高。

(2) 船到桥头自然直。国人的俗语:“船到桥头自然直”,此话已成为阻碍国人思考的借口。“船到桥头自然直”不是千古真理,不直的船撞桥的许多,还有更多船过不了桥。不要受俗语的误导,凡是要有事先预谋、计划、思考。

(3) 地球人都知道。“地球人都知道”,此话出处无从考证,乱套用但危害很大。造成大家不去思考分析,终日无所用心。工程师凡事都要问个为什么?即便是已有答案的,也要有新的解释。不仅要知其然,还要知其所以然,更要与时俱进。

4. 无验收标准

金属材料装饰是一个新兴的小行业。金属板装饰的质量国外没有一个验收标准,也没有从国内引进过标准。不如建筑幕墙行业,有完整的验收标准,那是关系人命安全的,所以从国外全套引进翻版标准。金属材料内装,没有标准,就出现好与坏无法评判,完全按感觉走。工程完成,验收通过皆大欢喜。如果不通过,修修补补也能通过。很少有拆除重来或赔款损失的情况。这意味着用功读书和投机取巧的学生都能毕业,那么对勤奋学习的学生就不公平。

在没有标准的情况下,我们自己建立标准,用标准来控制质量,这也是理论研究的重要内容。

当今世界高档装饰的鉴赏标准。我们在从事高档的建筑装饰,特别是金属材料的装饰,国际上发达国家和地区,甚至新兴地区还是有许多先进之处的。中国原来劳动力便宜,装饰材料落后,故都是木材、石膏板、石材的装饰。况且,国内的高档建筑都聘请了世界级的境外设计师来主笔,我们要去看看他们已有的作品。于是,去过香港、澳门,看过主要的五星级酒店和高级商场,又去过迪拜,看了十五家五星级宾馆,三家大商场。看过之后,开阔了眼界,知道当今的先进水平是什么?我们的差距在哪里?由我们装饰的酒店能不能用来接待国内外贵宾?

5. 印象深刻的酒店

坐落在迪拜塔之下的迪拜阿玛尼酒店。大堂框架是金属，墙面是贴纸，全深棕色，布置简洁。从这里可以透露出高档、优雅、严肃的气息。据说是重要的商务和国际事务谈判的首选场所。

迪拜棕榈岛沙滩酒店。这个酒店大量用沙岩材和金属边条，在大堂、走廊的顶部都放置了用石材雕刻的各种海洋动物的模型，如鱼、虾、龟等。顶部吊了许多金属框，彰显欧洲铁艺文化。

迪拜棕榈岛荣美拉酒店。装饰风格是欧洲古典式，据介绍设计师将17世纪土耳其的奥斯曼帝国皇宫的装饰重现。装饰布置有轻有重，有疏有密，但是全覆盖，全是精致美丽。

香港丽思卡尔顿酒店，这里采用了许多不锈钢作为框条。不锈钢厚度都是2mm以上，在中庭区扶手用了4mm厚的材料。不锈钢是镜面的，而其中的焊接之处没有异样。

纵观迪拜、香港酒店，我的感觉，在设计方案和风格上，国内并不逊色，因为也是出自国际大师之手。而在选用材料和做工方面，差距很大，国内的细部处理不精，整体效果差一些。

二、样板和样板房

何谓样板？需求方要求供应方（厂家）按照图纸的要求用真材实料做一块或数块的实物。这个实物可以是单块的，也可以是几块组合的。

何谓样板房？需求方提供某地或某空间，让各种材料的供应方（厂家），在其中完成属于自己业务范围的装饰工作量，为业主和设计师提供一个真实的，表现装饰效果的环境。

样板是单独厂家的行动，是少量和简单的。样板房是多家厂商的合作行为，是一个较大的空间模拟运作。目前国内几乎每个装饰项目在开工的前期都会有厂家送样板的环节，大的项目还都有做样板房的阶段。大项目业主会投几百万甚至上千万来做样板房。

为什么要做样板或者样板房，而不直接按照图纸施工？在装饰方案确定之后，都会有一套约束施工的图纸，包含效果图，CAD总图或节点图。若按这些图纸来施工，也是可以完成装饰工作任务的。但是，见到的图纸，毕竟是“纸上谈兵”，图纸可以规划出装饰的轮廓结构，而不能反映出细节效果。同样的图纸用不同的材料，不同工艺施工，效果是“南辕北辙”。做样板或样板房，其实就是在限制影响效果的细部因素。如：材料种类、材料厚度、材料质感、色彩、工艺拼缝、工艺收边、不同材料的镶嵌等。做样板和样板房是从“纸上谈兵”转向实际战场，看最终效果。

无论是样板，还是样板房，相比整个项目的装饰价值还是小得多。此时发生错误，纠正错误的代价要比整个项目的代价小许多。这也是业主愿意花钱做样板或样板房的原因所在。

做样板或样板房的直接作用？

(1) 设计师在借助于实物思考，改进设计。有的设计方案出台时，是由设计师的一时灵感而促成的，实际效果怎样，设计师心中无数。有的方案本来就有缺陷，会有多大危害，设计师也是忐忑不安。此时他们都希望有厂家提供实物，让他对实物诱发思考，修改方案。在上海淮海路K-11项目中，卫生间的墙壁铝板拼缝的结构和颜色，难以确定，要求厂家三次送样板，并做样板房，最后意大利设计师观察现场，当场确定最终的施工方案。

还有涉及整体造型尺寸，彩色的配合，灯光照射效果，仅凭图纸是很难推断效果优势的，而一定要现场的取景才能确定。上海中心大厦中的设备房，选用铝板的尺寸大小、颜色一连做了三次，让业主和设计师看，最后方确定。

(2) 设计师在寻找实践者。在大型高档的装饰项目中，设计师都会有奇思妙想，创新点子。这些点子，在中国本土是否有厂家帮助实现是个大问题。有许多结构、式样、画图容易、制造困难、安装更困难，若没有人帮设计师实现他的点子，这些点子再好也无意义。淮海路X-3项目四至六楼的吊顶，是新鸿基委托日本某设计所进行的。这些设计是“天马行空”的。设计的图相当出奇，夸张。境外设计师对中国项目提出的方案也都是他们的首例，他们在国外或者他们在本国还没有实现过，他们自然会担心在中国能否实现？此时笔者参与了深化设计和做样板房，我们的图纸和样板交出后，设计师看到了实物，解除了他之前的担忧，坚定了他的信心，相信有人会实现他的设想。

(3) 设计师与工程师交流，相得益彰。高级设计师都会采用多种材料，如铝板、不锈钢板、石材、玻璃、亚克力、木饰板、地毯等。这些材料又涉及他们各自的生产技术和施工规范，知识面广，信息量大，一般的设计师难以样样精通。要出好的装饰效果，设计师不能“闭门造车”，而一定要与这些工程师进行交流，相互学习，相互理解支持，甚至合作创新。国外的设计师不了解中国的国情，需要本土的人士帮助。从院校中走出来的设计师，缺少实战经验，需要有经验的人帮助。

(4) 做样板也是在试错和纠错。在装饰过程中，用什么材料，用什么工艺？常常有不同意见。选用某种材料，有的认为是错的，而相反有人认为是对的。此时，为统一各方意见，由事实来说话，通过做样板来判断。在做上海金桥万豪酒店总统套房时，原先香港设计师提出采用压花金属板做单元板块，专业厂家不同意，认为压花板折边时会开裂，不折边而贴胶又有交缝。两家争议不分上下。后来就干脆做两块样板，样板确有开裂缝，这样设计师就取消这种材料，而采用在铝板上贴“3M”膜的工艺。

(5) 业主在做性价比，寻找最合适的方案。作为装饰项目的出资人，除了追求装饰效果的完美外，还承受了财务投资的巨大压力，特别是在资金紧张的时期，会计划用钱，节省用钱。出同样效果，可以有不同方案，不同资金投入。业主借助于样板房来比较。上海虹桥新天地项目，在办公楼的墙体上用什么材料，各家各有说法，业主犹豫不决。后来决定在样板房中做三种材料，进行比较和分析。其一是木饰面，其二是铝板带转印木纹，其三是铝板上贴“3M”膜。本公司是做了铝板带转印木纹的装饰。这三种价格是依秩序由低到高。装饰结束效果评定，还是铝板带转印木纹的方案好。

(6) 业主在挑选供应商。现在装饰工程一旦确定，同一种材料都会有数家供应商参与竞争，争取录用。此时，业主或者总包就要分析比较。其中一个环节就是做样板或者样板房，看谁家对图纸和现场理解透彻，样板做得准确，做得好。经过比较之后会确定供应商，又会把这些实物封存，作为日后检验大批量材料时的标准。行话称为“封样”。

做样板和样板房是需方和供方(厂家)相互联系的过程。需方有其目的,供方(厂家)决不能应付,因而也应有积极的应对态度。

厂家不应认为是麻烦,而应视为机会,抓住机会。抓机会,锻炼自己、表现自己。有时得知做样板房很烦恼,样板量小、设计工作量大、备料难、生产协作难。如:$2m^2$ 铝,送到油漆,对方要调漆、配漆、开炉,确实费事。加工单位最乐意做大批量产品,这些小样的样板,运输、安装都是像正规产品供货那样动用资源。况且,样板是需方的初次印象品,一定要耐看,让客户近看。做好样板确实很困难。但是,困难再大也要克服,把样板做好是争取项目的第一张“通行证”。样板若交不出,或者做不好,就会被取消以后的参与项目竞争的资格。

做样板之前要有充分的准备。

我们主张在做样板时,不要急于动手,而要事先分析思考。这里的思考点:

① 设计师的设计意图,重点想表现什么,通过哪些细节表现。

② 自己的样板能否解答设计师的疑问,让他放心。

③ 每个新奇的项目都有关键工艺,要在样板上把关工艺,亮出自己的特色,自己也摸索一下工艺上的问题。

现在的金属板装饰材料有越来越多的品种和工艺,全部产品已经不可能由一个厂家来独自完成,而是要通过若干个厂家合作,发挥各自的优势才能完成。由于材料款式、工艺的变化,同样的厂家合作方法和加工优势也会相应变化。所以新款式的出现就是供应链的重新整合。原来我们装饰很少用铸铝件。后来苏州中茵要做迪斯科舞厅的金属地板,我们送去铸铝砖,从而打通了铸铝工厂的合作供应链。在这过程之中,我们深入该工厂查看工艺细节,检验产品,做的结构符合我们的要求,让客户满意。

一旦接触到新的项目,有新材料和新工艺的需求,此时卖家是行家,买家是外行,卖家应该主动提前做出样板交给对方。这样做可以打消买家顾虑,加快项目进度。我们在做上海国金中心双曲艺术顶时,有设计师认为用铝板做几百平方米的双曲面是不可能的，我们当场并未解答，而是回工厂做两块样板，送到他面前，用事实说话，让他们心悦诚服。这次做SOHO虹口项目，日本设计师不放心中国能做好，连续三次来中国找厂家讨论。厂家逐一解决他的疑问，最后干脆做一大片，由5片板组成的3m^{2}大的样板，完全与图纸相符，一比一的尺寸，让他们看，他们喜出望外，实物符合他们的理想。又如在淮海路X-3项目，要做500个的灯罩，有厂家是用铝板折弯而完成的，我认为不妥，就用型材做一个样板，设计师看后拍案叫绝，说他就是要这样的效果。

有时知道某项目上提出新的设计概念，此时业主并未提出要做样板，而我们会主动提出做样板，看看能否成功。若成功就是技术储备，若失败就是教训可吸取。有个项目，用户提出在铝板上贴真实木纹皮，对此我们持怀疑态度，因为木皮和铝是两种不同材料，热胀冷缩的系数不同，时间久了，木皮会开裂，脱落。这时，我们就做了几块实样，放在玻璃房里，看时间长久的效果。

做样板和样板房会有几家同行相聚，各家都会拿出各自招数，把最好的东西呈献给客户。这时可以通过观察别家的产品，看他们的材料、工艺、选用和成本控制的手段，学习别人的长处。同时还可以通过样板看这家工厂的设计开发能力，能否做出客户所需的新产品。在金属板装饰行业中，有南派（广东），海派（上海），又有外幕墙企业和内装企业，有工程公司又有单纯工厂，这些各有千秋，可以取长补短。

怎样处理技术保密问题。国外企业非常重视自己的技术诀窍和专利的保密。国内企业想重视这些问题，但是法律制度不健全。为防止技术外流，有技术的企业可以谢绝客户到工厂参观。在送样板房时，也可以规定让客户观看一天或者半天，到时取回。有些关键技术是企业多年的心血，不能白白丢失掉。要求技术保密，客户也是可以理解接受的。

要重视样板房的事后评估。现在有一个倾向是重开头，轻结果。在做样板房时，大家很重视送材料，抢工期，完成工作量。一旦做成，业主和设计师会到现场看之，而企业厂家都很少去过问。其实，样板房做成，就是要让大家评估，企业厂家要去现场聆听旁人的评估，自己也要从企业角度再作深度评估。

评估，主要是从实际效果优势来推断，用材厚度、加工工艺、安装方法等细部问题，认真评估。这种评估，对于业务的提高，要胜于实际加工多次。有些工艺上软肋，旁人不知，自己是清楚的，就是要通过实物看这些软肋有多大的危害，有何弥补方法。对效果的评估也有了专用名词，称为“视觉效果”的评估。

三、金属板的折边

凡是成型的金属吊顶板，除了有自身的大板面之外，都会有四条或两条折弯的边沿，称为折边。这些折边其实不是单纯的边，而是大有文章。下文作一些剖析。

1. 折边的作用

作为条形吊顶板会有两条折边，而方形板有四条折边。

(1) 美观：没有折边的平板拿在手中，常人的感觉材料四周裸露在外界，没有好感。如果四边或两边折弯，会给人的感觉良好。有时旁人看到边高一些的，还会认为比边低的要档次高。

(2) 悬挂：吊顶板要悬挂在空中，总要有着力点，着力点也不能暴露在大平面上，只能在折弯的边上找。所以，无论哪一种悬挂方式，龙骨是与折弯的边结合起作用的，不是拼装在平板面上。

(3) 拼接：板与板拼接不是平面的排列，而是折弯的边相接（见图 4-1）。边与边相接符合规范，板与板自然就拼装好。板面不平，多数是折边未拼好。折边的角度是一个重要的问题。正常情况下，折边与板面的内角一定要小于 90°，以 88°为妥。如果大于 90°，板与板之后就会有大的缝隙。反之，板面会产生中凹现象。

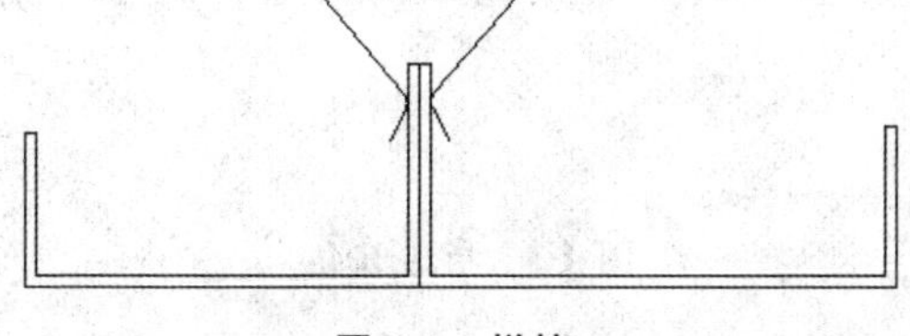

图 4-1　拼接

(4) 加强筋：利用折边形成边沿"L"形受力结构，这是一种巧妙的物理变化(见图 4-2)。例如一张纸拿在手中必定是弯曲的，但是只要对折一下，就可以变平直。原理是折弯的边变成平面受力的加强筋。金属板通过折边，强化了承受重力的作用，效果比原来的平板状况高出几十倍。从理论上，折弯的边，越宽受力越大。但是，太宽了会产问题；其一，自身的扭曲问题，扭曲反而会造成表面不平。要解决扭曲的问题又要再折边或者增加材料厚度；其二，必定耗材多，在出售常规平板时，是按成型的平面计价的，而折弯的边是不收费，耗材多是白白的送掉(在异型板的供货时，有时会说明要求按展开面积计价，就是强调的折边要给价钱)；其三，太高的边，有些龙骨的尺寸有限，无法使用或背部空间太小无法容纳。

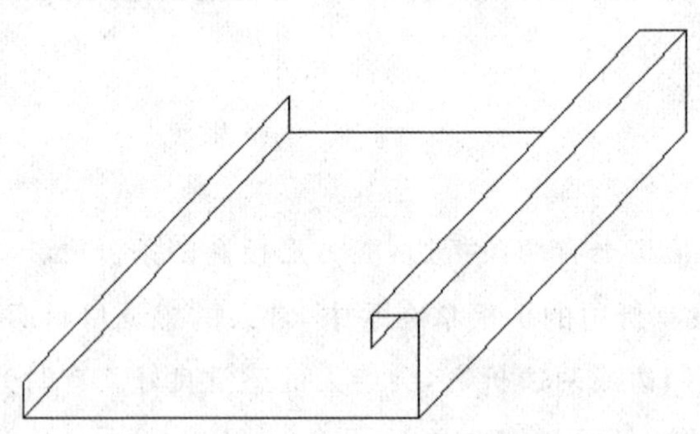

图 4-2　折边之后变成加强筋

在模块板的产品中都是用的 0.5～1mm 铝板，折边高度是在 16～25mm 之间。在铝单板的产品中，折边高度是 20～30mm 的范围。有时为作装饰用，希望折边越窄越好，但是目前的折边机的极限是 12mm。

无论采用多厚的铝板，它终究有一个厚度，这个厚度在折弯时会产生 R 圆角(见图 4-3)，没有清晰的菱角，有人不喜欢。特别是当两块带 R 圆角的板相拼，圆角的缺陷就被放大，变成一个凹坑。于是有人想出先在平板上开 V 字槽，然后再折边，达到减小 R 角的目的。这也成了目前内装饰板比较常用的工艺。

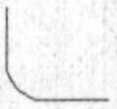

图 4-3　折边 R 角

开槽有利有弊，开槽会带来表面尺寸的误差加大和削弱板材的强度问题，还要增加加工费。质量差的铝板在折弯后还会产生开裂缝现象。

(5) 收边：在布置金属板时，也有的设计方案是利用每块的折弯边作为整个板面的收边线，不再另加收边线(见图 4-4)。这时候要处理好一排板的收边线的整齐性，否则很容易变成弯曲无序的现状。

板块尽管是按放样图纸定制的，但是安装到最后一片还会有误差。有时不得不剪去一条，此时剪切之处必定有折边，才能保证表面的平整。

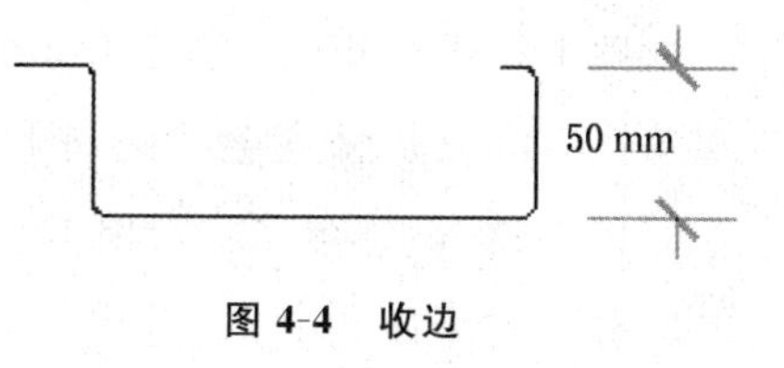

图 4-4 收边

(6) 打商标：现在一些大厂商都是具有品牌意识，在产品上除了保护膜之外，还都需要打商标(钢模印)。商标就打在折边上。打商标时要注意，不要使边缘发生变形。

(7) 成型：吊顶板成型是在各条边到位时，就自然成型了。在这个意义上讲折边就是成型，两者不可分割。我们讨论折边问题，其实就是在讨论成型问题。

2. 折边的毛病

(1) 线条不直，选用的模具允许厚度与实际加工中的材料不一致，造成整个板面尺寸不精致，每块板大小不一致。拼装之后就会有弯曲现象。

(2) 角度不准，各种牌号的铝材反弹的状况不同，用同样的设备会做出不同角度的板，成型之后的折边很重要。打边模要针对不同材料作调整，并经常检验矫正，以防跑偏。许多人不重视打边模，而为此吃了不少苦。

(3) 漆面损伤，做喷漆板是在光铝卷成型之后上涂料的，不存在漆面损伤的问题。而预辊涂板是在带有涂料的材料上再进行折弯的，这时很容易发生折边的角上有暴漆、开裂的现象。这里有油漆的损伤，还有铝材的损伤。防止铝材的损伤是容易处理的，只要选用 3003 或 5005 牌号的铝卷即可。而油漆损伤的防范，却是大有文章的。这需要有上好的油漆和严格涂装工艺的保证。鉴定油漆是否开裂的质量标准是“T 弯”指标，必须要小于等于 1T，才能做折弯的板。

(4) 板型平整,板面平整,厚度适中。板面平整行话称板的形状好。折边的前提条件是在折边前,应把平面铝材送进整平机压辊过,整平机的压力要求与铝材厚度成正比。板面不平整,最常见的现象是板面是朝上凹或者朝下凸。

(5) 应力的副作用,当板材受力不均或开料时受张力的强行切割,在板面上留下巨大的应力,等到成型产品时,应力会无规则释放,造成板面不平的现象。有时候这种现象不是马上出现的,而是滞后的。某批板刚刚安装后,看似很平整,但是隔了一段时间再去看就不平了。厚度不足的板和质量差的板更容易产生应力变形的问题。

3. 开槽折边

开槽折边可减少 R 角,如图 4-5 所示,开 V 型槽,深度为板厚的一半。

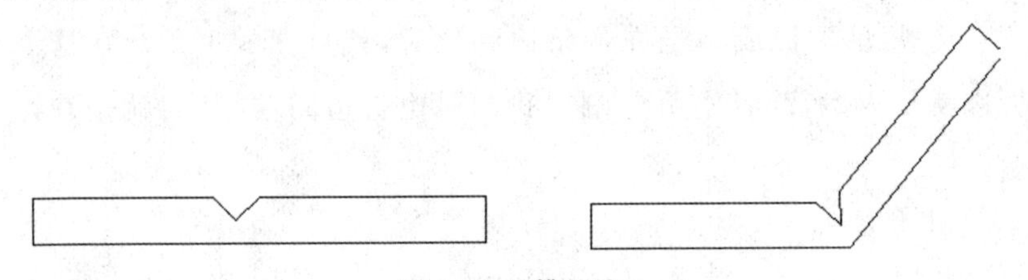

图 4-5 开槽折边

4. 折边的成型工艺

折边的工艺主要有三种:一是压机(冲床)成型;二是滚轮挤压成型;三是翻板机成型。

(1) 压机(冲床)成型:在大型加工时是用油压机,在小型加工时可以用冲床,它们的压力都是施加在模具上。模具分上模、下模,二者不可缺。模具也被人称为成型模。模具的精度是最主要的指标,模具可以委托专业工厂加工。模具的日常使用和保管是吊顶板工厂的重头戏。这方面需要有高技能的工人担任。

(2) 辊轮挤压成型:这是由一排渐变的辊轮转动而成的,根据加工的精度要求不同,辊轮的数量有 10～24 组的区别。这种加工方法的优点是能够消除应力；缺点是尺寸规格是固定的，若要改变就得重新换辊轮。

(3) 翻板机：原理是将需要折边的板块的一边紧紧压住，另一边有力量朝上或者朝下翻转而成型。笔者看过两台进口的钣金柔性加工生产线都是用的翻板机。翻板机的适应面还是比较狭窄的。

5．折边的设计

(1) 折边的长度：可以折边的长度是由机器设备的长度决定的。目前国内常用的折边机的长度有 2m、3m、4m、6m，也有用 2 台 4m 的联动可以加工 8m 的铝板。太长的折弯，其角度和尺寸容易变异，笔者不主张。

(2) 折边上打凹形孔：板块之间的相拼是靠折边上找着力点而成的。着力点就是将吊耳的一边固定在折边上，另一边安装吊杆。这样的结构要保证表面相拼时没有缝隙，就要让安装上的吊耳能够恰好镶嵌在折边上，于是就产生了设计和打沉头孔的需要，不能轻视这个环节。首先折边，将四边缘头变平面(见图 4-6)，装上角码即可悬吊(见图 4-7)。也可采用勾搭式，无角码也可悬吊(见图 4-8)。

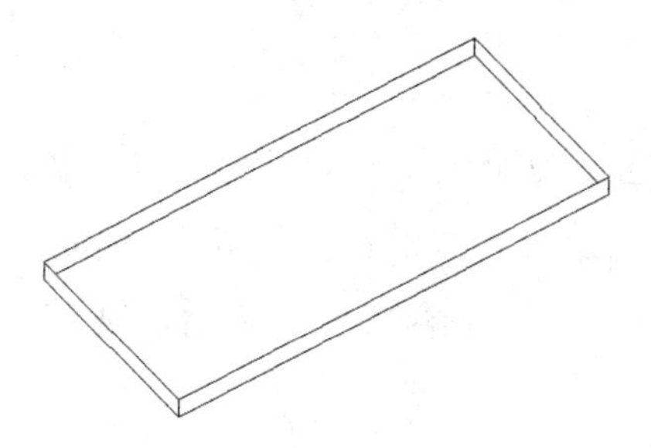

图 4-6　四边端头变平面

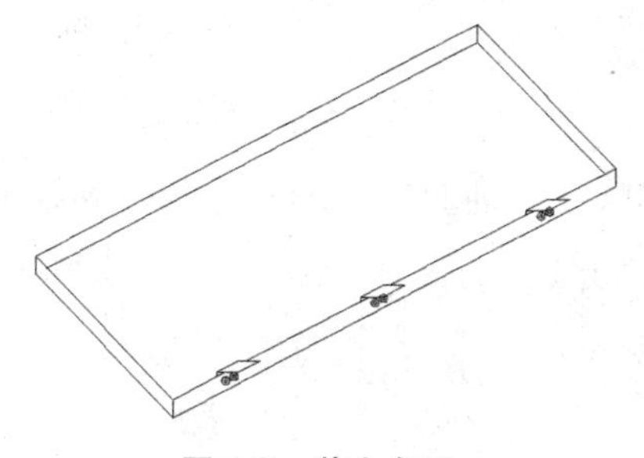

图 4-7　装上角码

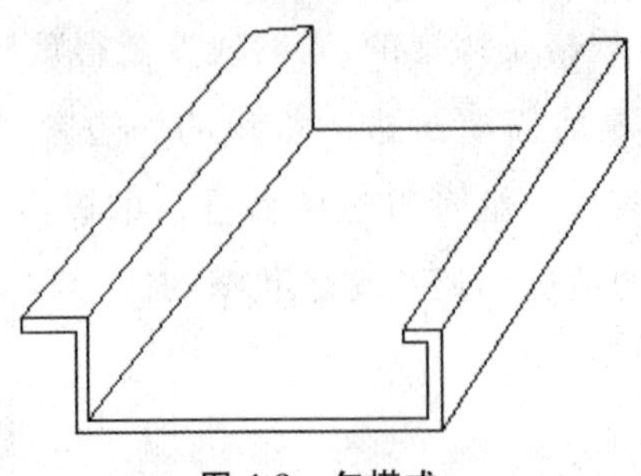

图 4-8 勾搭式

(3) 折边上开缺口:有些板块在折边上要开缺口(见图 4-9),目的是让出穿龙骨的空间,有的是做成挂钩固定板块用。折边上开缺口困难是尺寸的精确度,不应该依靠手工进行,而一定要有模具。

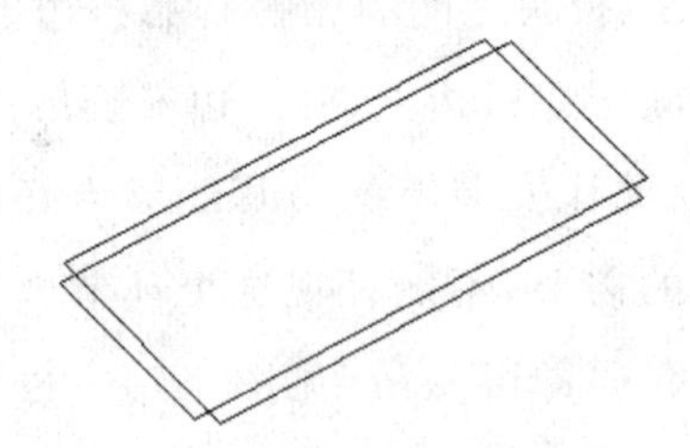

图 4-9 四边端头有“块口”的平板

折边的革新有两方面:

(1) 外接折边工艺。为避免折边产生的毛病,也有对平板干脆不折边,而在边沿处用L型边条通过种钉焊接方法固定,形成装配型的翻边。这种工艺在有些场合是很管用的,但是它要求面板材料要厚,焊接无变形。于是成本会上涨。

(2) 不带边的工艺。美国人知道折边有许多的问题,知道折边是个技术活,也是麻烦的事。他们财大气粗,用一种新技术,即以苹果手机专卖店为代表的装饰,所采用的都是4mm厚的不锈钢板,无论拼接缝或者转角处都不折边。4mm厚的不锈钢板背面都有焊接件,可以在板块上安装80mm×80mm的钢方管,钢方管作为肋骨来与屋面或者墙面连接和固定。这种装饰效果很好,但是价格也很贵。

四、金属板包立柱

各类大型建筑的大堂、大厅、走廊都会有一些裸露的圆水泥柱或者钢架柱需要包裹,即装饰。圆立柱包裹常用的材料是石材或金属板。石材因为要切割成圆弧,加工成本昂贵。金属板是可通过弯曲做成圆弧,成本要低许多。鉴于成本的比较,圆立柱包裹越来越多的采用金属板。用金属板包圆柱,要达到美观的效果,也是一个技术活,是要解决一系列工艺技术难题的。笔者结合个人的研究与实践作如下介绍;

1. 包立柱的基本布置

(1) 阅读大样图。这是设计师给出的对包立柱的尺寸和技术要求。从图纸上可以看出圆立柱的高度和直径,外包尺寸的直径,横向分片数量,竖向分段数量等。圆立柱的高度和直径是客观存在的,不能改变。外包尺寸的直径是事后形成的,有可能改变。外包尺寸的直径总是比圆柱直径大,究竟大多少,可以商量。设计师有时要彰显立柱的雄伟气势,特别将立柱外包加大;而有时需要节约空间,又会将立柱包得越小越好。分片数量多少既出于设计师的艺术思考,也受铝板材料宽度的限制。横向分段数量要结合立柱的高度和材料的大小进行,分段越多越难安装。有分为 2 段、3 段和 4 段的,也有更多的。竖向的分片数有分为 2 片、3 片和 4 片的,也有更多的。立柱有的高 20m 以上,有的仅有 3m 高。受材料、设备、运输条件的限制。超过 4m 高都会有分段的设计。分段立柱的装饰又会增添许多新麻烦。在阅读图纸之后,对这些数据和技术要求应加以深入思考。

(2) 现场放样。在深化设计图提交之前一定要到现场实地测量。测量数据有:直径、高度、外延垂直的直线度(即有无大、小头或斜偏差)。例如高 10m 的水泥柱,难免有 10～20mm 的误差。如果测出有误差,施工时也要趋利避害,不能妨碍施工,完工之后又要能掩盖误差。现场放样还要看包柱的装饰与相邻建筑物的关系,包柱的完成面是否有足够的空间。金属板的完成面一般距离水泥体最小是 10cm。

(3) 与有关方沟通。有关方主要是设计师和业主,还有总包方。他们都会有许多想法,要了解清楚。施工方也会有许多经验教训和建议,也要让他们知道。施工现场是否允许焊接,钢架上的防火泥是否可敲掉焊接,这也要了解清楚。

(4) 熟悉金属板材料和工艺,材料厚度以及厚度对强度的影响。材料的牌号、类别,材料的宽度和长度尺寸。成型之后的产品,是否会受烤漆炉门大小的限制,运输条件的限制。包立柱,我们用过的材料有铝板、阳极氧化铝板、不锈钢板等,各类材料的性能不一样,成本高低也不一样。铝板厚度是2.5mm 和 3mm ,不锈钢是 1.5 mm 以上。

(5) 深化设计图的确定。在上述几个阶段工作完毕之后,深化设计图也已成熟,可以转入出图阶段了。完善的图纸必须包括:

①立柱的外包尺寸,即完成面尺寸。

②立柱内支撑铝板的小钢架节点和尺寸。

③横向金属板分片数量,竖向金属板分片数量。

④每片金属板四周折边尺寸或者装边尺寸。

⑤立柱与天花板的节点,有无灯槽或柱帽。

⑥立柱与地坪的节点,有无踢脚线或柱盘。

2. 包立柱的内层钢架

圆柱的装饰一定需要内层的钢架。这钢架的作用:①连接铝板与圆柱的媒介;②调节圆柱外径大小和竖向直线度的手段;③使铝板定型的支架。认识钢架的这些作用,必须将钢架做精准。

钢架的制作材料通常是镀锌角铁或方钢管。这些材料也都要出图弯圆弧。弯圆弧最好是用弯圆机进行,这样准确率高。

安装方式决定钢架结构。钢架与圆柱体连接方式是大同小异的。调节柱体直线度的结构有简单与复杂之区分,调节精度越高,结构越复杂。铝板与钢架的连接,有插卡式、钩挂式、压条式,这些不同都会反映在钢架结构上。

金属板表面留槽与否,也会决定钢架的结构。在外幕墙装饰中包立柱最常用的设计结构是两片半圆，之间留一个槽，槽作为施工便利缝，用螺丝将铝板固定在圆柱的钢架上。铝板装完之后，再在槽内打胶或压一条扁金属条，将槽填平。在内装上，大家抛弃了留槽方式，改用密拼法或留细缝法。后者对装饰工艺提出了挑战。这些都要在钢架结构有所表现。

双层钢架出现。原来的钢架是一层，是中间的"桥梁"层。后来出现铝板端头拼接的时尚做法，即铝板相接之处的端头无折边的密拼接。喜爱这个方法的理由是可以消除折弯的"R"角，使拼缝更密合。端头拼就出现了一个如何使圆弧板块定型的问题。解决的方法首先在铝板背面做一个钢质的精致的圆弧钢架，也被称为加强筋，将金属板的圆弧形状先定型下来，然后再将这块金属板连同小钢架一并固定在圆柱钢架上，两层钢架合并为一层钢架。

3. 包圆柱的完美效果

圆柱装饰之后要有完美的效果，让人感觉是艺术与技术的结合，是能工巧匠的作品。如何达到完美效果？

(1) 圆柱上下笔直。人的视觉第一印象就是圆柱的笔直问题，圆柱顶天立地就是靠笔直才雄伟有力量。因建筑结构需要出现斜柱的情况另当别论。

(2) 圆柱的筒体圆润，没有凹坑或硬角，经得起强光的照射。

(3) 板块拼缝要有规律，能对缝的一定要对缝，缝隙可以设定一个宽度2～3mm，但所有缝隙必须等宽。

(4) 连接天花的顶，与连接地坪的底都应该处理好，有细部精致的看点。

(5) 每片板都要固定牢固，手不能按动。

(6) 板面的涂层处理无色差。

4. 包圆柱的常见问题

(1) 圆弧板中间是符合圆弧曲率要求的，邻近两头的近50～80mm就会产生平直板面。原因是分片辊圆弧时，一到边缘，辊圆机压不上力，铝板无法卷曲。也因为在两边是预先开槽后再辊圆，开槽之后，铝板弯曲时，压力会集中到凹槽上，反而无法使金属板卷曲。解决方法是上下垫一块钢板进行辊压或者在折边机上备一把圆口刀，用此刀将板边压圆。也有人是先辊圆，再手工开槽，最后再去折弯。这样做存在风险，手工开槽的槽深度和宽度不均匀，折弯之后菱边不整齐。

(2) 圆筒成型之后两端头小，中间大，特别是每段超 2m 的板块。这种现象出现与筒体分段的长度有关，分段越长，越容易中间鼓起来。这也与辊圆机的强度有关。有的辊圆在下轴有托轮在加压，也有的辊轴原来材料厚重，变形量少。

(3) 板块拼接的横缝、竖缝有高低差。这与下料尺寸不准和圆弧成型不到位有关。

(4) 板块之间的拼缝、十字缝对不准，有错位现象，直缝不等宽，有宽有窄不合规矩。

(5) 固定不牢固，用力按有松动感。这是固定节点上的问题。有的边未固定，而是插接的。

五、选用铝型材

铝型材原来是用于制作门框，窗框的主要材料，但是铝型材因有自身的优点，这些优点是铝板材不具备的，近年来在室内装饰中也被大量运用。我们有必要作一些介绍：

1. 什么样的情况下可选用铝型材

(1) 直条型或方矩形状，是符合铝型材生产工艺方法的造型，即可以采用。这里说的造型是铝型材的截面造型。每种铝型材的截面造型都是相同的，截面造型是由模具决定的。

(2) 生产某种铝型材必须开模具和利用融化炉，这都是要产生费用的。前者称模具费，后者称开炉费。只有需求量达到一定的数量，足以分摊模具费和开炉费之后，才可以选用铝型材拉制方法，除非有不计成本的许可。

(3) 所需产品的截面在拉制型材工厂的挤压机可承受的范围之内。国内型材工厂挤压机分别是500吨、800吨、1 200吨、1 500吨、2 500吨、5 000吨的。吨位越大，制作的型材截面尺寸越大。由于投资大吨位挤压机代价大，一般工厂是限定在1 500吨之内，很少有投资2 500吨以上的挤压机。1 500吨拉机，可出产品截面最长对角线是200mm，2 500吨的设备是300mm。动用设备的吨位越大，生产成本也越大。

(4) 化整为零的方法。有一些大产品截面可以分解出几个部分，分别拉制型材，突破模具尺寸的限制，成型之后再组装。

2. 为什么要选用铝型材来代替铝板材

(1) 硬度高。型材有承重受力的功能，制成型材的金属元素配比是比较硬的。我们的铝型材为适应后续的深度加工，出炉成型时硬度普遍偏低。硬度是通过后续的“时效”工艺完成的。“时效”其实是一种金属淬火的过程，型材放进200度的高温炉几个小时，材料硬度可以达到10度(洛氏)。硬度高是一种适应性，开辟了铝型材的新用途。

(2) 铝型材线条感强烈，平直度好，有一种典型的金属材料的骨美感。如果要做一支长度6m的铝方管，当然也可以使用铝板材折弯成型，但是折弯6m长，一定有翘曲和折弯圆角，无法达到型材拉制的效果。

(3) 深加工过程中，节省材料和人工。如果用铝板材成型材料，材料利用率一般是85%，而使用铝型材可以达到95%以上。铝板材下料四个边都会有余料或废料。铝型材只有一头或两头少量的余料。铝型材和铝板材都是由铝锭熔化加工而成的。他们的成品价，按照吨位计算是相近的。成品价相近，就要比较深加工成本。

(4) 铝型材在长度上对接缝整齐，是独特的优势。门框、窗框四角的拼接就是利用了这个优势。如果还是用铝板材来拼接四角是无法角对齐缝又对齐的。

(5) 可以在长度方向弯制圆弧或曲线。如果要做一个大圆环，可以先出产铝型材，后送拉弯。反之，铝板材成型之后就无法拉弯。

3. 铝型材在装饰运用中的缺陷

(1) 产品截面大小,受模具、机器、成本的限制。

(2) 产品长度方向的形状无法变化,一款到头。

(3) 铝型材出厂之后,表面容易氧化,对后续油漆不利。

4. 铝型材常见的用途

(1) 装饰收边或镶嵌的线条。

(2) 铝挂片、铝方矩、格栅。

5. 铝型材表面处理

铝型材表面处理工艺的发展为其在内装上运用开辟了宽广的道路。表面处理工艺,如喷涂油漆、阳极氧化、蚀刻、木纹转印、木皮压贴、贴“3M”膜等,可以在铝材表面做出各种材料的样子,能达到以假乱真的地步。

6. 铝型材的创新用途

(1) 扭曲板,淮海路陕西南路 X-3 项目办公楼大堂扭曲板是用拉制型材,再深加工。换用铝板达不到此效果。曾经有公司用铝板制作,效果不好,被拆除。

(2) 金属屏风,也是同样项目中采用的。

(3) 灯箱盒,在淮海路 X-3 项目中有 500 个灯箱盒是用两种铝型材组装的。

(4) 窗帘盒,上海天目西路 147 项目恒基大楼的窗帘盒边板,宁波国际航运大楼的窗帘盒侧边板都是用的铝型材。

(5) 华西村空中大楼,仿古典式装饰线条都是铝型材弯制的。

(6) 上海中心大厦 53 层铜吊顶的花格仿木纹铝型材条。

7. 型材选用的经济方法

(1) 固定联络两三家厂商,熟悉这些厂家的设备和模具,尽量套用这些厂的模具形状尺寸来选定所需产品。尽力使自己的需要向这些厂的设备靠拢。这样可节省开模具的时间和成本。

(2) 利用这些工厂的库存料,既便宜又省时间。

(3) 新开模的最大尺寸要充分利用这些厂的设备和限制。

8. 通知型材工厂的技术要求注意事项

一旦确定需要铝型材,应该有一份详细的技术说明,将相关的事宜沟通好,避免差错或出废品。

(1) 用截面图形,标出几何形状和尺寸。

(2) 折角处要注明是圆角还是菱角? 若是圆角那么圆角的半径是多少?

(3) 材料壁的厚度。

(4) 侧面是否要加筋,空腔是否要分割。

(5) “时效”工艺的顺序插在何阶段。

(6) 成品是素材(无油漆),还是有油漆。

(7) 油漆是出厂时即做,还是等后续深加工一并做。

(8) 油漆颜色,木纹方向。

(9) 出厂成品的定尺长度,一般是 6m,在 6m 以内可以任意定,但规格不能太多。合并同类项定几种规格。每种规格长度,需要的支数,即总数量。注意需要量不能有差错。

(10) 装饰面(见光面)朝向。

(11) 包装方法:简易、夹厚纸、装箱,包装件数:单支、数支。

(12) 单价:素材价、含油漆价。

(13) 运输:专车、零担托运。

9. 材料估算的余量

(1) 材料本身损坏 1%。

(2) 下料损失 2%。

(3) 加工中损失 1%。

(4) 遗漏、补缺 2%。

(5) 总余量 6%。

10) 工期估算

(1) 开模具 7～10 天。

(2) 生产 3～5 天。

六、油漆的色差现象

色差是指在同一装饰面上或同一区域内同类装饰材料有不同的颜色。有的颜色差别轻微,有的严重。色差问题是无论内行还是外行都能发现的问题。色差问题是金属板材料装饰中的常见问题,一旦发生色差也是很棘手的,要花费很大代价才能处理好。施工方务必重视,事先防范。

经常发生的情况:

(1) 在同一批供货的产品中,有发生缺漏、尺寸偏差或造型错误的,必须补充或更换。新供应的板材的油漆是另行加工的,这时新供应的颜色和原来的就很容易发生差别。

(2) 在安装金属板吊顶时,为保证尺寸符合现场要求,经常会先生产大部分板块到现场安装,然后从现场量出缺口板的精确尺寸回厂生产。这样就形成二批供货的情况。此时,最担心出现第二批供货与第一批供的货颜色有差别。

(3) 某些大工程需要几千或上万平方米的板块,工地施工是分批进行的,工厂生产也是分批出厂的。各批产品会有色差。

产生色差的原因是复杂的。有光线原因,也有生产工艺的原因。

光线原因。色差会出现在不同观察视角中,如某一片墙体,从正立面看无色差,但从左侧面看就有色差,转到右侧看色差又减弱了。这是因为光线照射的角度不同,引起不同反射作用。色差必定与光线有关系。没有光线就没有颜色,更谈不上色差了。为避免光线引起的色差,行业中的做法是两头调整。一头在光线照射上,尽量使光线暗淡一些,或者变换照射的角度,甚至关掉几个光源;另一头,在油漆上动脑筋,在油漆中多加一些消光剂,做成亚光漆面,减弱油漆面的反射光作用。在工地上业主让供应商先做样板房,有经验的厂商,会选择在光线暗淡一些的地址,不容易被强光照射看出色差毛病的地方。

产生色差,除了光线因素之外,还有油漆本身和烘烤工艺上的原因。

(1) 色卡样品的无法复制。为了使客户挑选或确定某一种颜色,油漆工厂总会事先在实验室配油漆,涂在一小块金属板上,送烤箱加温。从实验室出来的色卡板请客户肯定之后,大批量在生产线上生产。这时出产的产品与原先烤箱中出的色卡是有差别的。烤箱的环境与生产线上的环境是不一样的。生产线上是无法完全复制出烤箱中的样板的。

(2) 油漆供应商的不同。同类油漆的工厂在上海有几十家,在全国有数千家,粗看产品相同,细看产品的色差还是存在的。做某个工程,只能选用同一家工厂的油漆,中途不能更换工厂。作为不同的油漆工厂,他们各自有不同的产业链,各家的原材料、添加剂也是来自不同的产地。这自然会形成各工厂的差异性。

(3) 加工设备的工作状况不同。油漆加工先有喷枪将油漆喷涂在金属板上,再送进炉膛烘烤。这就可分解为喷涂和烘烤两个工序。喷涂有的使用进口枪,也有使用国产枪,有自动喷,也有手工喷。不同的工具,效果都不一样。炉膛烘烤主要是高温区温度和滞留时间,温度和滞留时间都要恰到好处,不偏不倚,这在技术上很难控制。温度过高,颜色会偏深,反之颜色会浅。白色的油漆最易产生色差。

(4) 可能会引起色差的其他因素。油漆面涂层的次数和烘烤数。一般油漆先涂底漆,再涂面漆。有的中间再加一层漆。涂两层与涂三层也是会有色差的。有的工厂是一次性烘烤,也有分两次烘烤的。烘烤次数不同也有色差。

漆膜厚度。喷涂漆膜层有薄有厚,这也会形成色差。

上生产线前油漆要搅拌,还要加稀释剂。搅拌时间长短,稀释剂的成分不同都会形成色差。

(5) 不同颜色的油漆,产生色差的容易程度也不同。我们发现白色、黑色、红色和深蓝色是非常娇嫩的,极容易产生色差。

(6) 不同种类的油漆也会有色差。聚酯漆和氟碳漆有色差,氟碳漆和烤瓷漆也有色差。同一工程中不同种类的油漆不能混合替代使用。

同类油漆颜色不可能完全相同,色差总是存在的,只是多少的区别。原来有铝塑板行业标准设定为ΔE2,要小于等于ΔE2。ΔE指标可以用色差仪测定。据大家的观察,ΔE2的颜色差别是很大的,作为判定室外墙板的标准是可以的,用来作内装的标准大家是无法接受的。内装板有ΔE0.5的色差,已经很惹眼了,超过ΔE1难以接受,如果严重到ΔE2,一定是要拒绝的。在装饰施工过程,谨防出现色差问题,实质是如何控制色差问题。

控制色差的有效方法:

(1) 估算好需要喷涂油漆的量,一次性订购油漆。采用此方法的困难是油漆订购的资金先垫付;另外,需求量估算难以正确。

(2) 寻找负责的油漆厂商。有的厂商只顾赚钱,不顾质量。这样的厂商不是合格的供应商。

(3) 检查油漆工厂的财务状况和员工队伍稳定性。有的工厂拖欠上游材料商的货款,遭遇断货的惩罚。有的工厂有经验的工人大量流失,调漆岗位虚设,无法控制油漆的色差。

(4) 重视工程计划,加快施工进度。有的装饰工程拖延几年,无法解决色差问题。

有关现场做油漆的问题:发生了色差,有人会采用现场喷涂油漆的方法来解决问题。此方法不提倡。

现场喷涂,仅仅对某一块不解决问题,喷涂就要对整片或整个区域的材料。这样做代价是巨大的。喷漆的质量也不如烤漆。还会产生现场污染问题。现场喷涂只限于个别破损的地方填补。如果要解决色差,我们的方法是将产品从工地上拉回来让烤漆工厂重新制作。

七、预辊涂板的使用

1. 何谓预辊涂板

预辊涂板是一种涂装工艺。基本方法是将平直的铝板或其他金属板经过前期处理之后送上机器，进行涂装油漆、烘烤，得到所需要的表面效果。预辊板最终出来的产品可以是平板，也可以是卷筒板，还可以是分切成条的板。

辊涂是指采用的设备都是辊轮组成的，辊轮转动带动铝板前进，前进的铝板接受油漆涂装与烘烤。

预辊涂板的核心是在铝板加工成型之前对其表面的涂装，所以称为预辊涂板，也有称辊涂板。这也是相对于喷涂板的工艺而言。喷涂板是在金属板加工成型之后，最后完成喷涂、烘烤工艺。

2. 预辊涂板的优势与缺陷

主要优势：

(1) 产量高。辊涂生产都是自动流水线，最慢的速度是每分钟 20m，快的要达到 60m，还有超过 100m 的速度。以厚度 0.8mm 铝板计算，每分钟 100m，产量就是 260kg，一班 8 小时就可出 125t 产品。

(2) 节省油漆与能源。设备在对铝板涂装过程中使用油漆都是上下循环利用的，很少有浪费。1kg 油漆可以涂装十几个平方的铝板。对于喷涂线，1kg 油漆只能涂装 $4m^2$ 板，一大半都落进水槽中浪费了。辊涂线的烤箱是紧凑的，相比喷涂线烤箱庞大，就会节省许多加热用的能源。

(3) 预辊涂板漆面比较细腻。一些精致的装饰板都要求漆面细腻，预辊涂板是最好的工艺之一。喷涂板容易出表面"橘皮"麻点现象，预辊涂没有这种情况。

主要缺点：

(1) 只适用对平板表面的涂装，不能加工异型板。

(2) 加工产品严格受机器的规格和材料规格的限制，例如要加工宽 3m 的平板，在国内既找不到设备，也找不到材料，结论是无法加工。

(3) 后续加工的材料利用率是个大问题。预辊涂板出厂时，宽度和厚度是固定的(因受机器的限制)，长度是可商量可定尺供应的。但是宽度固定势必会出现在后续加工中材料浪费，除制作模块板之外，一般利用预辊涂板加工异型板，材料利用率都在 85%以内。由于宽度限制，也有许多产品不能采用。

(4) 开机器生产要有一个初始批量。这个批量是 2 000m^2 材料。在实际工程中,特别是内装饰材料,常常需要的是几十平方米或几百平方米的量,这样就无法使用预辊涂工艺。

(5) 用预辊涂板进行后加工,后加工时采用的工艺手段是受限制的,例如不能焊接和打磨。

3. 适合使用预辊涂板的产品

在工程装饰范围内,预辊涂也被大量使用。主要三大类:

(1) 模块板:规格有 300mm×300mm,300mm×600mm,300mm×900mm,300mm×1 200mm,600mm×600mm,600mm×1 200mm 等。

模块板尺寸固定,可套裁或要求预辊涂板定尺供应,不需要后续再焊接打磨。有一定的批量,几千平方米的量是小事,量大的打样会有几万平方米需求。所以模块板是适合用辊涂板来加工的。

(2) 有批量的定制板。办公楼的走廊吊顶,由于建筑的宽度不能固定,造成装饰时很难使用模块板,只能就现场状况设计板块的规格,此时虽然不能用模具压制,但还是可用折边机来加工完成。没有焊接要求的,因为有批量,可以用预辊涂板。

(3) 蜂窝板(瓦楞板)。制作蜂窝板的表面一层的铝板,技术上要求是 0.8~1mm 厚度板。这样厚度的铝板制成大块如宽 1.5m,长 4m 的板面,不易搬运钩挂,很难采用喷涂工艺,尽量采用辊涂板。河南豪瑞金属制品有限公司适应市场变化,近年来开发了厚度在 0.8~1.5mm 的预辊涂板,满足了这方面需求。

4. 辊涂板的质量控制

辊涂板的生产技术是由德国、意大利传到日本和中国台湾,再由中国台湾商人带进中国大陆。二十年来发展迅速,发展成熟,构成了中国制造的亮点。技术成熟的标志是有完整的质量控制知识体系,为后加工的广泛运用开辟了道路。

质量控制知识体系分为对铝材本身的要求和对涂装的要求。好的质量是由这两个部分组成的。

对铝材要求:① 铝材的牌号和硬度状况;② 铝材厚度和宽度;③ 铝材表面平整度和清洁度。

对涂装油漆要求:① 采用油漆种类:丙烯酸、聚酯、氟碳;② 涂装几层,有涂一层,也有涂两层,还有涂三层的;③ 漆膜的厚度:15μm,20μm,25μm;④ 无颜色差别;⑤ 无漏涂;⑥ 无横纹;⑦ 无拉丝;⑧ 油漆附着力好;⑨ 油漆光泽度:亚光、亮光、高光;⑩ 对T弯的要求,0T、1T、2T、90°折弯不开裂;⑪ 对贴保护膜要求,透明膜或黑白膜,有字膜或无字膜,黏度是低或高;⑫ 对供货状态尺寸要求,平板状态或卷筒。

5. T弯和爆漆

行业中,现在对铝板和油漆的检验都有成熟的技术和标准,社会上有许多专用书籍作介绍。这里笔者就T弯再作一些讨论。

T弯的技术含义:辊涂板由平板状态,折一条边为90°,称边90°折弯,这也是普遍模块板折边要求。若折弯180°,与原来板块合拢,这称0T,再折180°,将原来0T包覆进去,这称为1T。从技术讲,90°T弯和0T都不希望在折缝处有油漆爆裂现象,若有爆裂会影响美观和质量。

铝板厚度。在工程装饰中现在客户要求板块大一些,越大越好。板块增大,势必要材料加厚。材料加厚,辊涂设备的承受力就加重,在质量上就容易出问题,特别是T弯。辊涂板厂家对厚度1mm之内的T弯质量是有保证的,也敢于承担责任,对于超过此厚度的,一般就不愿意作保证。质量风险全推给了客户。

爆裂现象要有区分。有时是铝材的爆裂与油漆的爆裂混杂在一起。铝材先爆裂,再将油漆拉断形成裂纹。为避免这种状况,首先要控制铝板的质量要求,铝板牌号1100或3003,但硬度状态是H22或H24。H22或H24都是二次退火消除应力。H22偏软一些,H24是半硬半软状况。不能采用硬铝材料如H26或H28。材料厚度在1mm以内,有客户还是担心材料不够厚，会影响平整度。若确要提高平整度就可改用蜂窝板或瓦楞板的方法，走新路来解决问题。

油漆的爆裂与油漆的柔韧性和硬度有关联。油漆柔韧性好，那么油漆就容易弯曲，硬度软一些也容易弯曲。但是在实际使用中，柔韧性与硬度都是重要考核指标不能轻易改变。也有人认为双涂比一涂的柔韧性要好一些，但作用还是有限的。

附着力，是指油漆粘附在铝板上的密合程度和吸附能力，类似纺织染料中的“色牢度”。附着力差的材料用指甲刮油漆也会露白。待到折弯时，就会成片状脱落。附着力指标与T弯指标是正相关的。附着力越好，T弯状况越好。

要提高附着力，既要改善油漆质量，又要提高铝板在前处理，即脱脂、清理、铬化过程中的质量。每个环节都要做到位。清洗不干净的材料，涂油漆是无法牢固的。

6. 使用辊涂板前的“套裁”(套料)环节

使用辊涂板的本意是追求经济效益，如果没有成熟的套料技术，就无法提高经济效益。

辊涂板，宽度是固定的，只允许一种，如1 220mm、1 500mm等，长度可有四五种，但不是十几种。长度规格太多，工厂不愿意生产太多规格。套料只能在既定的宽度内进行。

注意辊涂板油漆是呈长度方向的纹理。同方向的板材排列，由于纹理相同，光泽相同，就无色差。如果是横竖相叉排列，纹理方向改变了，就会出现色差。这也增加了套料的难度，会降低材料利用率。在模块板出厂时，在保护膜上会印上箭头方向，并提示按此方向排列，就是防止有色差。

套裁是以产品的展开面积为耗材尺寸进行。展开面积包含折边的面积，折边面积也许无法计入费用，但是耗材是必须的，有多少就应承担多少。

套裁的余料若不能大块使用就设法做一些收边条。

套裁是一门功课。此功课要在订购预辊涂板时期，在辊涂板未正式生产前明确。

附录:常规的铝板及涂层板检测方法

购买、使用铝板及带有油漆涂层的铝板,总是需要检验其性能是否达到标准,可否放心地使用,这就引申出检测方法问题。

1) 检测的体系

检测是一个复杂的体系问题。主要包括:检测内容、检测标准、检测方法,检测机构等内容。

检测内容首先是确定指标问题。要明确哪些是必须检测的指标,其中又有哪些是要确保的,哪些是可参考的。指标的确定是依据于产品使用的动态环境或称工况条件,即该产品将在什么环境中被使用,会遇上哪些险恶的条件,有多大的抵抗能力等。分析好产品的使用环境是确定检验指标的前提。

检测标准。所要达到的标准,满足环境的要求也是无止尽的。但要有一个相对数值,让大家可接受的数值。例如,电冰箱的使用寿命是十年,太长了别人也不在乎,太短了大家不接受。标准的设定还有一个国家现实的水平限制,不能太超前。

选择检验的方法。要检验某项功能,都要有适当的方法才能实行。有时用不同的方法检验,虽然各有理由,但也会有不同结论。此时就应该统一用同一种方法,公平竞争。所以对采用何种方法检验也是一个重大课题。大家所见的检测报告,都会规定采用何种标准,并采用何种方法进行。

检验机构的公信力。产品的厂家自行检验,客户不相信,怕有欺诈性。一般的机构承担也不放心,也怕弄虚作假,以钱换证。现寄希望一些国外的机械机构,如 SGS 等。这些机构珍惜自己品牌信誉,不会出假数据假证明。也有企业认可中国政府的信誉。企业产品检验,送北京某些机构进行。

2) 常规检测内容

对铝板以及涂层铝板的检测标准设定,主要是根据产品在使用中防止氧化,油漆脱落,油漆开裂或粉化等。可检验内容与方法:

(1) 铝板的牌号、状况、规格、厚度。牌号可以通过材料的元素分析进行。硬度可以作弹性测试。规格要用直尺，卡尺量，厚度也用卡尺量。

(2) 铝板的硬度和拉伸性。市场上有以土渣铝冒充正牌铝材的。通过硬度和拉伸性测试可以作鉴定。方法三种：

①重锤冲击。有冲击设备，薄板用 50kg 铁锤，厚板用 100kg 铁锤，冲击平板，看板面是否开裂(见图 4-10(a))。

② 弹性测试。用小弯曲机把铝板弯曲，再松开，看反弹状况。能反弹到原位的，表明弹性好。

③ 拉伸。把铝板剪成小长条放在拉力机拉，当拉断时，观察拉力器的数据(见图 4-10(b))。

(a) (b)

图 4-10 鉴定铝板

(a)重锤冲击 (b)拉伸

(3) 铝板清洗之后，涂装之前可做油污检验。查看铝板上是否还含有油污，是否会影响涂装质量。

方法：用特定化学药剂配方来接触铝板表面，看其连贯性。当连贯时，表示是清洁的，反之不清洁。

(4) 油漆与铝板的附着力(黏结力)。查看油漆是真正涂在、黏合在铝板上，还是假性黏结，两张皮。方法：

①煮沸水法。把涂有油漆的铝板放在沸水中煮两小时，看油漆是否起泡

或脱落。起泡表示有水汽渗入在铝板与油漆的中间,造成二者分离,也表明原来二者就未黏合好。此方法是很厉害的,假性黏合都无法过此关口。如图 4-11 所示。

②划百格法。先在涂层表面划圆弧或方格,然后用黏性纸覆盖,再撕开黏性纸看有无油漆小块脱离铝板。根据脱离块数来定等级。小于 5%脱落为 1 级,5%~15%为 2 级。如图 4-12 所示。

附着力测试用划百格法。

图 4-11 煮沸水法

图 4-12 附着力测试

③铅笔硬度法。用 H、2H、3H、4H、5H 等各种硬度铅笔,在涂层面上划线,看是否露出铝板底。涂层面硬度,一般要求是 2H 状况。如图 4-13、图 4-14所示。

图 4-13 铅笔硬度法

图 4-14 铅笔硬度法

(5) T 弯试验。这是既可检查铝板的柔韧性也可查油漆干膜的柔韧性方法。有问题板叫开裂或暴漆。开裂是指漆面有条缝隙,暴漆是指有条细细的漆膜带会脱落。目前产品水平可以达到小于等于 2T。如图 4-15 所示。

(6) 耐酸、耐碱性。当涂层板在大气中会遇酸性或碱性物质的侵蚀，要有抵抗力。检验方法是用溶液接触铝板(见图 4-16)。

氟碳漆(外墙板)：	用盐酸溶液	5%(体积比)	48 小时
	用氢氧化钠	5%(质量比)	48 小时
聚酯板(内墙板)：	用盐酸溶液	2%(体积比)	24 小时
	用氢氧化钠	2%(质量比)	24 小时

因采用这些方法，手段太苛刻，现在又变通，改用“饱和氢氧化钙”的方法，对外墙测 48 小时，内墙板测 24 小时。具体接触试验是用无底玻璃杯搁置在涂层板上，圆周用“凡士林 ”密封后灌入溶液。

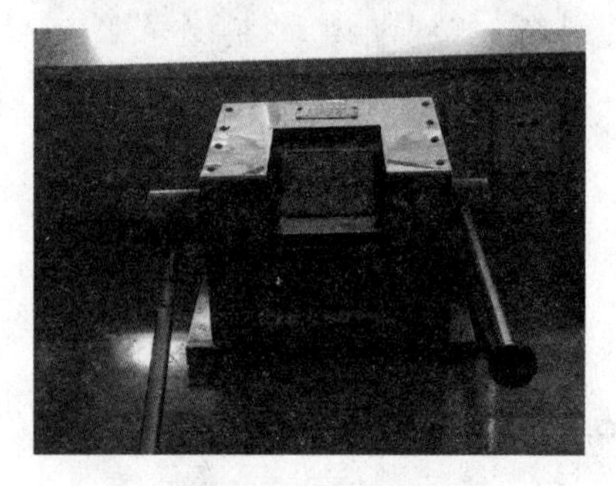

图 4-15　T 弯试验

图 4-16　耐酸碱性检验

(7) 耐溶剂性。也称“MEK”试验。即用酊铜在涂层表面擦 100 次，看是否露出铝材。实际意义是检查日后使用时，可否经得起摩擦或清洁剂洗涤(见图 4-17)。

(8) 漆膜厚度。这是最基本的测量油漆干膜的方法(见图 4-18)。

(9) 色差辨别。两块相近颜色的板，用仪器来辨别差别。仪器差别用△E 表示，在△E2 范围之内是尚可的。其实人眼辨别比色差仪要严厉许多。若在△E0.5 时，人眼感觉就很明显。产品出厂时，工厂会控制在△E1 范围之内。色差仪的灵敏度也是相差很大的(见图 4-19)。

图 4-17　耐溶剂性检验

图 4-18　涂层厚度测定

(10) 用仿自然光测色差。有一个装有多角度照射灯的灯箱,放进涂层板,人眼目测颜色比差别(见图 4-20)。

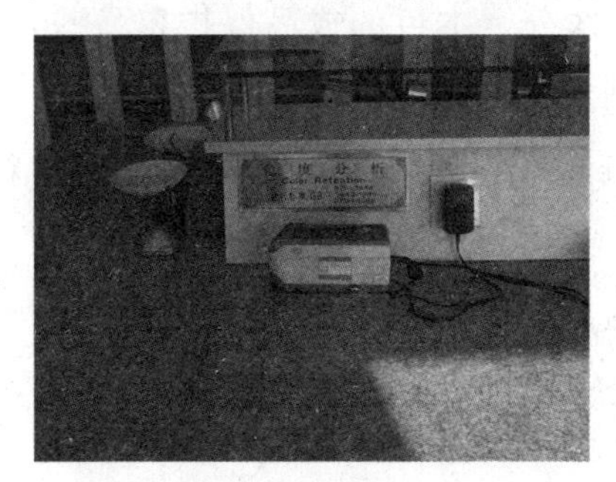

图 4-19　色度分析

图 4-20　仿自然光测色差

3) 某产品的检测报告实例

样品检验单		
名称:试样		
检验日期	2007 年 5 月 11 日	
测试项目	A.1	A.2
颜色	条纹板	拉丝板
涂层厚度	16μm	
柔韧性	1T	2T
铅笔硬度	2H	
附着力	百格一级	
耐冲击性	50kg·cm 无开裂	50kg·cm 无开裂
耐溶剂	100 次不露底	
备注:天花板成型冲压:横向还可以,纵向有轻微裂纹。		

检验员:　　　　　　　　　　　　　　　　　审核:

八、阳极氧化板

阳极氧化铝板有它自身许多优越性，正在被人们认识，所以此种板正在被作为装饰材料大量使用。但阳极氧化板作为一种特定的材料必定有它的性质特点，在使用时要利用好。

本公司在国康路市政设计院项目中，采用这种板材作电梯厅墙板，在“海福乐”专卖店作外装造型板，后又承接了淮海路新天地办公楼内卫生间隔段板。这样才开始熟悉研究这类材料。

(1) 氧化铝材料颜色有本色和彩色的区分。本色的成品保护容易些，分切之后端头也不必修补。而彩色的要特别对待。

(2) 材料厚度有 0.8mm，1mm，1.5mm，2mm，2.5mm，3mm 区分。材料越厚，板型越好，强度越大，但成本上升。

(3) 表层氧化膜有 5μm，10μm，15μm，20μm 的区分。氧化膜的厚度增大，防腐蚀时效长，但是在深加工中容易暴漆开裂。这在制造工艺上要把握好。

(4) 开槽折边时会有微裂纹。氧化板成形时，表面已有一层致密的氧化膜，这层膜在辊圆弧或者折弯时，由于材料被拉伸会产生微细的裂纹。拉伸越大，裂纹越明显。颜色深的又比颜色浅的明显。过于明显的裂纹会影响板材美观，也会削弱铝材的保护作用。所以在做折弯前，一定要进行工艺试验，看开多深的槽，才能使裂纹不明显。从理论上分析，槽开得越深，裂纹越不明显。但是槽开深了，会对板材强度伤害大。施工时，果真要开槽，则要采用打硅胶的补救方法。

(5) 开槽采用何种设备。氧化板表面硬度比普通铝板要高，几乎接近不锈钢的硬度，但是内层还是软质的。在开槽时有人主张用开不锈钢的设备，即“恒力刨槽机”，也有人反对这种工艺，理由是效率太低。本公司目前是沿用开铝板的推台锯，也有人怀疑刨槽的精度达不到。面对怀疑和争论，也只有通过工艺试验来寻找答案。

(6) 焊接与种钉。以往，在普通铝板加工过程中都是在“毛坯板”时，背

面先种钉(碰焊工艺)。这样即便有焊接烫伤面板的情况也无妨,因为后道工序是打磨和油漆都可以将伤害消除掉。如今的氧化板,是事先完成表面处理之后,再转入深加工的。焊接种钉引起表面损伤是无法弥补的。笔者曾经做过实验,对厚度达到 2.5mm 以上的氧化种钉可行,表面没有伤害。种钉都是为装加强筋或配件,此时最放心的方法再加一圈结构胶,以强化牢度。

(7) 分切之后的端头处理。氧化板转入深加工之后必然遇到要分切成需要的大小板块,分切就有断截面,断截面是铝本色的。断截面的颜色多数情况之下与表面颜色不同。设计工艺是采用折边拼装的,这铝本色的断截面就藏在背后,如果是用端头拼装工艺,那么这铝本色就会暴露出来。由于"苹果"手机专卖店的装饰引领,那里金属板都是端头拼,现在想采用氧化板,也就是想用端头拼工艺。这样铝本色暴露问题就非解决不可。目前方法是用补漆法,这是一个传统的方法,要寻找更好的方法。

(8) 折边加辊圆的处理。用氧化板包圆柱,当板块的竖向边可以开槽折边,这仅仅是受一次变形的工艺,而横向边如果也要折边,那么既要折边又要弯圆,经受两次"大手术",此时氧化表面会严重暴漆式开裂。这样的工艺不可取,出路一条是"端头拼"方法。采用端头拼,成本会增加许多。

(9) 有待试验的工艺。铝板加工时,还会采用激光切割机。现在不清楚激光切割机加工对氧化板的表面有无损伤?损伤又有多大?这要进行试验。还有"蚀刻"工艺,"蚀刻"也是化学剂对材料腐蚀的作用,那么对氧化板有无伤害?下一步也要试验。

(10) 氧化板的硬度问题。氧化板的材料硬度要比普通"1"与"3"系列的铝板高许多。在加工时,用折边机成型会有明显反弹现象。此时就应加大力量或折成小角度,留出反弹余地。若用转塔冲冲孔时,更要注意密集的冲孔会引起材料变形,卷曲。此时转塔冲的刀具盘会划伤阳极氧化板的表面,造成材料报废。针对这个特性,在安排加工工艺时要充分考虑仔细选用设备。

(11) 表面玷污。氧化板表面严禁与碱性溶剂接触,一旦接触会变色。也不宜与重酸材料接触。如果表面沾上赃物,用何种溶剂进行清理也要首先进行试验,有了把握之后方可行动。如在国康路市政设计院项目中是用氧化板压成蜂窝板的，压制过程中有少量胶水流淌到表面，形成斑块。后来，在现场用洗洁精、酒精清洗都无效。经过多种试验最终找到一种有效溶剂。

(12) 选材和排版时要防止色差。在普通铝板装饰中出现色差是一个令人头疼的问题。而氧化铝板更容易出现色差，解决方法是只有全部更换。市政设计院的电梯厅，原先是别家施工的，后来发现氧化板有色差，业主就拒绝验收，重新更换施工单位，于是本公司就登场了。氧化板的色差复杂性有两点：

其一，表面颜色是由板材自身颜色与颜料结合生存的，铝板自身的颜色很大程度上影响了表面的成色。不同铝材，不同出厂批次的铝材颜色都不尽相同，所以很容易出现色差。与普通铝板不同，普通铝板送喷涂时，油漆膜完全将铝材颜色覆盖住了，油漆膜颜色与铝材颜色毫不相干。

其二，铝材在加工过程中机器设备都是成线性方向运动的，故全在铝材上留下方向性线条感，也称“纹理”。各生产厂家出来的铝板“纹理”还不尽相同。这个现象在氧化之后仍然存在。要注意在排版套裁时，要保持方向性一致，不能将横条和竖条混乱使用。一旦混用就会有色差。方向不能混乱，这又会造成材料利用率低，成本上升。

(13) 材料表面划伤问题。在用不锈钢装饰过程中最忌讳的是材料表面容易划伤，出现划痕，线条甚至凹坑。因氧化板表层硬度高，也会出现同样现象。在生产过程中，运输过程中出现可能性多一些。如今加工板块又朝大面积发展，一块长 6m，宽 1.5m，就有 $9m^2$。板块一变大，生产中工人移动费力，会在地面上或机床台面上拖，拖时一旦碰到微小金属颗粒就会被划伤。搬运中工人想省力，也会倚着墙或扶手摩擦，也会划伤氧化板。又因为板块变大，针对划伤严重的板进行更换，损失又会加重。所以要慎重对待划伤问题。出厂时要强化成品保护措施，生产材料不落地，要将成品板用双层保护膜贴好，运输时再包“气泡膜”，装卸要小心轻放。

九、烤瓷板、氟碳板、搪瓷板优势比较

烤瓷板、氟碳板、搪瓷板都是当今高档次，各有特色的护墙板材料。选择

何种材料用于地铁人行通道中，是应该结合地铁的环境进行分析，以发挥各种材料的优势。

地铁墙板所面临的环境条件，我们作粗略的描述如下：

(1) 地铁是特大型的公共建筑，每天会有几万甚至几十万人进进出出，大量的人流会带来废气、油气的污染对板面的侵蚀。

(2) 同样因为巨大的人流，人或者人携带物会撞击墙板，损失墙板。

(3) 地面之下，终年不见阳光，无紫外线杀菌，潮湿严重，细菌多。

(4) 靠近通道外出口的墙板，还会遭遇台风暴雨的冲击。

(5) 地铁一旦交付使用后，要求建筑质量牢靠，几十年不必大修理，不发生关门修理的事故。

根据我们的经历，并结合使用中的情况，烤瓷板的优势有：

(1) 烤瓷板的硬度适中。基材连同涂装面，硬度由软到硬的排列顺序是氟碳板、烤瓷板、搪瓷板，铅笔硬度分别为 2H，5H，7H 以上，烤瓷板的硬度适中。太软的，在搬运和使用中受冲击易变形；太硬，当受到冲击时，会开裂、破碎。烤瓷板涂装面受损伤，在现场可修复，搪瓷板是不可修复的。

(2) 材料重量是理想的。氟碳板、烤瓷板的基材都是 2.5mm 或 3.0mm 厚的铝质材料，它的比重是 2.71。搪瓷板的基材是 3mm 厚的钢板，它的比重是 7.9。比较每平方米重量，前者是 8.13kg，后者是 23.7kg，后者是前者的 3 倍。因为基材的重量增加，自然引起了耗费材料多，成本高。这是搪瓷板价格高居不下的原因之一。

(3) 烤瓷板对龙骨架的要求较低。烤瓷板因为重量轻，挂在墙体上所需要用的背衬、龙骨材料是小型薄壁钢方管。而搪瓷板选用的材料要高出两个等级。若采用搪瓷板，钢架龙骨的价格也是惊人的。按目前的钢材价，采用烤瓷板，钢管龙骨架在 x 元/平方米之内，而搪瓷板则是两倍以上。

(4) 材料不会氧化生锈。铝质烤瓷板的基材背面同样是烘烤油漆的，受潮湿之后不会发生氧化锈蚀。铁质的搪瓷板背面不作处理，若有瑕疵，会从背面生锈、腐蚀而渗透到表面。

(5) 烤瓷板的涂装是无机物。烤瓷漆化学成分是氧化硅，是一种无机材料。氟碳板涂装是有机物。而有机物容易滋生细菌，在火烧时也会发出有毒气体。反之，无机物不会发生这种情况。因此，烤瓷板也被称为环保产品。

(6) 使用寿命长。氟碳板，工厂出厂时的质保期是15年，太长了，不敢保证。烤瓷板是无机物氧化硅，它可以使用30年以上。故工厂可开具质保期20年的证书。

(7) 氟碳板的优势难发挥。氟碳板最大的优势是抗紫外线的照射。室外强紫外线会引起颜色变化，油漆露白，开裂，粉化。故采用氟碳涂层板来解决这些问题。但是，在地铁环境中，紫外线照射少，氟碳板这一优势无用武之地。

(8) 烤瓷板的价格是可以接受的。市场上，氟碳板、烤瓷板、搪瓷板的价格排列，由低到高，烤瓷板比氟碳板略高些，但比搪瓷板低很多。烤瓷板的价格客户是可以接受的。

结论：在地铁墙板上采用烤瓷板是有充分理由的，是合适的选择。

十、现场安装的常用知识

安装也是金属板装饰工程中的一个重要环节。以前关于安装问题的理论讨论并不多，原因在于缺少文化氛围，直接的从业人员每天为生计忙碌，无暇顾及理论讨论。在一些大型装饰公司人才济济，他们有可能指定专人来研究安装问题，但他们的研究成果很少能传送到一线安装工人那里。根据笔者的体验，安装环节同样有许多问题要展开深入研究。要以现场实际为基础，研究才有作用。

1. 安装前的准备

工程开始，施工队伍进场之前，要做许多准备工作。

(1) 熟悉图纸。有关工程的图纸要努力去阅读，要弄清楚自己的工作内容与范围，思考用什么的方式来完成。图纸上包含的信息是很多的，掌握得越多，越有利于后续的施工。

(2) 熟悉现场。对于自己所要承担施工的区域究竟是怎么回事，一定要去现场了解清楚。不能凭空想像，而要带着图纸看现场，检查图纸与现场的相符程度。若发生疑问，就必定要提出来讨论解决，修改图纸或改变现场，要有明确说法。

(3) 参与深化设计。在深化设计过程中有两个问题是与安装有密切关系的：其一，怎样的节点便于施工？其二，怎样的结构可能装出好的效果。装饰队的负责人一定要带着这两个问题来找深化设计师讨论，表达自己的意见。

(4) 准备材料，工具和人员。走完前三个流程之后，安装负责人就可针对该项目去准备材料。材料也许是市场上的标准件，这可以即时采购，也许是专用材料还要有时间制作。工具也是同样道理，都要事先准备好。人员是最重要的，不仅是依靠人才能完成任务，而且还要盘算用人的成本，现在人员的工资高，多用人员是无法承受的。

(5) 关心脚手架等登高措施。弄清现场的施工面积，完成面的标高，就应考虑使用怎样的脚手架才能适应。好的施工队还应该画出使用脚手架的长、宽、高以及上下人和货的通道图纸，交给专门供脚手架的公司。

(6) 搭建临时中间仓库。总包一般会允许在施工地附近让施工队搭建一个临时仓库，让其堆放材料和工具。

2. 复核建筑物

对所需装修的原建筑物，一旦确定装饰时，首先都需要对该建筑物进行现场尺寸复核，复核的目的是调查设计图纸上给的尺寸与现场的符合程度，或差异程度。若发现差异需要修正。修正方法有两种，第一在保持现状的基础上，修改装饰图，这样可保持建筑物现状不受损害；第二是严格按图纸施工，改变建筑物。这样做会对建筑物“伤筋动骨”。通常是采用第一种方法，实际执行时，还会与两种方法结合使用。按设计给出图纸去复核现场尺寸，如果在原建筑物不大改变的情况下，复核尺寸一般是与图纸相符合的，即便有误差也只有 1～2cm 的范围，这样的误差在装修中是可以弥补掉的。

笔者也遇见过对旧建筑先改造再装修的事例。例如位于上海淮海路马当路交叉口的“K-11商场”,在那儿,在装修前先将地下一层至三层顶打开,引入自然光线。再将这三层打开面做成中厅,成为商场的中心区。这样的建筑装饰,会出现旧建筑图与新建筑图两种土建图的冲突。在复核现场尺寸时难度会增加许多。

“以人为本”是装饰的理念。原土建结构的改建还是要突出以人为本的理念。有场地砌墙太多,人无法通行;有的顶吊得太低,会碰撞高个子的头;也有人站在自动扶梯向上升时,会撞到吊顶板。在K-11时,就发生自动扶梯人撞顶现象。后来将整个顶抬高20cm,这是花大代价的。后来在上海中心B1层也看到这现象。只得将顶拆除一部分,让出行人站立的高度。在现场复核土建尺寸时,要有意识地注意“以人为本”的问题。

碰撞问题仅靠在现场复核有时很难发现问题,现在是借助于“BIM”建模做碰撞检验。这是一种先进方法。

3. 参与放样

现场“放样”,也有称“放线”的。实际意义是指将图纸上所需求的尺寸搬移到现场建筑物上来,使装饰按规范进行。放样是施工的起步工作,这一步要走得正确,才能保证后续的工作正确。

“放样”其实是在建筑物上对装饰件(面)进行空间定位,就是要找出装饰件与原土建物的具体位置,相距尺寸。建筑物或装饰物本质上都是几何图形,几何图形又都是由点、线、面来构成的。找具体位置就是找不同物的点、线、面关系。选择找怎样的点、线、面更容易反应二者关系,这是需要经验和学问的,还要灵活掌握。

空间定位不是泛泛而谈,而是落实到具体点、线上开始的。常用的方法:

(1) 在图纸的轴线交叉点找起始点。例如,要在一个大堂顶上吊一个半球,图纸上会标注出圆心到立柱或墙面上具体两个点的距离位置,将两点的距离位置弄清了,这个圆球在顶面上位置就确定了。

(2) 确定基准线。装饰中常用的吊顶标高线,地平面的零米或1米线,墙体或立柱的完成面线，这些线条既是各家装饰单位应共同遵守的规定，同时也是指每件装饰物空间定位时的参照基准线。没有这些线条，新的装饰件是无从落脚生根的。

(3) 地面放样。这是指利用地面的平整性和空旷的有利条件，可将吊顶装饰件的具体形状和尺寸完全画在地面上，然后再用“红外线”照射到顶面上去。这个方法对付简单平面造型是可以的，所以也成为大家常常使用的方法。

(4) 模板放样。有不少装饰件是圆弧形状，还有的立体多菱体，此时用“红外线”找点法放样是无法进行的，只能用模板放样。所谓模板放样是指用木工板按一比一实物尺寸做成模型，将模型吊在空中来确定装饰件的空中定位。做模板要耗费材料和人工，会增加成本，但有利于质量和进度。一般在权衡得失后，还会采用模板做法。模板放样典型案例可见“上海八佰伴商场改造”。

4. 操作空间

金属板安装在现场还是以人力为主的。这样就引申出人在现场如何操作工具和工件的问题。人的操作分为用手，用手臂带手，用人体上半身带手，用整个人体带手。

用手的空间：手能伸进去，带小工具，这需要有 150mm 高度或宽度的操作空间。

动用手臂带手，手臂弯曲的距离一般不能超过 800mm，若有个别人手特别长，那另当别论。

用人体上半身带手。这要有长宽 400mm 的洞孔，能让人伸进去。

整个人的操作；那要有高度至少 1 200mm，宽度 600 mm 以上的空间，方能让人弯曲进入。

在考虑操作空间有时很局促的情况下，还得挑选个子矮小的。有时还会思考是否会用左手操作等更细致的因素。

5. 安装顺序

在吊顶或墙面区域进行安装时，总会先确定安装的前后顺序。顺序有几种类型：

(1) 从左到右安装，优点是由一批人全部负责；缺点是速度慢一些。也有从右到左的顺序。

(2) 从中间向两边安装，即由两批人背靠背安装。优点是速度快一些；缺点是分两批人负责，会有微小区别，容易有破绽。

(3) 由上至下的安装。在斜顶面上和墙面上装修时都有上下选择问题。要根据具体情况来讨论决定。

(4) 由下至上的安装。例如安装立柱上铝板，在结构设计时采用了上下两节相插接方式。这样就非得从最底下的一段，开始朝上逐节装。

(5) 由里朝外一层层安装。大部分墙面板块安装时，从钢架开始，有满板基层，最后还有镂空板两层。这三层，只能从里向外安装。如果所装的墙面背后人工可走动，那么可以从外至里安装。“苹果”专卖店的金属墙板，笔者看到在墙面背后是留出工人活动区域，工人可以站在墙后安装。所以那儿的装法是先表面、再内层的。

除了安装顺序，还需要研究在何处安装？我们曾经在工厂内将小件组装，运到工地后再起吊就位安装。也曾经将送到工地的散件首先在地面上安装，组成一个个单元，再提到空中安装。湖北黄石宾馆大堂就是这样做的。先将一片片铝板在地面拼成菱形盒状，然后再将菱形盒状吊到空中安装。上海中心大厦五楼宴会厅的吊顶，是先将散片在地面上拼成六边形作为单元，再将单元吊到空中。从技术进步的视角分析，工厂安装，工地地面安装，工地空中安装这三种方式，要尽可能多采用前两种。

6. 工具准备

(1) 工人操作时使用的常用工具，如切割机、砂轮机、手枪钻、焊接机、紧固带等。对这些设备还要配上“易耗品”，如砂轮片、焊条、钻头等。

(2) 小型设备。在施工场地可见到一些台式钻床，台式压边机，三轴辊圆机，型材切角机等。这都是方便施工的举措。越是有经验的施工队，他们所带到现场的小型设备会越多。

(3) 大型设备也到场。有一些工地在偏远地区，运输成本高昂。装饰公司就会采用现场加工方法，将一些剪板机，折弯机，辊圆机都放在现场，原料也采购进来。用设备直接加工原材料，变为成品后安装。一些板块成型之后不需要再送烤漆工厂进行表面处理的，例如；铝塑复合板、镀锌钢板、阳极氧化板、铜板都可以这样做。

7. 基层钢架

金属板安装时都需要有一个基层钢架，此钢架的作用是从水泥墙或顶上引申出受力点。钢架又提供让金属板铺设的平面或球面。基层钢架是需要专门设计的。施工队的人员要参与设计。

基础钢架的种类：

(1) 市场上有成品的轻钢龙骨，以龙骨高度区分为 38＃，50＃，60＃三种。轻钢龙骨的尺寸规格统一，可以大批量生产，价格便宜一些。在模块 600mm×600mm 或 600mm×1 200mm 的安装中使用很多。

(2) 冲孔角铁。这是为改进轻钢龙骨勾挂不方便的问题而产生。有人将角铁的两条边密集地打好孔，这些孔洞用以穿螺丝。用冲孔角铁作钢架可以方便连接，可减少“大吊勾”，但是“平、竖、直”布置不整齐，容易紊乱。

(3) 焊接钢架，根据现场的空间尺寸，事先用角铁或方铁管焊接成一个悬吊结构。这种方式适合异形板安装，但成本会高一些。现场要焊接，又要开“动火证”，这也是麻烦事。

(4) 定制专用龙骨。在一些顶层不高的场合，现在都采用定制专用龙骨直接串丝杆悬吊。常见的是长条 U 形板和勾搭式方板。

(5) 平衡杆系统。这是指上海中心二楼宴会厅的顶部都是布置空中圆管。这些圆管不可能飘浮在空中。而是有钢架系统来悬吊的。出于美观需要，钢架是采用直径 20mm 的不锈钢实心管制作，尽量隐蔽一些。这样做法，代价是大的。

(6) 钢丝绳固定。钢丝绳是个好东西,可惜国内不多用,直径 5mm 钢丝绳绷紧,可悬吊几百千克重的物品。钢丝绳的另一大好处是便于调整,紧固。

总之,基层钢架有许多形式。我们可以根据实际情况选择使用。在制作双曲板,扭曲板或圆立柱时,还会因这些板块自身形状难定型,需要用钢架固定先将板块自身定型,而后,板块再安装上去还需有基层钢架。这样就出现两层钢架结构。在建筑幕墙类型中有一种叫“单元幕墙”。它的做法,先在工厂内将金属板和玻璃组装成一片片,这里自然用到金属结构。每片幕墙搬运到现场,起吊至建筑物上,此前建筑物就预先做好可联接的结构。将两种结构合拢就完成幕墙安装。

8. 脚手架种类

“以人为本”的理念日益深入,工地上对工人的安全保护越来越重视,登高作业必须有符合安全标准的脚手架。适应市场需求,脚手架发展成一个产业,出现多种形式的产品,可供选择。

最常见的是钢管架,一支支长圆管,用扣件锁住,变成脚手架。钢管架的特点是适用面广,可搭成各种形状和高度,安全性好。缺点是搭建时人工投入大;拆除时有损害物品和伤及人身的危险性。

活动架。开始时,都是高 1.7m 的标准架,一块横向、两块竖向组合起来。活动架灵活适用,装卸简单。缺点是搭建太高不安全,风一吹就会倒塌,所以在许多场合不让使用。

大型组合架,这是近年来发展的。介于钢管架和活动架二者之间的模块或钢架。钢架有圆管,有网板,有拼装头,还有螺丝锁紧头。我们在上海中心大厦内,安装 10m 高大厅时就使用这种钢架。

升降梯。工人站在升降梯内,开动按钮,升降梯可上下、左右、前后移动,解决了脚手架搭建后会占用地面,其他工种无法施工的问题。升降梯还可将物件抬到高处,减轻搬运的劳动力。我们在上海中心大厦 B2 层文化店铺内装压型钢板时,就租用两台升降机,将长 16m 的钢板抬到半空中,节省四名工人。

9. 抵达工地的材料整理

金属板材是在工厂内生产的。工厂的工人一般不会到工地上安装。安装是专门的队伍。所以当工地上安装工人拿到货物一定是别人的产品。此时,就应该对照发货清单和图纸将送的产品全部清点一下。数量,编号是否有错误。材料有无缺损,小的损伤自己可整一下,大的缺陷就必然是退回工厂重做。产品在运输过程很容易碰撞划伤,一旦有划痕整片板就要报废。这就要求包装讲究一些。多用些气泡膜或做木框来保护。

有一些项目上的板块有特殊性,板块在工地的地面上要划分好楼层,将板块分别搬运至具体的楼层,在每个楼上还要按编号将板块在地面上排列好。

10. 安装队伍的建设

笔者历来主张好的金属吊顶项目,一定要从设计、制造、安装三个环节都要有专业化水平。但现实中,安装队伍是农民工,农民工是整个金属吊顶产业链最薄弱的环节。这个环节的薄弱难以应付日益复杂的项目。当下,作为农民工的安装队伍建设至少出现了三个问题:

(1) 组织机构的稳定性。现在的装饰公司和金属加工工厂都没有自己编制的安装队伍。农民工是三五抱团的劳工小组。没活时,各自分散打零工,有活时聚在一起干,遇上大项目会有若干的小组组成浩浩荡荡大队伍干。这样的队伍没有稳定性。

(2) 人员没有接受系统的培训教育,技术水平提高不快。现在只有焊接考证的培训,没有金属材料安装的培训。农民工全凭自己的理解和经验干活,难以达到工匠水平,做出精细活。

(3) 安装工人呈老年化趋势,他们下一代都进过学校读过书,不愿意到工地打工,愿意进工厂当工人。这样就造成从业人员缺少,后继无人,而工资直线上涨,影响了工程的质量。这样的局面发展,将来在工程造价上要大幅度增加“安装”环节的投入。

十一、安装的娴熟技术

从事安装的实践增多，所遇到的问题也增加，解决问题的思路也开阔，经验越来越丰富。有经验的安装工人在工地上会有出色的表现，会有些奇妙的方法来解决问题。

(1) 在选定安装区域后，要不要将这区域边缘先围起来。金属材料安装都是指定范围的，即区域。在施工时，老练的施工队会将这个区域的周边先围起来，即将自己区域与别家人的切割开来。这样做的好处，是在两种竞争中争取到领先权，同时又明显地表示出施工进度。从技术角度讲，笔者也同意这种做法，因为围边之后，可将此区域作为一个整体来布置，容易尽善尽美。

(2) 安装上的积累公差。在一片区域内布置几百块，甚至是上千块的金属板，在控制安装尺寸方面，刚起步时安装尺寸没有问题，而到安装一半或一大半时，发觉这里的尺寸有偏差了，有差几十毫米的，这个现象专业名称为"累积公差"。产生原因，每块板材在出厂时有长短，宽窄的偏差，安装时又有排布紧密或松动的区别。这样的误差多了，积累起来就变成一个大数目。解决方法是分段，指米数或块数，控制每一段的尺寸，其实就是将大误差分散到每片板上去。

(3) 按现场测量的尺寸，下达到工厂生产板材，大部分施工队会将主区域的板块尺寸确定下达生产，留下一些边缘区域的尺寸，等大批板块生产安装好之后最后测量下达。设计师这样做是担心全部板块一次性下达会有差错，分两批下达把握大一些。这也是有道理的做法。事实上，在有些不规则的，有圆弧曲线的区域，直接测量尺寸还是无法正确的，也只能分两次下达。分两次下达，带来副作用是材料的表面处理两批之间容易有颜色差别。这要反复提醒工厂。现场测量尺寸，有的公司是由自己设计师负责的，而有的公司是推给安装队进行的。所以需对安装队说明这个问题。

(4) 平整度控制。大平面的吊顶，如超过 1 000m^2，在安装板块时就会有意识将中间抬高。一般按1/200比例抬。例如长50m,宽40m的大厅吊平顶时会将中间抬上250mm高。这样做法是可纠正人的视觉偏差。在大空间即便是完全平整的顶,人们很容易认为中间低下来。在几百平方米空间内做吊顶,尺寸不必调整,但是要拉线,以线作为基准面来安装。还有施工队用钢丝来代替绳线,平直的基准更正确。如果不拉线安装,平整度无法保证。

(5) 定制角码或吊勾。对一些特殊规格金属板块,有经验的施工队不愿意采用工厂提供的标准角码或吊勾,而是有针对性提出自己的制作要求。按他们要求制作的角码容易安装,效果好。

(6) 多工种的交叉作业。现在的装饰呈多样式,复杂化,在同一个区域会采用几种材料,涉及几个厂家来施工。这样,施工中每推进一步都要求几家同时施工,并且相互配合好。谁先行、谁后跟;谁在上方,谁在下方。这些也要事先沟通好,按照计划行动。

十二、重述项目概念

金属板装饰工程是一种项目,作为其中的主要工作深化设计也一定受到了项目特点的约束。当我们在讨论深化设计时,将视野扩展到项目的特点上,将更有利于理解深化设计中的问题,把握工作的主动性。

有关项目特点的介绍有许多种,笔者较赞赏美国项目管理协会的观点。他们的观点:项目是一次性的、独特性的、渐进明细的。详见《项目管理知识体系指南》2000中文版。

项目是一次性的:指每个项目有开始时间和结束时间。这应对着深化设计也有起始和终结的日期,有低潮和高潮阶段。适应这个周期,执行这项任务所投入的人员力量,也是要有变化的。任务的进展必须有强烈的时间观念。

项目是独特性的:指每个项目中总有些工作,以前是没有做过的。在我们从事过的项目,每个都不一样,每个都有创新。适应独特性,必须要有专题研究和专题解决问题的方案。当开展深化设计时一定要解读方案图纸、熟悉现场,关注差别点、独特性,找到有效的措施和方法。

项目是渐进明细:指每个项目在范围确定之后,项目特征的描述逐步不断地增长。要求工作需要仔细、详尽,并要通盘考虑。这个特性,在深化设计中完全反映出来。深化设计本身就是一个由粗到细,由缺到齐全的过程,要反复周密思考。每一次出现问题,大多都是因事先思考的缺失。

笔者在研究深化设计的课题时,联系到项目管理的知识。项目管理的理论在国内受重视不够,研究也未深入,故造成对深化设计课题研究的滞后。

详说项目的"渐进明细":有关项目的一次性和独特性大家容易理解,这里不必细说。对于项目的"渐进明细"有必要结合亲身经历细说,这有助提高工作质量和改善工作态度,赢得客户的好评。为什么会"渐进明细"?为什么不一次搞清楚?

1. 决策者的思路在变化

几年前,我在接触苏州中茵皇冠大酒店大堂吊顶装修时,当时设计公司给出的方案是将整个大堂顶使用冲孔板吊平,然后再在下方吊一个像恐龙骨架的造型。业主要求笔者先按图纸做一个实样在现场。工程的决策者们看到后,都不满意。业主的董事长邀笔者面谈,要推翻原设计的方案,让做几种新方案在现场由他挑选。这样我又连续做了三个实样,最终他选定了一个实样,就是现在的梭形样。为定式样,前后花了两个月的时间。这期间设计图纸不停地画,最终大部分是无用的。对大部分无用的图纸,要有好的心态,这是在为合理的方案作铺垫。三年后,同样是中茵的昆山大酒店项目,正门的雨棚吊顶原来有个方案,董事长也认可的。项目组通知我们深化施工。没有几天,突然又通知,方案要改变,要变更成更富丽堂皇一些。于是我们又赶过去重新与他们讨论,出新方案,前期做的深化图全作废,重新出图生产。这类事情无法避免,项目必须跟着决策者的思路同步变化。

2. 设计师的思路也在变化

在做淮海路新世界广场自动扶梯和杯口时,起初设计师提出的方案自动扶梯的两侧板平铺整个面。过几天，想想平铺太平淡，又提出上下留分割板和分割缝隙，增加线条感。再过几天，又提出要将电梯的侧板分割线条与杯口挡板的线条贯通，形成一个区域立体布置，可显示精湛的工艺。这三步的变化，我们的图纸工作量又花了一周时间，我们也无法抱怨。

3. 建筑工地现场的限制，必须改变图纸

同样是在淮海路项目上发生的事。原来设计师在各层圆弧灯槽带侧边都有激光切割的花式板，高度有500mm。但到现场样板做成之后，发现标高不够，在总高3.5m的空间，避让了空间的管道，吊顶只剩3m高，如果再下垂500 mm的花式板，下面人行走会很压抑，高个子人举手都会碰到。尽管不少人说花式板有创意，但最终还是取消。设计师依依不舍花式板，最后在自动扶梯的斜底面上采用了，作为安慰。

4. 专业厂家的意见改变设计方案

还是发生在淮海路项目上。原来设计师采用类似美国“苹果”手机专卖店装饰的铝板。那是阳极氧化板。这类板在国内生产技术不成熟，无法解决切割之后和成型后的表面处理。

如果从国外进口板，运输一次就两个月，切割和成型之后又要两个月送国外加工。价格和时间是业主无法承受的。此时笔者作为专业厂家，向有关人士说明情况，建议他们改变材料，使用国内的已成熟的技术“烤瓷漆”板。

5. 功能的限制

在装修中，装修服从功能是一条原则。我们常见是消防喷淋头的布置和防火栓箱。在确定吊顶标高时，必须扣除消防水管布置的高度，板面上还要开出喷淋头孔。为保证防火箱的位置，对惹眼的箱体要做完美的装饰。为使防火箱门开启自如，还要设计特殊的铰链和门销。有关消防设备的图纸，不是先于装饰图而有的，只是当装饰进场之后，才将消防队请进场排管线，才确定的。因为消防要求，装饰图经常会修改。

对别人的错误,将错就错。建筑工程有许多工序,在进入装饰时,土建阶段已结束。这时土建成型的泥墙板,如果发现错误,有的可以改,有的不能够修改。设备安装也会先于装饰进行,大型设备管道装后不能改变的。留出装饰的可能性,只能将错就错,根据现场状况,重新修改设计。

6. 建造成本的限制

笔者遇见过几个楼宇,起初要请笔者参与时,拿出图纸都是使用了大量的铝板和不锈钢。等到几家投标单位报出价格,没有一家的价格能使他们接受的,因为,预算的成本太低了,无法承受。结果将金属板大片消减,改用石膏板,留下一些边条点缀,又要请施工的单位重新做深化设计。

最令人匪夷所思的事是有大牌房产公司在上海投资办公楼,请来境外公司设计,正式开始施工时又将设计方案推翻掉,浪费了大笔资金。

在装修过程中会引起深化设计的变化原因是很多的,要习惯接受这些变化。作为供应商,变化多并不害怕,变化多可以多干活,害怕是变化的经济损失应该由谁来承担。这是需要及时分清楚,留下书面凭证。例如在上海中心大厦中承接的铜吊顶,原来是不要求对铜作表面处理的,后来突然提出要表面处理。现场作铜表面处理是代价很大的,应该有人承担经济责任。

索　引

后　记

“不入虎穴，焉得虎子”。笔者从事金属材料装饰行业的实践与研究，不是以旁观者的身份，而是自创上海思友金属材料技术有限公司，以公司的运作，带领团队在市场上“摸爬打滚”真实感受到行业状况，做出了有别于其他公司的行为与成绩。

形成专业化特色

上海思友金属材料技术有限公司（以下简称“本公司”）是由专业技术人员投资并经营的，主营是从事金属板（铝板、不锈钢板、钢板）装饰设计、供货、施工的专业公司。产生背景是市场上金属板装饰艺术化、高档化、多样化趋势方兴未艾，呼唤专业化公司出场。本公司自成立以来，就不停顿地承接了一些五星级宾馆、五A级的写字楼、高级商场等几十个的金属板材设计和施工。这些项目反映了金属板的装饰潮流，代表当代国内施工和制造的工艺水平。

公司创建金属板装饰行业品牌“诗韵”，品牌的内涵是艺术化和科技的高度结合。公司经过多年发展培养了一批深化设计人才。

确立设计、制造、安装一体化是基本思想

要做好优质工程，一定要使设计、制造、安装三方面紧密配合，形成对工程负责的统一体。这也是我们的基本思想（金属吊顶书籍有详细阐述）。凡是我们承揽的工程、图纸都由自己设计或者深化设计，工厂制造图由我方下达并派技术人员监造，施工队也是自己拥有的。因为金属板艺术化装饰有相当的难度，只有三者一体化，才能向业主（总包），交出满意的工程。工程若有质量问题，也有一个担当者。在当今工资上涨，民工短缺的时期，多数客户更希望我们包安装。

重视工艺的作用

艺术化装饰金属板都是批量小，造型复杂的板。工艺是保证质量和控制成本的关键。用何种材料，用什么加工方法，并不是固定统一的，而主要是倚仗工人的技术和责任心，并有严密的技术管理要求去推动、督促。我们有自己的加工工厂，在工厂有柔性化工艺设计系统，能够面对不同的产品进行应变。自己的工厂可以针对工地的进度有计划地发送产品，保证工期。

努力做好现场服务

虽有先期设计，但工地上实际施工的变化很大，很频繁。我们将有技术人员始终在现场指导和检查，跟随设计的变化、安装的同步变化进行深化设计，并为业主（总包）提供技术服务。工地上诸工种配合协调的工作也很多，这也是我们派驻技术人员解决的任务。

掌握核心技术

本公司善于通过实践进行理论研究和技术探讨。我们经过多个项目实践，发现的核心技术是金属板工程的事先深化设计，其包括工程的结构分析、视觉效果分析、现场放样，安装设计，及质量保证措施。事先周密的、专业的深化设计是工程的灵魂。

敢于创新

艺术化本就没有定论，都是创新的成果。几乎每个工程都会有一些新材料、新款色、新造型的奇思妙想。杰出的设计师都是奇思妙想的大师，要使他们满意，这就要有创新精神。

与国际水平同步发展

大量金属板用于室内装饰这才是近几年的事，因为中国强大、富裕了，中国的业主有财力使用这些。我们承担许多高档的场合装饰都是由境外的设计师总设计，我们作深化设计，与他们在同一的屋檐下工作，观察他们操作，提高自己的水平。经常与他们沟通，学习他们的先进方法，使自己的知识能力也接近国际水平，有能力深化设计出优秀的作品。

上海思友金属材料技术有限公司工程业绩

上海中心大厦C标段、二楼多功能厅空中圆管、五楼宴会厅波浪形墙板、五楼宴会厅花样孔吊顶板、五楼宴会前厅W型钢架外包铝板。

上海中心大厦D标段、B2层波浪吊顶、B1层双曲面板、118层包横梁。上海中心大厦F标段、B1层胶囊型铜顶、B1层压型钢板顶、B1层钢琴漆顶、52层不锈钢编织板顶、53层铜盖板顶、53层钢琴漆顶。上海国际舞蹈中心、舞台双曲板、大堂吊顶、斜立柱包铝板。杭州阿里巴巴办公楼、办公区吊顶、电梯厅门套和墙板、员工餐厅吊顶。

上海市市政设计院1～18楼电梯厅吊顶和墙面板(阳极氧化处理)、1～18楼后勤电梯厅墙面板(阳极氧化处理)、1～5楼裙房黑色铝板。

中茵黄石大酒店大堂拱形菱形格吊顶、大堂吧格栅吊顶、中餐厅走廊格栅吊顶、游泳池拼花顶、宴会厅圆管造型屏风。

上海金沙江路商场艺术立柱、墙体装饰。

上海吴中路顶新商务楼A、B栋大堂蜂窝板吊顶、A、B栋各层电梯厅蜂窝板吊顶、A栋走廊吊顶板、A栋办公区窗台板。

上海国金中心(地处上海浦东陆家嘴，新鸿基投资)商场L1双曲艺术吊顶、商场L1冬季花园吊顶、商场LI环形走道、商场LG1大椭圆顶、商场LG1小椭圆顶、商场LG1灯槽板、商场LG1剧院入口处顶、商场LG1上落客区顶、自动扶手电梯的护板、立柱护板、明珠广场顶板、包梁和立柱、自动扶梯外装饰。

上海环贸广场(地处淮海路与陕西南路相交点，新鸿基投资)商务楼立柱导流板、商场金属板灯槽、商务楼服务台、电梯厅3M贴膜铝板、三角拼花屏风。

上海金桥万豪酒店(五星级酒店，地处上海浦东金桥)中餐厅铸铝屏风、总统套房会客厅3M贴膜铝板吊顶。

上海淮海路香港广场(K-11)墙板、自动扶梯装饰、楼层杯口装饰。

张家港市行政服务中心(政府工程)大厅、专业服务区、自动扶梯外装饰。

浙江余姚金马实业公司行政楼、不锈钢顶梁、不锈钢蜂窝板墙板、不锈钢立柱、金属屏风。

华西村空中大楼大堂防火卷帘装饰、日韩餐厅栅栏。

上海严家宅私人会所游泳池顶面、休息区屏风。

环智国际大厦(上海恒丰路410号)各楼层铝质窗帘盒。

上海三至喜来登酒店(五星级宾馆)入口大厅吊顶。

苏州中茵皇冠大酒店(五星级宾馆)大堂吊顶、24小时餐厅艺术喷绘铝板、运动吧铸铝地砖。

张家港市文化中心大厅(政府工程)异形板吊顶、剧场双曲观众挑台。

张家港美伦精品酒店圆弧侧封板、大厅横梁护板。

张家港冶金大楼(五A级写字楼)东大厅、南大厅、报告厅、新闻厅、会议厅。

苏州保税区庞巴迪办公大楼大厅(外商:加拿大)。

中国上海世博会可口可乐展馆金属门窗装饰。

江阴国际大酒店新楼雨棚、全铝板装饰天桥。

无锡工业技术设计大楼(五A级写字楼)十六个楼层吊顶。

苏州中茵天香书苑(五星级酒店,苏州金鸡湖边)东西门楼、连廊包柱、屋檐花格、阳台挂落、曲线扶手、八角亭、四角亭。

昆山中茵世贸大酒店(五星级宾馆)正门雨棚、游泳池吊顶。

宁波航运中心铝质窗帘盒。

上海思友金属材料金属有限公司、"诗韵"品牌金属艺术吊顶,有意在北京、杭州、南京、郑州和武汉,以及其他各省会城市寻找合作伙伴,共同拓展业务。

经营内容:高档楼宇、五星级宾馆、五A办公楼、豪华商场、超高层标志性建筑、地铁高铁站、飞机场内金属材料装饰。

合作分工:思友公司提供技术、参与投标、报价、配合做方案;中标之后,出深化图、生产产品、指导现场安装。

合作方开辟商务渠道，分担商务报价，与当地业主和有关方沟通，工程实施时负责或协调现场安装施工。

合作对象：(1)从事精装修的工程公司。(2)建筑装潢设计公司。(3)金属材料供应商。

开展技术培训业务：

面临金属艺术顶的大发展，笔者发觉设计队伍有三个缺少：(1)缺少实际经验，不能应付多变的项目。(2)缺少严密的技术思考，不能满足客户的高标准要求。(3)缺少加工工艺知识，不能提出经济实用的方案。

补缺有两个途径：一是多增加锻炼实习的机会；二是接受系统的技术培训。前者周期长，损失大；后者见效快，成本低。本公司计划在上海和广东开办深化设计师技术培训班，有意者可联络我们。

在本书中，笔者都是叙述了正面，光鲜的工程经验，少有经营困难的论述。其实我们不是在"世外桃源"，而是处在活生生的当下，别家企业所遇见的困难和危机，我们同样面临，时时刻刻在生死存亡线上挣扎。其一，是无秩序的市场竞争，项目没有交给合适的公司，做不出合适的效果，浪费了社会资源；其二，拖欠工程款严重，有各种理由都会来拖欠款，有的一拖就是两三年。我们也期望建立良好的市场经营秩序，守信用按时付款，让企业集中精力做好产品和工程，繁荣市场。

最后，要衷心地感谢：中茵股份有限公司、上海市建筑装饰工程集团有限公司、上海建工一建集团有限公司。因为笔者承担的工程项目大多数都是来自这三家公司，没有他们的鼎力相助，就没有笔者如今的业绩和技术进步。

邓祥官

2016 年 12 月 23 日

邮箱：dengxiangguan@hotmail.com

电话：13816840051，021-69208809　传真：021-69208810

网址：www://shsiyou.com